高职高专特色课程项目化教材

数控铣削编程与加工

主编　侯海晶　孙　建

主审　于冬梅

东北大学出版社

·沈　阳·

图书在版编目（CIP）数据

数控铣削编程与加工 / 侯海晶，孙建主编. — 沈阳：东北大学出版社，2020. 10

ISBN 978-7-5517-2539-2

Ⅰ. ①数… Ⅱ. ①侯… ②孙… Ⅲ. ①数控机床—铣床—程序设计—高等职业教育—教材 ②数控机床—铣削—高等职业教育—教材 Ⅳ. ①TG547

中国版本图书馆 CIP 数据核字（2020）第 204907 号

内容简介

本教材根据高职高专制造类专业人才培养目标及规格的要求，在充分调研企业相关工作岗位群需求信息的基础上，紧紧围绕《数控铣工/加工中心操作工》国家职业标准，按照以学生为主体和以行动为导向的“教、学、做”一体化的教学活动进行设计，适应基于工作工程系统化课程改革的需要。

本教材适合数控机床操作与编程的初学者使用，也是高等职业院校、高等专科院校、成人教育及本科院校二级职业技术学院机械类和近机类各专业的理想教学用书，也可以作为培训机构和企业的培训教材，以及相关技术人员的参考用书。

出 版 者：东北大学出版社
地址：沈阳市和平区文化路三号巷 11 号
邮编：110819
电话：024-83687331(市场部)　83680267(社务部)
传真：024-83680180(市场部)　83680265(社务部)
网址：http://www.neupress.com
E-mail:neuph@neupress.com
印 刷 者：辽宁一诺广告印务有限公司
发 行 者：东北大学出版社
幅面尺寸：185 mm×260 mm
印　　张：16.5
字　　数：351 千字
出版时间：2020 年 10 月第 1 版
印刷时间：2020 年 10 月第 1 次印刷
策划编辑：牛连功
责任编辑：杨世剑　周　朦
责任校对：鲍　宇
封面设计：潘正一

ISBN 978-7-5517-2539-2　　定　价：42.00 元

前 言

本教材是按照《高职高专专业人才培养目标与规格》的要求，为满足高等职业教育改革的需要及企业岗位对知识和技能的需求，以提高学生综合职业能力和素质为培养目标，以学生为主体，并紧紧围绕《数控铣工/加工中心操作工》国家职业标准，实现“教、学、做”一体化的教学活动而编写。

本教材以国家职业标准中级数控铣床铣工（加工中心）考核要求为基本依据，通过6个综合项目，讲述了数控铣床（加工中心）的基本操作、平面加工、凹槽加工、轮廓加工、腔体加工、孔加工等基本技能。在内容上，以目前使用广泛的FANUC 0*i*系统为主，以SIEMENS 802D系统为辅，同时对比介绍，有利于学生理解和记忆。在结构上，从职业院校学生基础能力出发，遵循专业理论的学习规律和技能的形成规律，按照由易到难的顺序，设计一系列项目，使学生在任务引领下学习数控铣床（加工中心）操作技能及相关的理论知识，避免理论教学与实践相脱节。在形式上，通过“工作任务”“相关知识”“任务实施”“训练与考核”等内容，引导学生思考，突出重点、难点。

本教材有以下四个主要特色。

①职业性。一批有丰富实践经验的企业技师的全程参与，保证本教材在编写上准确把握职业能力培养目标；项目设计大多是具有典型意义的实际载体，既有企业产品，又有国家数控铣工（初、中级）考试样题，也有全国数控技能大赛原题，实现了与岗位需求的接轨。

②创新性。以工作任务牵动理论知识，进行知识重构；以职业能力培养为主线，融入职业技能大赛考核要求，强化技能训练。

③实用性。教学载体设计既源于企业，又高于企业；既承载了“贴近生产、贴近工艺”的基本要求，又优化了相应的知识和技能；既可实现职业能力培养的递进性，又不失合理的基于工作过程的能力培养目标，充分体现了实用性。任务载体由简单到复杂，内容由浅入深，技能训练循序渐进。

④指导性。本教材中每个项目均有明确的项目导学、知识目标和技能目标，便于学生把握知识和技能要点；每个任务的任务分析都有助于学生把握工作思路；16个完整的教学参考案例实施方案均配有复杂的走刀路线图，可以直观地指导学生进行加工程序的编制。

本教材由辽宁石化职业技术学院侯海晶担任主编，并负责本教材的统稿；由金杯技师学院于冬梅担任主审。参加审稿的还有中国石油锦州分公司高级工程师孙伟祥。其中，项目1、项目2中的任务2.2、项目3和项目4由侯海晶编写；项目2中的任务2.1由辽宁石化职业技术学院刘爽和平度技师学院朱爱菊编写；项目5、项目6及附录的表F.1~表F.6由辽宁石化职业技术学院孙建编写；附录的表F.7~表F.8由辽宁石化职业技术学院赵显日和张晖编写。

本教材在编写过程中得到了辽宁石化职业技术学院机械系主任武海滨教授等的鼎力支持和指导，并提出了关键性的指导意见；同时也得到了辽宁石化职业技术学院数控和机制教研室全体教师的帮助，使本教材得以完善。参加审稿的教师和企业专家对书稿进行了认真、细致的审查，提出了许多宝贵的意见和建议。在此一并表示衷心的感谢！

本教材在编写过程中，还参考和引用了国内外出版物中的相关资料及网络资源，在此对这些资料的作者表示诚挚的谢意！

由于编者水平所限，本教材中难免有错漏之处，欢迎读者，特别是任课教师提出批评意见和建议。

编 者

2020年5月

目 录

项目1　平面类零件编程与加工

【项目导学】

平面类零件编程与加工是数控铣削加工中常见的工作任务，体现了数控铣削加工的优势。本项目包括五个任务，通过对这五个任务的学习和实施，帮助学生熟悉设备，了解设备安全操作规程；识读产品的数控工艺文件，掌握最基本的对刀操作、编制任务零件的数控加工工艺及简单的加工程序，最后在数控铣床上完成平面类零件加工。

【知识目标】

(1)掌握数控铣床(加工中心)操作面板和机床操作面板操作方法。

(2)掌握机床坐标系、机床原点、机床参考点、工件坐标系的基本概念。

(3)掌握基本编程指令(M/S/T/F/G54/G90/G91/G00/G01)的格式和功能。

【技能目标】

(1)能正确进行数控铣床(加工中心)的开机、关机和回参考点操作。

(2)能正确进行对刀操作。

(3)能正确进行平面零件数控加工工艺分析，编制平面加工程序，并实际加工。

任务1.1　数控铣床(加工中心)操作面板认知

1.1.1　工作任务

数控铣床(加工中心)操作面板任务见表1.1。

表 1.1　数控铣床(加工中心)操作面板任务

<table>
<tr><td>任务描述</td><td>
在熟悉数控铣床(加工中心)操作面板的基础上，手动操作选择和设置如图 1.1 所示当前坐标系零点及孔板零件的手动仿真加工

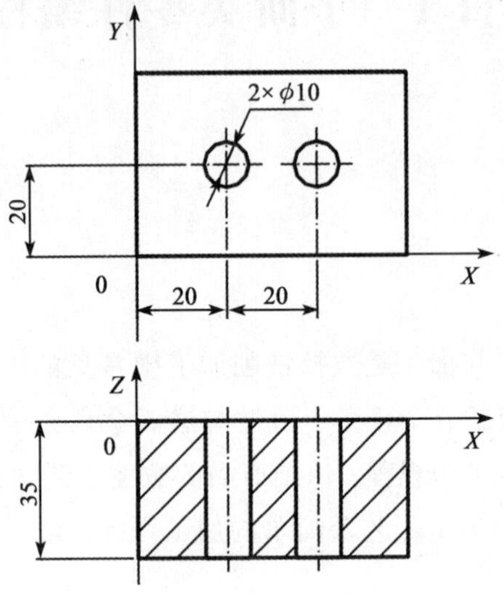

图 1.1　孔板零件图
</td></tr>
<tr><td>知识点
与技能点</td><td>
知识点：◇ 熟悉 FANUC 0i 标准铣床和立式加工中心操作面板
◇ 数控铣床坐标系的确定
技能点：◇ 掌握 FANUC 0i 标准铣床和立式加工中心操作方法
◇ 机床坐标系、机床原点、机床参考点和工件坐标系
</td></tr>
<tr><td>工艺条件</td><td>
◎数控铣床(加工中心)：配置 FANUC 0i 系统
◎毛坯：尺寸为 60 mm×40 mm×35 mm(6 个面已经加工)，材料为 45 钢
◎刀具、量具及其他：
<table>
<tr><th>名称</th><th>规格</th><th>数量</th></tr>
<tr><td>φ10 钻头</td><td>硬质合金</td><td>1</td></tr>
<tr><td>游标卡尺</td><td>0~150，0.02</td><td>1</td></tr>
<tr><td>内径千分尺</td><td>8~25，0.01</td><td>1</td></tr>
<tr><td>垫块</td><td>各种尺寸规格</td><td>若干</td></tr>
</table>
</td></tr>
<tr><td>任务分析</td><td>
要学会数控铣床的面板操作，首先应掌握数控铣床(加工中心)的各按键的功能。然后进行开机操作、回参考点操作。因零件图中没有尺寸精度要求，可以直接进行孔的粗加工，一次完成钻孔操作。在手动方式下，移动机床轴到 2 个孔位进行仿真加工
</td></tr>
</table>

1.1.2 相关知识

数控铣削加工是机械加工中应用广泛的加工方法之一，在机械加工中占有重要地位。它主要包括平面铣削和轮廓铣削，还可以对零件进行槽、腔、钻孔、扩孔、铰孔、镗孔、锪孔加工及攻螺纹等操作。数控铣削的主要加工对象是平面类零件、变斜角类零件、曲面类零件、孔系箱体类零件，还可用来加工螺旋槽、叶片等立体曲面零件。

数控铣床(加工中心)的主要数控系统有日本的 FANUC 0*i* 系统，德国的 SIEMENS 系统，国产的华中数控系统、世纪星数控系统、三菱数控系统等，其中 FANUC 系统和 SIEMENS 系统是数控铣床(加工中心)两大常用系统。由于数控铣床(加工中心)是多种多样的，所使用的数控系统更是种类繁多，因而其操作方法也各不相同。若要正确使用一台数控铣床并充分发挥其功能，必须仔细阅读厂家提供的操作手册，了解有关的规定和约定，尽可能地熟练操作该设备。

1.1.2.1 FANUC 0*i* 标准数控铣床和立式加工中心仿真面板功能

如图 1.2 所示，FANUC 0*i* 标准数控铣床和立式加工中心仿真面板分为上、下两部分。其中，上部为 CRT/MDI 系统面板(或编程键盘)，下部为机床操作面板。

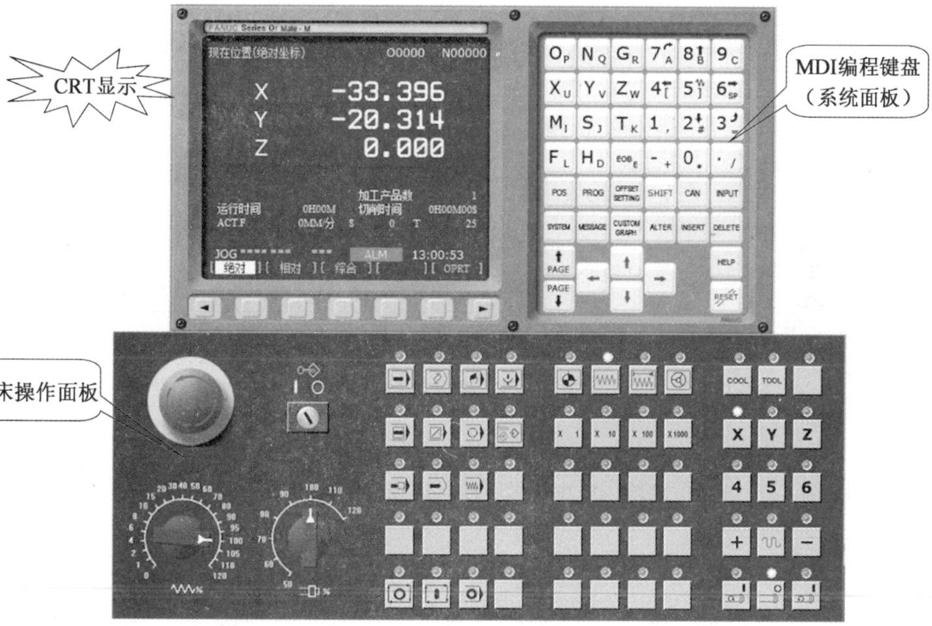

图 1.2 FANUC 0*i* 标准数控铣床和立式加工中心仿真面板

1）系统面板

FANUC 0*i* 系统的系统面板分为 MDI 键盘和 CRT 界面。MDI 键盘具有程序编辑、参数输入等功能，MDI 键盘上各个键的功能见表 1.2。

表 1.2　**FANUC 0*i*-M 系统数控铣床和立式加工中心仿真面板 MDI 键盘按键功能说明**

MDI 软键	功能说明
↑ PAGE　PAGE ↓	软键"↑ PAGE"实现左侧 CRT 中显示内容的向上翻页，软键"PAGE ↓"实现左侧 CRT 中显示内容的向下翻页
← ↑ ↓ →	移动 CRT 中的光标位置。软键"↑"实现光标的向上移动，软键"↓"实现光标的向下移动，软键"←"实现光标的向左移动，软键"→"实现光标的向右移动
POS	在 CRT 中显示坐标值
PROG	CRT 将进入程序编辑和显示界面
OFFSET SETTING	CRT 将进入参数补偿显示界面
SYSTEM	本软件不支持
MESSAGE	本软件不支持
CUSTOM GRAPH	在自动运行状态下将数控显示切换至轨迹模式
HELP	本软件不支持
SHIFT	输入字符切换键
CAN	删除单个字符
INPUT	将数据域中的数据输入到指定的区域
ALTER	字符替换
INSERT	将输入域中的内容输入到指定区域
DELETE	删除一段字符
RESET	机床复位

2）CRT 显示界面

FANUC 0*i* 系统的 CRT 屏幕显示界面(左上部分)中，点击"POS"键进入坐标位置界面；点击菜单软键"绝对"、菜单软键"相对"、菜单软键"综合"，在 CRT 界面将对应相对坐标。

3）机床操作面板

FANUC 0*i* 系统数控铣床(加工中心)机床操作面板常用各按键的功能见表1.3。

表1.3 FANUC 0*i* 系统数控铣床(加工中心)机床操作面板按键功能说明

按键	名称	功能说明
	自动运行	自动加工模式
	编辑	系统进入程序编辑状态
	MDI	系统进入 MDI 模式，手动输入并执行指令
	单节	运行程序时每次执行一条数控指令
	选择性停止	“M01”代码有效
	机械锁定	锁定机床
	试运行	空运行
	进给保持	程序运行暂停，在程序运行过程中，按下此按键运行暂停；“循环启动”按键功能恢复运行
	循环启动	程序运行开始，系统处于“自动运行”或“MDI”位置时按下有效，其余模式下使用无效
	循环停止	程序运行停止，在数控程序运行中，按下此按钮停止程序运行
	回原点	机床处于回零模式；机床必须首先执行回零操作，然后才可以运行
	手动	机床处于手动模式，连续移动

表 1.3（续）

按键	名称	功能说明
	手动脉冲	机床处于手轮控制模式
	手轮进给	机床处于手轮控制模式
	主轴控制按钮	依次为：主轴正转、主轴停止、主轴反转
	主轴倍率 选择旋钮	将光标移至此旋钮上后，通过点击鼠标的左键或右键来调节主轴旋转倍率
	进给倍率	调节运行时的进给速度倍率
	急停按钮	按此按钮，机床移动立即停止，所有输出，如主轴的转动等都会关闭
	手轮显示按钮	按下此按钮，则可以显示出手轮
	手轮面板	点击手轮面板左上角的“”按钮，将显示手轮面板；再次点击“”按钮，手轮面板将被隐藏
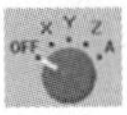	手轮轴选择旋钮	手轮状态下，将光标移至此旋钮上后，通过点击鼠标的左键或右键来选择进给轴
	手轮进给 倍率旋钮	手轮状态下，将光标移至此旋钮上后，通过点击鼠标的左键或右键来调节点动/手轮步长。X1，X10，X100 分别代表移动量为 0.001，0.01，0.1 mm
	手轮	将光标移至此旋钮上后，通过点击鼠标的左键或右键来转动手轮

1.1.2.2　数控铣床坐标系

1）机床坐标系

为了便于在编程时描述机床的运动，简化程序的编制及保证程序的通用性，国际标准化组织对数控机床的坐标及方向制定了统一的标准。标准规定直线运动的坐标轴用 X，

Y，Z 表示，围绕 X，Y，Z 轴旋转的圆周进给坐标轴分别用 A，B，C 表示。

（1）规定原则。在立式数控铣床（如图 1.3 所示）上，机床的动作是由数控装置来控制的，为了确定数控机床上的成形运动和辅助运动，必须先确定机床上运动的位移和运动的方向，这就需要通过坐标系来实现，这个坐标系被称为机床坐标系。

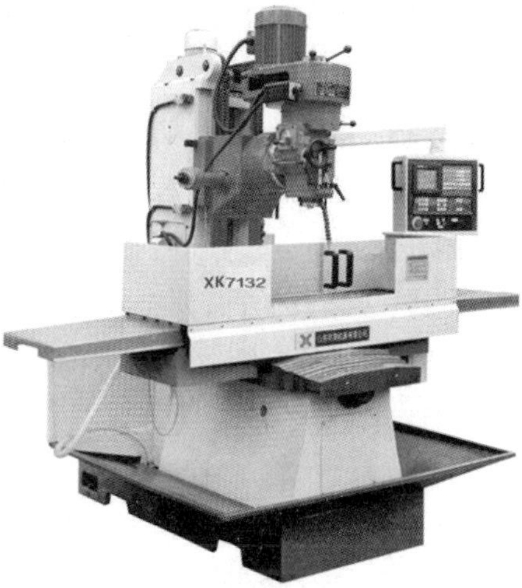

图 1.3　立式数控铣床

标准的机床坐标系是一个右手直角笛卡儿坐标系，如图 1.4 所示。用右手拇指、食指和中指分别代表 X，Y，Z 轴，三个手指互相垂直，所指方向分别为 X，Y，Z 的正方向。围绕 X，Y，Z 轴的回转运动分别用 A，B，C 表示，其正方向用右手螺旋定则确定。正方向用 $+X$，$+Y$，$+Z$，$+A$，$+B$，$+C$ 表示；相反的方向分别用 $+X'$，$+Y'$，$+Z'$，$+A'$，$+B'$，$+C'$ 表示。

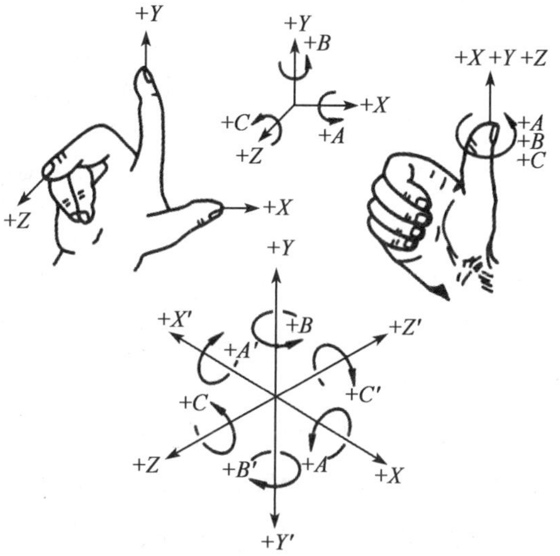

图 1.4　右手笛卡儿直角坐标系与右手螺旋法则

（2）刀具相对工件而运动的原则。该原则使编程人员在编写程序时不必考虑是刀具移向工件还是工件移向刀具，而永远假定工件是静止的，刀具相对静止的工件运动。

（3）运动方向的确定。确定机床坐标轴时，一般是首先确定 Z 轴，然后确定 X 轴，最后确定 Y 轴。机床的某一运动部件的运动正方向规定为增大工件与刀具之间距离的方向，即刀具远离工件为正方向，反之为负方向。

①Z 轴坐标的运动。一般取产生切削力的轴线（即主轴轴线）为 Z 轴。主轴带动工件旋转的机床有车床等。主轴带动刀具旋转的机床有铣床等。当机床有几个主轴时，选择

一个垂直于工件装夹面的主轴为 Z 轴，如龙门轮廓铣床。当机床无主轴时，选择与装夹工件的工作台面相垂直的直线方向为 Z 轴。Z 轴的正方向是增大刀具和工件之间距离的方向。

②X 轴坐标的运动。X 轴一般位于平行工件装夹面的水平面内，是刀具或工件定位平面内运动的主要坐标。在没有主轴的机床(如刨床)上，X 轴坐标平行于主要切削方向，以该方向为正方向。对于工件做回转切削运动的机床(如车床)，在水平面内取垂直于工件回转轴线(Z 轴)的方向为 X 轴，刀具远离工件的方向为正方向。

③Y 轴坐标的运动。Y 轴正方向，根据 X，Z 轴的运动，按照右手直角笛卡儿坐标系来确定，如图 1.5 所示。

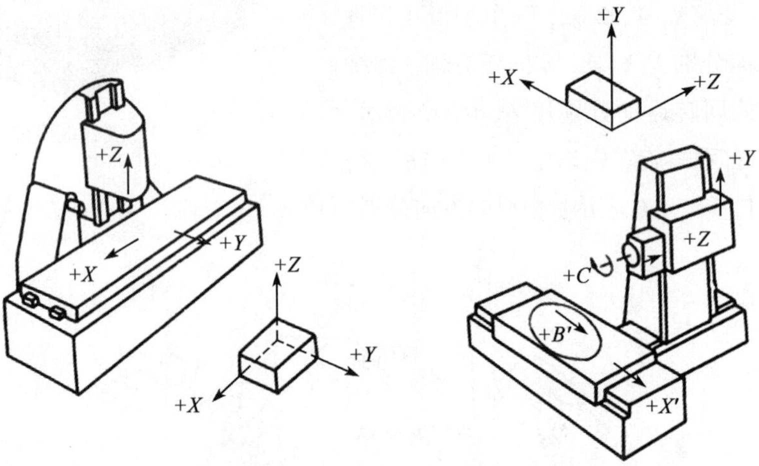

（a）立式铣床　　（b）卧式铣床

图 1.5　数控铣床坐标系确定

2）机床原点和机床参考点

(1)机床原点。机床坐标系又称机械坐标系，它是以机床原点(也称机械零点)为坐标原点建立起来的直角坐标系。机床原点是机床固有的，对于某具体机床来说，在进行机床装配、调试时，这个原点便被确定下来。它是机床上的固定点，是数控机床进行加工运动的基准参考点。在数控铣床上，机床原点一般取在 X，Y，Z 轴坐标的正方向极限位置上。如图 1.6 所示 M 点为立式数控铣床的机床原点。

(2)机床参考点。为了正确建立机床坐标系，通常设置一个点作为测量起点，它是机床坐标系中一个固定不变的点，称为机床的参考点，图1.6中 R 点即机床参考点。机床参考点是用于对机床运动进行检测和控制的固定位置点。机床参考点的位置是由机床制造厂家在每个进给轴上用限位开关精确调整好的，坐标值已输入数控系统中。

机床参考点可以和机床零点重合，也可以不重合。当参考点和机床零点重合时，回参考点的操作也叫回零。当机床开机后，应首先回参考点(或称回零)，以便建立机床坐

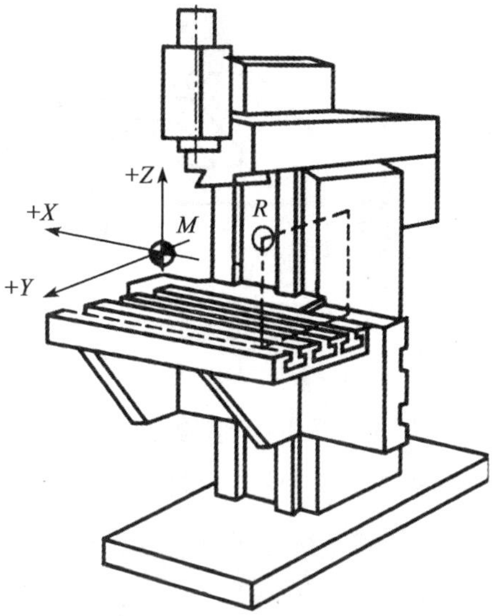

图 1.6　立式数控铣床的机床原点与机床参考点

标系。当电源关闭后，便失去记忆，因此每次开机必须重新回参考点。只有机床原点（参考点）被确认（机床回零操作）后，刀具（或工作台）移动才有基准。如果没有回参考点操作，那么机床会产生意想不到的运动，进而发生危险。

机床原点的位置和机床参考点的位置是由机床生产厂家设定的，因此对于不同的机床，其原点和参考点有可能不同。

3）工件坐标系

工件坐标系是工艺人员根据零件图样及加工工艺等建立的坐标系。而工件坐标系也称编程坐标系，供编程人员使用。编程人员选择工件上的某一已知点为工件坐标系原点，建立一个新的坐标系。而工件坐标系的原点的确定是通过对刀实现的。确定工件坐标系时，不必考虑工件毛坯在机床上的实际装夹位置。

设置工件坐标原点的一般原则如下。

(1)工件零点选在工件图样的尺寸基准上，这样可以直接用图纸标注的尺寸作为编程点的坐标值，减少计算工作量。

(2)能使工件方便地装卡、测量和检验。

(3)工件零点尽量选在尺寸精度较高、粗糙度比较低的工件表面上，以提高加工精度和同一批零件的一致性。

(4)对于有对称形状的几何零件，工件零点最好选在对称中心上。

数控铣床工件坐标系 *X*，*Y* 的零点一般设在工件对称中心线或轮廓的基准角上，*Z* 的零点设在工件表面上。也可以根据编程的需要设一个或多个工件坐标系，如图 1.7 所示。

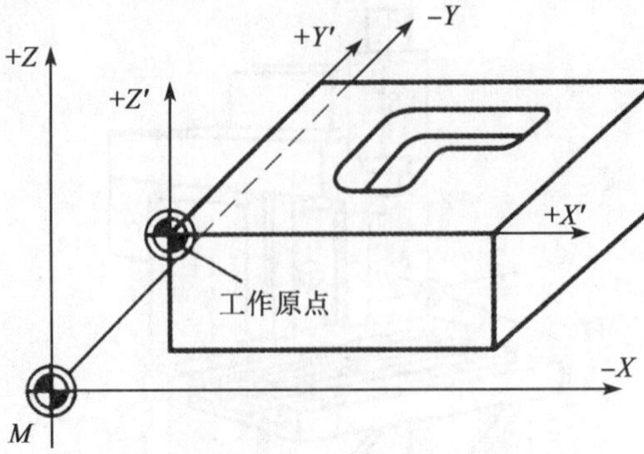

图 1.7　数控铣床工件坐标系原点的设置

1.1.2.3　SIEMENS 802D 铣床(加工中心)操作面板

SIEMENS 802D 铣床操作面板和系统面板如图 1.8 所示。SIEMENS 802D 铣床(加工中心)操作面板各按键介绍见表 1.4。

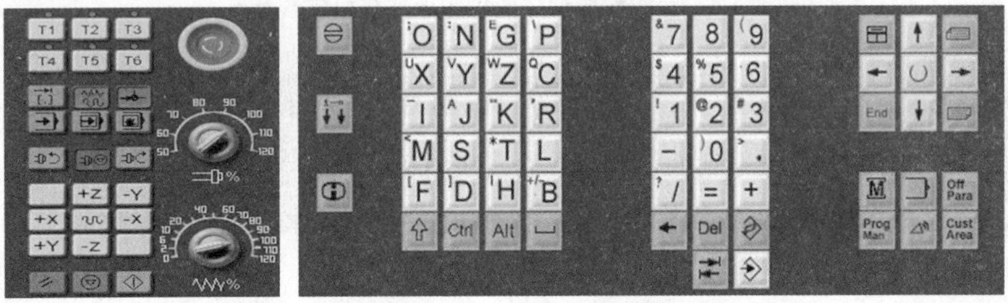

(a) 操作面板　　　　(b) 系统面板

图 1.8　SIEMENS 802D 铣床操作面板及系统面板

表 1.4　SIEMENS 802D 铣床(加工中心)操作面板各按键功能介绍

按键	名称	功能介绍
	手动数据输入(MDA)	单程序段执行模式
	循环保持	程序运行暂停，按“”键恢复运行
	运行开始	程序运行开始
	报警应答键	报警提示
	上挡键	对键上的两种功能进行转换

表 1.4(续)

按键	名称	功能介绍
	空格键	
	删除键(退格键)	自右向左删除字符
	删除键	自左向右删除字符
	回车/输入键	①接受编辑值；②打开、关闭一个文件目录；③打开文件
	翻页键	
	加工操作区域键	进入机床操作区域
	程序操作区域键	
	参数操作区域键	进入参数操作区域
	程序管理操作区域键	进入程序管理操作区域
	报警/系统操作区域键	
	选择转换键	一般用于单选、多选框

1.1.3　任务实施

1.1.3.1　任务实施

FANUC 0*i*-MC 北京第一机床厂 XKA714B/F 数控铣床操作面板如图 1.9 所示。

图 1.9　FANUC 0*i*–MC XKA714B/F 数控铣床操作面板

1）开机“回零”(机床回参考点)操作

(1)*Z* 向“回零”。其步骤如下：

①将机床开关旋至“ON”状态；

②按下机床启动按钮；

③将急停开关顺时针旋转拔出；

④按下“回零”键，此时指示灯变亮；

⑤按下“Z”键,此时“Z”键指示灯变亮；

⑥按下“+”键，直至“Z”原总灯变亮。

重要提示：“回零”前一定使机床床身远离零点，防止“回零”操作超程;一定先进行 *Z* 向“回零”操作。

(2)*X*/*Y* 向“回零”。其步骤同 *Z* 向“回零”步骤。

2）孔板仿真加工操作(斯沃仿真软件 FANUC 0*i* 系统)

孔板仿真加工操作的步骤如下。

(1)进入相应的系统后，开机。

(2)机床回零点(操作步骤同上)。

安全提示 :当 *Z*, *X*, *Y* 向“回零”操作完成后，马上分别进行 *Z* 轴“-”、*X* 轴“-”、*Y* 轴“-”操作，手动移动到远离机床零点，防止回零后马上移动坐标轴操作不当(再次按到 *X**Y**Z*“+”)而出现超程。

(3)选夹具。在平口钳中装夹工件。

(4)选用 ϕ10 mm 寻边器。

(5)启动主轴，正转。

(6)确定钻孔坐标基准点(工件前端左角点)。

操作步骤如下:

①X方向基准点的设定:移动X轴到工件的左端面,使寻边器与工件相碰(用手轮微调);按“相对”软键;输入X,按“起源”软键,此时当前坐标系X为0;通过手轮摇X轴到X+5.0;再次输入X,再次按“起源”软键;当前坐标系X为0;按“OFFSET SETTING”键,进入G54界面,按“坐标系”软键,输入“X0”,再按“测量”软键;G54下的X在机床坐标系下的零点偏置为“-424.135”。X方向基准点设定操作过程如图1.10所示。

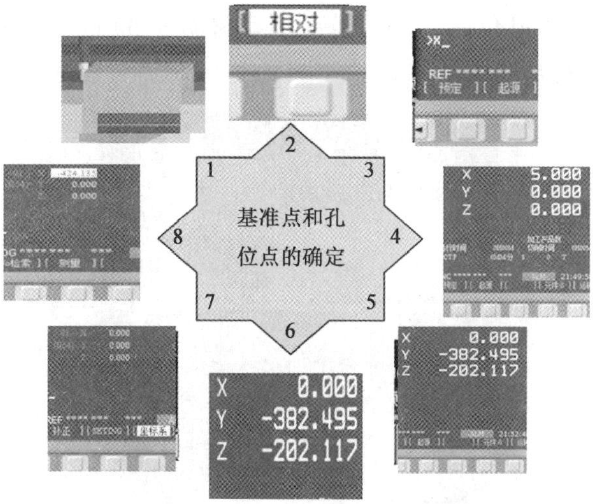

图1.10 X方向基准点设定操作过程

②Y方向基准点的设定:方法同上,将Y轴前端面设置为当前坐标系零点(Y0),其操作步骤如图1.11所示。

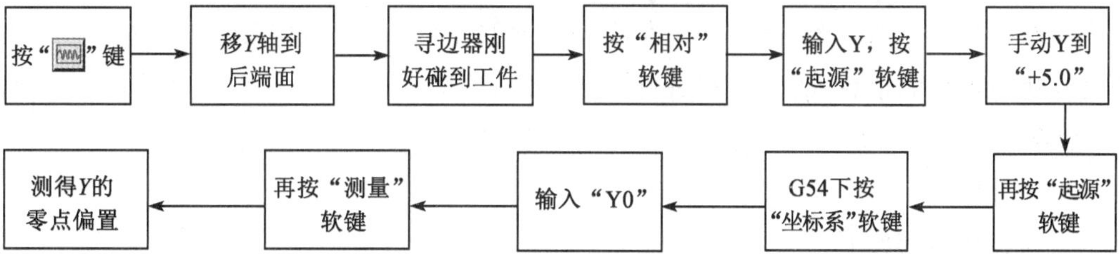

图1.11 Y方向基准点设定操作过程

③Z方向基准点的设定:方法同上,设置工件上表面为当前坐标系Z0点。

钻头在工件上表面的量块上试碰后(微调),刚好碰量块,在G54下输入“Z100.”。按“测量”软键,实现工件上表面为当前坐标系Z0点。Z方向基准点设定操作过程如图1.12所示。

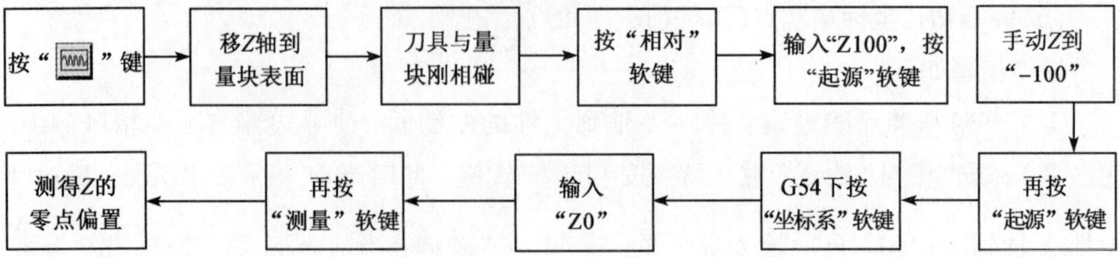

图 1.12　Z 方向基准点设定操作过程

(7)孔板仿真加工。

①移动到 X20，Y20 孔位后，主轴正转，手动移动 Z-35 进行孔加工；

②移动到 X40，Y20 孔位后，主轴正转，手动移动 Z-35 进行孔加工。

孔板加工孔位坐标如图 1.13 所示。

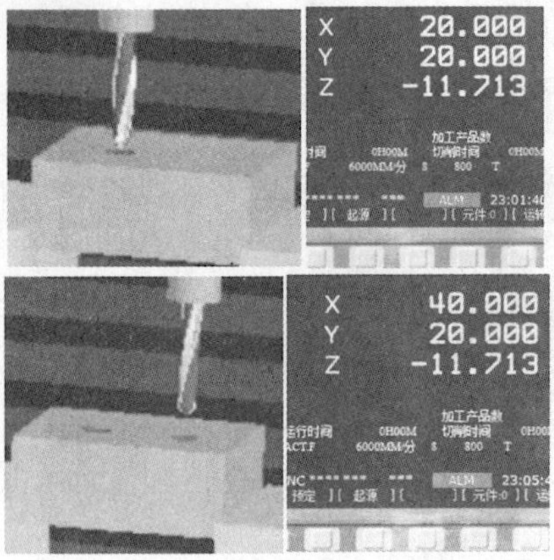

图 1.13　孔板加工孔位坐标

安全提示：系统一般默认 *X*，*Y*，*Z* 数值后必须有“小数点”，单位是“mm”，否则单位是“μm”，如“X20.”表示的是 20 mm ，“X20”表示的是 0.02 mm。但为了编程简单，如果数值后不加小数点，就必须将系统参数 3401 地址中的“DPI”由“0”改为“1”，才可省去程序中坐标值后的小数点。本教材进行简化，此后均将“DPI”设为“1”，即坐标值后省略“小数点”。

3）关机操作

关机操作步骤如下。

(1)按下“急停”开关。

(2)按机床“停止”按钮。

(3)将机床旋至“OFF”状态。

关机提示：机床操作结束时，一定将各轴 *Z*，*X*，*Y* 手动移动到适宜位置，远离机床零点，防止再次开机后“回零”时超程，最后一定关闭总电源。

1.1.3.2　考核评价

1）专业能力训练过程的考核与评价

专业能力训练过程的考核与评价是对学生进行工件加工全过程专业能力的考核与评价，包括工艺准备、任务实施、工件质量、误差分析等环节。加工结束后，师生共同填写专业能力训练过程考核评分表(见表1.5)。

表1.5　专业能力训练过程考核评分表(任务1.1)

<table>
<tr><td colspan="2">任务名称</td><td colspan="5">FANUC 0i 系统数控铣床(加工中心)面板操作</td><td>成绩</td><td colspan="2"></td></tr>
<tr><td colspan="2">操作者(或小组)</td><td colspan="3"></td><td>设备名称</td><td>FANUC 0i 数控铣床</td><td>完成工时</td><td colspan="2"></td></tr>
<tr><td>序号</td><td colspan="3">考核内容</td><td>配分</td><td colspan="2">评分标准(扣完为止)</td><td>自评</td><td>组评</td><td>师评</td></tr>
<tr><td rowspan="10">1</td><td rowspan="10">任务
实施
(60分)</td><td colspan="2">开、关机</td><td>5</td><td colspan="2">开、关机顺序不正确，每次扣3分</td><td></td><td></td><td></td></tr>
<tr><td colspan="2">回参考点</td><td>5</td><td colspan="2">回参考点不规范，每次扣3分</td><td></td><td></td><td></td></tr>
<tr><td colspan="2">工件安装</td><td>5</td><td colspan="2">工件装夹方法不正确，扣5分</td><td></td><td></td><td></td></tr>
<tr><td colspan="2">刀具安装</td><td>5</td><td colspan="2">刀具装夹方法不正确，扣5分</td><td></td><td></td><td></td></tr>
<tr><td colspan="2">程序录入、检查</td><td>10</td><td colspan="2">程序输入错误，每处扣1分</td><td></td><td></td><td></td></tr>
<tr><td colspan="2">对刀操作</td><td>10</td><td colspan="2">对刀不正确，每次扣5分</td><td></td><td></td><td></td></tr>
<tr><td colspan="2">量具使用</td><td>5</td><td colspan="2">量具使用不规范，每次扣2分</td><td></td><td></td><td></td></tr>
<tr><td colspan="2">操作过程</td><td>5</td><td colspan="2">每出现一次误操作，扣2分</td><td></td><td></td><td></td></tr>
<tr><td colspan="2">安全操作</td><td>5</td><td colspan="2">违反安全操作规程，每次扣5分</td><td></td><td></td><td></td></tr>
<tr><td colspan="2">完成工时</td><td>5</td><td colspan="2">每超时5分钟，扣1分</td><td></td><td></td><td></td></tr>
<tr><td rowspan="2">2</td><td rowspan="2">工件
质量
(30分)</td><td>孔径</td><td>2×ϕ10</td><td>20</td><td colspan="2">每超差0.1扣1分，超差0.5以上无分</td><td></td><td></td><td></td></tr>
<tr><td>孔中心距</td><td>20</td><td>10</td><td colspan="2">每超差0.1扣2分，超差0.1以下不扣分</td><td></td><td></td><td></td></tr>
<tr><td rowspan="2">3</td><td rowspan="2">误差
分析
(10分)</td><td colspan="2">零件自检</td><td>4</td><td colspan="2">自检有误，每处扣1分</td><td></td><td></td><td></td></tr>
<tr><td colspan="2">填写误差分析</td><td>6</td><td colspan="2">误差分析不到位扣1～4分，未进行误差分析扣6分</td><td></td><td></td><td></td></tr>
<tr><td colspan="4">合计</td><td>100</td><td colspan="2">自评10%、组评20%、师评70%</td><td></td><td></td><td></td></tr>
</table>

误差分析及反思(学生个人填)：

考核得分及评价(教师填)：

第　组	学生签字		组长签字		教师签字		年　月　日

2) 综合能力考核与评价

对每名学生的专业能力、社会能力、方法能力进行综合考核、客观评价。师生共同填写综合能力考核及评价表(见表 F.5)。

1.1.4 训练与考核

(1)通过对数控铣床(加工中心)设备面板操作的认知,在下表中填入你认为重要的按键及其功能。

数控铣床(加工中心)		主要按钮	功能
机床型号			
数控系统	国外主流系统(2个)		
	国内系统(主要的2个)		

(2)自行完成下列按键名称填充(模仿下面的样例)。

样例:

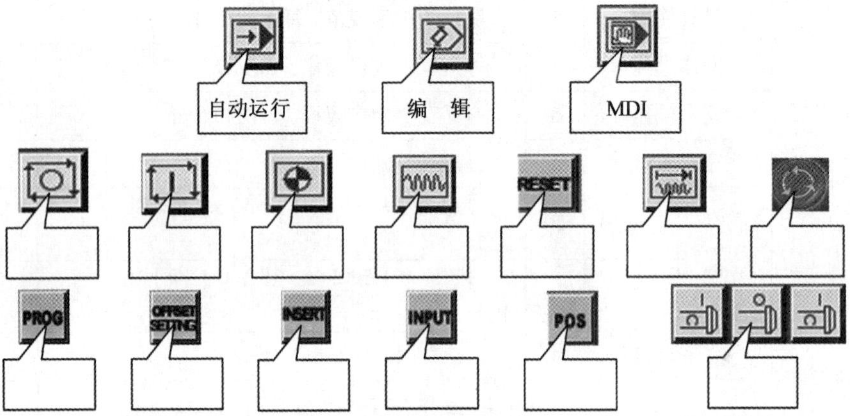

复习题

1)选择题

(1)编程人员在数控编程中使用的坐标系是( )。

A.右手直角笛卡儿坐标系　　B.机床坐标系

C.参考坐标系　　D.工件坐标系

(2)在 CRT/MDI 面板的功能键中,显示机床现在位置的键是( )。

A.POS　　B.PRCRM　　C.OFSET　　D.EOB

(3)在 CRT/MDI 面板的功能键中，用于刀具偏置数设置的键是(　　)。

A.POS　　B.OFSET　　C.PRGRM　　D.EOB

(4)在 CRT/MDI 面板的功能键中，用于参数显示、设定的键是(　　)。

A.OFSET　　B.PARAM　　C.PRGAM　　D.DGNOS

(5)在 CRT/MDI 操作面板上，页面变换键是(　　)。

A.PAGE　　B.CURSOR　　C.EOB　　D.INPUT

(6)请找出下列数控屏幕上菜单词汇中对应中文词汇“进给”的英文。(　　)

A.SPINDLE　　B.FEED　　C.EMERGENCY STOP　　D.COOLANT

(7)请找出下列数控屏幕上菜单词汇中对应中文词汇“冷却液”的英文。(　　)

A.SPINDLE　　B.FEED　　C.EMERGENCY STOP　　D.COOLANT

(8)请找出下列数控机床操作名称中对应中文词汇“硬键”的英文。(　　)

A.HARD KEY　　B.SWITCH　　C.SOFT　KEY　　D.BOTTON

(9)请找出下列数控机床操作名称中对应中文词汇“开关”的英文。(　　)

A.HARD KEY　　B.SWITCH　　C.SOFT　KEY　　D.BOTTON

(10)在 CRT/MDI 面板的功能键中，用于报警显示的键是(　　)。

A.DGNOS　　B.ALARM　　C.PARAM　　D.SYSTEM

2)判断题

(1)“回零”操作可使机床移动部件沿其坐标轴正向退到编程坐标系原点。(　　)

(2)数控机床在输入程序时，不论何种系统坐标值，也不论是整数还是小数，都不必在数值后加小数点。(　　)

3)简答题

(1)机床为什么要进行“回零”操作？

(2)什么是机床坐标系？什么是工件坐标系？它们的主要区别是什么？

(3)机床坐标系是按照什么规则确定的？

任务1.2　数控铣床(加工中心)对刀

1.2.1　工作任务

平面六方体零件加工工作任务如表1.6所列。

表 1.6　平面六方体零件加工工作任务

<table>
<tr><td>任务描述</td><td>根据图 1.14 所示的平面六方体零件图的尺寸基准，确定工件坐标系原点通过对刀操作和参数设置，完成工件坐标系的建立。
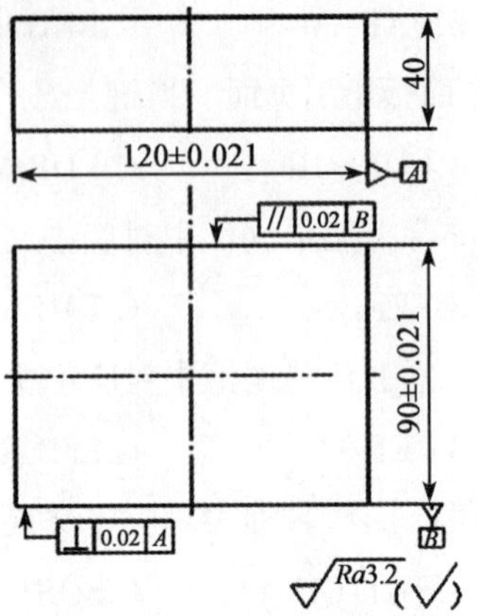

图 1.14　平面六方体零件图</td></tr>
<tr><td>知识点
与技能点</td><td>知识点：◇ 数控机床安全操作规程和维护保养
◇ 常用夹具的选择
◇ 工件定位与装夹
◇ 刀具的选择
◇ 针式百分表的使用
技能点：◇ 工件对刀
◇ 夹具找正</td></tr>
<tr><td>工艺条件</td><td>◎ 数控铣床（加工中心）：配置 FANUC 0i 系统
◎毛坯：100 mm×80 mm×35 mm（六个面已经加工），材料为 45 钢
◎刀具、量具及其他：
<table>
<tr><th>名称</th><th>规格</th><th>数量</th></tr>
<tr><td>ϕ12 立铣刀</td><td>硬质合金</td><td>1</td></tr>
<tr><td>游标卡尺</td><td>0~150,0.02</td><td>1</td></tr>
<tr><td>百分表</td><td>0~10,0.01</td><td>1</td></tr>
<tr><td>磁性表座</td><td></td><td>1</td></tr>
<tr><td>垫块</td><td>各种尺寸规格</td><td>若干</td></tr>
</table></td></tr>
<tr><td>任务分析</td><td>对刀的目的是确定工件坐标系在数控机床上的位置，保证自动加工的准确定位。该任务应首先选择对刀方法，然后确定对刀点，在工件装夹前用百分表对钳口找正，然后通过对刀操作，完成工件坐标系零点偏置设置</td></tr>
</table>

1.2.2　相关知识

1.2.2.1　数控机床安全操作规程和维护保养

1）数控铣床(加工中心)操作规程及安全生产要求

(1)操作规程。

①机床通电后，检查电压、气压、油压是否正常，各种开关、按钮和键是否灵活，并对各手动润滑部位进行润滑。

②各坐标轴手动“回零”(机械原点)。如某轴在回零前已在零位，必须先将该轴移动一段距离后，再进行手动“回零”。

③机床空转15 min，达到热平衡状态后，再进行零件加工。

④按照工艺规程要求安装找正夹具，检查刀具系统的安装及刀具类型和尺寸，并输入相应刀具的补偿值。

⑤对刀并建立工件坐标系。

⑥输入加工程序，通过检索、加工图形模拟及机床空运转检查加工程序；如有错误，更改后，再按照此过程重新检查。

⑦首件工件加工时，应逐把刀、逐段试切加工，并验证零件图和工艺文件要求是否一致。

⑧加工过程中应注意机床显示状态，对异常情况应及时处理，尤其应注意报警、急停、超程等安全操作。

⑨整批零件加工完成后，应核对刀具号和刀补值，将刀具和夹具按照规定清理入库，将加工程序存入磁盘与工艺文件等资料存档。

⑩清理机床，将各坐标轴停在中间位置，按照机床要求依序关闭电源，清理机床。

(2)安全生产要求。

①操作者必须接受过该数控铣床的操作培训，熟悉机床各部件、开关、按钮和键的作用，熟悉数控铣床的指令和操作方法。严格遵守数控铣床各种切削方式的安全生产要求。

②严禁取掉或挪动数控铣床上的维护标记及警告标记。

③不得随意拆卸回转工作台，严禁用手动换刀方式互换刀库中刀具的位置。

④加工前，应仔细校核工件坐标系原点的选择是否正确、加工轨迹是否与夹具、工件、机床干涉，新程序经校核后，才能执行。

⑤防护挡板和防护罩应齐全，且灵活可靠。切屑排除机构正常，严禁用手和压缩空气清理切屑。机床上不能摆放杂物，设备周围应保持整洁。

⑥安装刀具时，应使主轴锥孔保持干净。关机后，主轴应处于无刀状态。

⑦维修、维护数控铣床时，严禁开动机床。发生故障后，必须查明并排除机床故障，然后重新启动机床。

2）数控铣床的维护与保养

（1）数控铣床的维护。

①使机床保持良好的润滑状态。

②定期检查液压、气压系统。

③定期检查电动机系统。

④适时对各坐标系的轴进行超限位试验。

⑤定期检查电器元件。

⑥机床长期不用时，应维护。

⑦更换存储器电池。

⑧印刷线路板的维护。

⑨监视数控装置用的电网电压。

⑩定期进行机床水平和机械精度检查。

⑪经常打扫卫生。

（2）数控铣床的保养

操作前：①对重要部位进行检查；②擦拭外露导轨面，并按照规定加油；③空运转，检查润滑系统是否正常。

操作后：①清扫铁屑；②擦拭机床；③各部归位；④认真填写交接班记录及其他记录。

数控铣床（加工中心）日常保养详见有关具体规定。

1.2.2.2　常用夹具的选择

1）常用夹具

常用的通用夹具有三爪夹盘（自定心）、平口虎钳、压板，如图 1.15 至图1.17所示。

图 1.15　三爪夹盘

图 1.16　平口虎钳

图 1.17　压板

2）选择夹具的基本原则

数控加工的特点对夹具提出了两点要求：一是保证夹具的坐标方向与机床的坐标方向相对固定不变；二是协调零件和机床坐标系的尺寸关系。除此之外，还要考虑以下几点。

(1)当零件加工批量不大时，应尽量采用组合夹具、可调式夹具或其他通用夹具，以缩短生产准备时间，节省生产成本。

(2)在成批生产时，考虑使用专用夹具，力求结构紧凑、简单。

(3)零件的装卸要快速、方便、可靠，以缩短数控机床的停顿时间。

(4)夹具上各零部件应不妨碍机床对零件各表面的加工，即夹具要敞开，其定位夹紧机构的元件不能影响加工中的走刀运行。

此外，为了提高数控加工的效率，当零件加工批量较大时，应考虑采用气动或液压夹具、多工位夹具。

1.2.2.3　工件定位与装夹

1）定位基准分析

定位基准有粗基准和精基准两种。用未加工过的毛坯表面作为定位基准，称为粗基准；用已加工过的毛坯表面作为定位基准，称为精基准。除第一道工序采用粗基准外，其余工序都应使用精基准。

选择定位基准要遵循基准重合原则，即力求设计基准、工艺基准和编程基准统一。这样做可以减少因基准不重合产生的误差和数控编程中的计算量，并且能有效地减少装夹次数。

零件的定位基准，一方面要能保证零件经多次装夹后其加工表面之间相互位置的正确性，如多棱体、复杂箱体等在卧式加工中心上完成四周加工后，要重新装夹加工剩余的加工表面，用同一种基准定位可以避免由基准转换引起的误差；另一方面要满足加工中工序集中的特点，即一次安装尽可能完成零件上较多表面的加工。定位基准最好选择在零件上已有的面或孔，若没有合适的面或孔，也可以专门设置工艺孔或工艺凸台等作为定位基准。

2）定位安装的基本原则

在数控铣床上加工零件时，安装定位的基本原则与普通铣床相同，也要合理选择定位基准和夹紧方案。在确定装夹方案时，只需根据已选定的加工表面和定位基准确定工件的定位夹紧方式，并选择合适的夹具。

3）注意事项

使用机床夹具来准确地确定工件与刀具的相对位置，将工件定位及夹紧。常用的机床用平口虎钳结构如图 1.18 所示。确定定位基准与夹紧方案时应注意以下几点。

(1)力求设计基准、工艺基准与编程基准统一。

(2)尽量减少装夹次数。

(3)避免采用占机人工调整式方案。

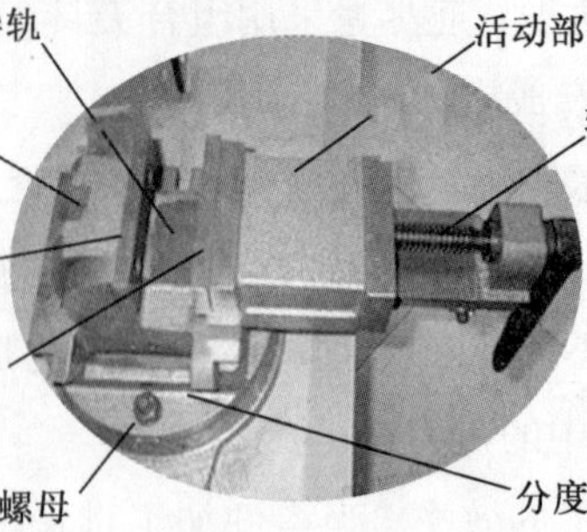

图 1.18　机床用平口虎钳结构

正确的使用方法：应使用定制的机床用平口虎钳扳手，在限定的力臂范围内用手扳紧施力。不得使用自制加长手柄，不得加套管接长力臂或用重物敲击手柄；否则，可能造成虎钳传动部分的破坏。例如，丝杆弯曲；螺母过早磨损或损坏，甚至会使螺母内螺纹崩牙、丝杆固定端产生裂纹等，严重的还会损坏虎钳活动部分和虎钳体。

1.2.2.4　刀具的选择

1）刀具性能

刀具应具备的切削性能有：高的硬度和耐磨性；足够的强度和韧性；良好的耐热性和导热性；良好的工艺性；良好的经济性，价格低廉。

2）常用刀具材料

刀具材料的种类很多，常用的有工具钢(碳素工具钢、合金工具钢和硬质合金)、硬质合金、陶瓷、金刚石和立方氮化硼等。

目前最常用的刀具材料是硬质合金和高速钢。

3）刀具的选择

刀具的选择是数控铣削加工工艺的重要内容之一，它不仅影响机床的加工效率，而且直接影响零件的加工质量。所以在编程时，选择刀具通常要考虑机床的加工能力、工序内容及被加工零件的材料等因素。

数控加工的刀具材料，要求采用新型优质材料，一般原则是尽可能选用硬质合金；精密加工时，还可选择性能更好、更耐磨的陶瓷、立方氮化硼和金刚石刀具，并优选刀具参数。

刀具选择总的原则：安装调整方便，刚性好，耐用度和精度高。在满足加工要求的前提下，尽量选择较短的刀柄，以提高刀具加工的刚性。

选择数控刀具时，首先应优先选用标准刀具，必要时才选用各种高效率的复合刀具及特殊的专用刀具。在选择标准数控刀具时，尽可能选用各种先进刀具，如可转位刀具、整体硬质合金刀具、陶瓷刀具等。刀具的类型、规格和精度等级应符合加工要求，刀具材料应与工件材料相适应。还应考虑：①切削性能好；②精度高；③可靠性高；④耐用度高；⑤断屑及排屑性能好。

选取刀具时，要使刀具的尺寸与被加工工件的表面尺寸相适应。生产中，平面零件周边轮廓的加工，常采用立铣刀；铣削平面时，应选面铣刀(盘铣刀)；加工凸台、凹槽时，选硬质合金立铣刀和键槽铣刀。常用铣刀如图1.19所示。加工毛坯表面或粗加工孔时，可选取镶硬质合金刀片铣刀；对一些立体型面和变斜角轮廓外形的加工，常采用成型刀，如球头铣刀、锥形铣刀和盘形铣刀。

(a) 面铣刀　　(b) 立铣刀　　(c) 键槽铣刀

图1.19　常用铣刀

1.2.2.5　*对刀和换刀*

机床坐标系是机床出场后已经确定不变的，但工件在机床加工尺寸范围内的安装位置却是任意的，如需确定工件在机床坐标系中的位置，就要靠对刀。简单地说，对刀就是告诉机床工件装夹在工作台的什么地方，要通过确定工件坐标系在机床坐标系中的位置来实现。

对刀的准确程度将直接影响加工精度，因此对刀操作一定要仔细，对刀方法一定要与零件加工精度要求相适应。

1) 对刀点的选择

对于数控机床来说，在编程时正确地选择对刀点是很重要的。对刀点是数控加工中刀具相对于工件运动的起点。由于程序是从该点开始执行的，所以对刀点又称为程序起点、起刀点或程序原点。选择对刀点的原则有以下四点：

(1)对刀点应便于数学处理和简化程序编制；

(2)对刀点在机床上容易校准；

(3)对刀点在加工过程中便于检查；

(4)对刀点在加工中引起的加工误差小。

对刀点可以设置在零件上，也可以设置在夹具上或机床上。为提高零件的加工精度，应尽可能设置在零件的设计基准或工艺基准上，或与零件的设计基准有一定的尺寸关系，如图1.20中的x_0和y_0。如此进行才能确定机床坐标系与工件坐标系的关系。对于以孔定位的零件，可以选择孔的中心作为对刀点，刀具的位置以孔来找正，使对刀点与刀位点重合。所谓对刀实质上就是刀位点与对刀点重合的操作。所谓刀位点，是指刀具的定位基准点。立铣刀的刀位点是刀具轴线与刀具底面的交点；端铣刀的刀位点是刀具轴线与刀具底面的交点；球头铣刀的刀位点是球头的球心；车刀的刀位点是刀尖或刀尖圆弧中心；镗刀的刀位点是刀尖；钻头的刀位点是钻尖。为了保证加工中的对刀精度，常常采用千分表、对刀测头或对刀样板进行找正对刀。

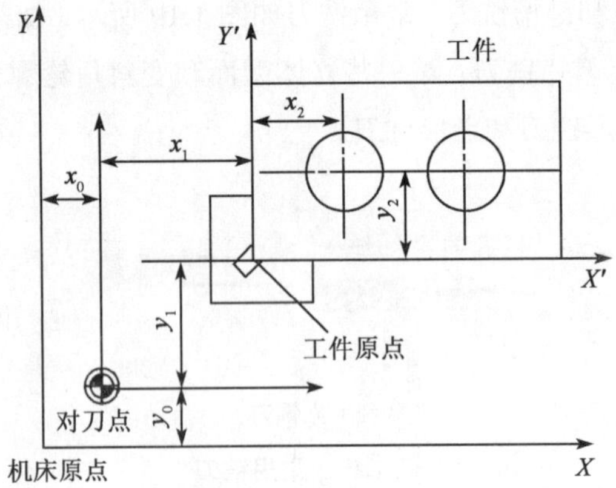

图 1.20　对刀点的设定

对刀点既是程序的起点，也是程序的终点。因此在成批生产中要考虑对刀点的重复定位精度。重复定位精度可以用对刀点相距机床原点的坐标值 x_0 和 y_0 来校核。对铣床而言，机床原点一般设置在靠近铣床工作台外侧(或内侧)的左边或右边。

2）换刀点的选择

在铣削加工过程中需要换刀时，应该在换刀点处进行。换刀点是指刀架转位换刀时的位置。换刀点在数控车床上是一任意点，一般根据工序内容安排；换刀点在数控铣床上是一相对固定点；换刀点在加工中心机床上也是一固定点。为了防止换刀时刀具碰伤被加工零件，换刀点应该设置在被加工零件或夹具的外部。

3）对刀工具

(1) 寻边器。偏心式寻边器和光电寻边器的结构如图 1.21 所示。

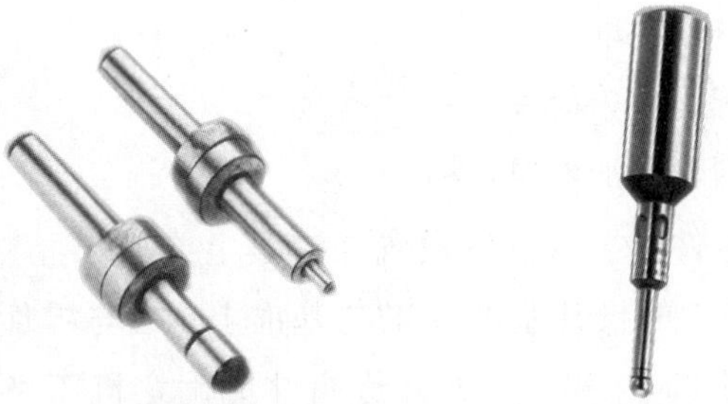

（a）偏心式寻边器　　（b）光电寻边器

图 1.21　偏心式寻边器和光电寻边器

(2) Z 轴设定器。其外形结构及使用中的注意事项如图 1.22 所示。

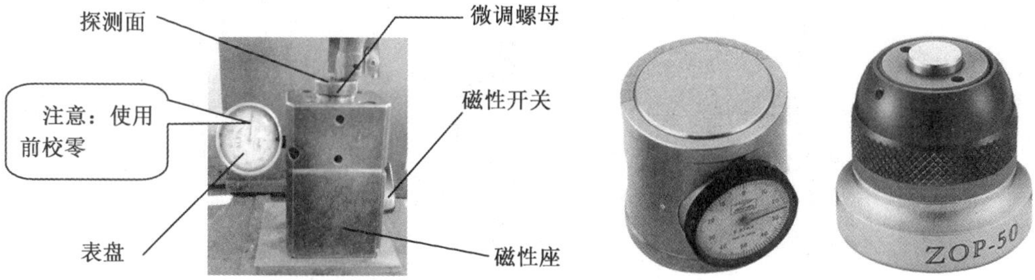

图 1.22　Z 轴设定器外形结构及使用中的注意事项

4）对刀方法

(1)寻边器对刀原理。寻边器由固定端和测量端两部分组成。固定端由刀具夹头夹持在机床主轴上，中心线与主轴轴线重合。在测量时，主轴以 400 r/min 的转速旋转。通过手动方式，使寻边器向工件基准面移动靠近，让测量端接触基准面。在测量端未接触工件时，固定端与测量端的中心线不重合，两者呈偏心状态。当测量端与工件接触后，偏心距减小，这时使用点动方式或手轮方式微调进给，寻边器继续向工件移动，偏心距逐渐减小。当测量端和固定端的中心线重合的瞬间，测量端会明显偏出，出现明显的偏心状态。这时主轴中心位置距离工件基准面的距离等于测量端的半径。

(2)试切(或碰刀)方式对刀。这种对刀方式比较简单，但会在工件表面留下痕迹，且对刀精度不高。为避免损伤工件表面，可以在刀具和工件之间加入塞尺进行对刀，最后应将塞尺的厚度减去。其操作步骤与采用寻边器对刀相似，只是将寻边器换成了铣刀具，移动距离是刀具的半径。这种解决方法简便，对刀精度较高。

1.2.2.6　针式百分表及其使用

1)针式百分表

针式百分表的外形结构如图 1.23 所示。

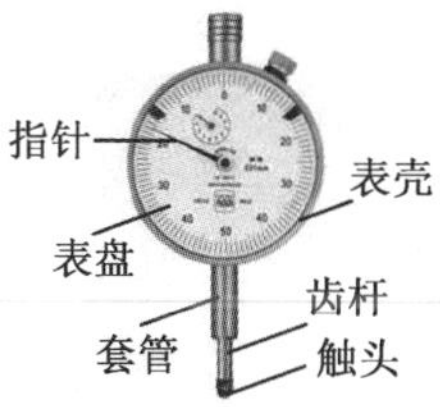

图 1.23　针式百分表

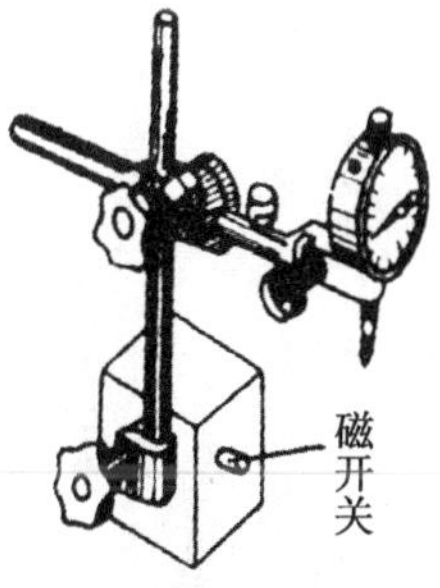

图 1.24　针式百分表安装示意图

2)针式百分表安装

针式百分表安装在磁力表架上，如图 1.24 所示。磁力表架有吸力，可固定在任何空间位置的平面上，使用方便。

安装针式百分表时，应右手扶住表杆，左手紧固夹紧螺母，如图 1.25 所示。

图 1.25　针式百分表安装正误示意图

3）针式百分表测量

用针式百分表测量时，应将表架置于平板平面上，安装好针式百分表后，选择一块与工件尺寸相符的量块，置于表的测量杆下。调整表的测量杆使其与量块平面垂直，使表的测量触头对样块平面有 0.5～1.0 mm 的压入量。然后调整指针对准零位，用右手慢慢抬起或放下活动测量杆，观察表的指针数值，若数值不变，即可测量工件。

测量时先用右手慢慢抬起活动测量杆，将工件放入表的测量触头下；再慢慢放下活动测量杆，用手前、后、左、右移动工件，使表的测量触头在工件平面上的不同部位测量；观察表的指针变化情况，测出工件尺寸和平行度，并与标准量块对比，判断工件是否合格。

1.2.3　任务实施

1.2.3.1　任务实施

1）机床开机、回参考点

手动将机床台面返回到适当位置处。

2）钳口找正

将装有百分表的磁力表架吸附在主轴上，按下操作面板上的“手轮”按键，摇动手轮将百分表的探头接触钳口内侧，并使探头压入 0.2～0.4 mm，然后读数，如图 1.26（a）所示。

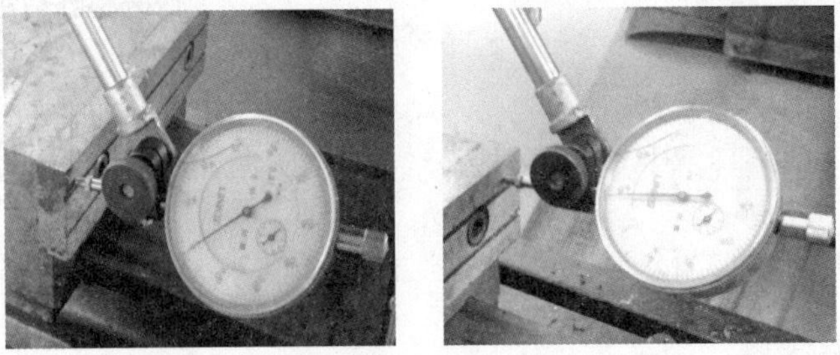

（a）　　（b）

图 1.26　钳口找正

摇动手轮将百分表移动到钳口的另一侧，如图 1.26(b)所示。在移动百分表的过程中，根据表的读数情况，使用胶皮锤轻打平口钳，直至百分表再移动的过程中读数没有变化，此时即完成钳口的找正。

3)装夹工件

装夹工件操作及注意事项如图 1.27 所示。

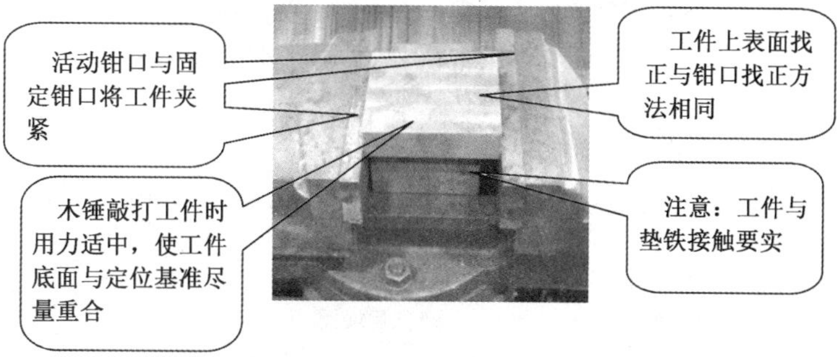

图 1.27　装夹工件操作及注意事项

4) 对刀

(1)安装对刀仪。其方法如图 1.28 所示。

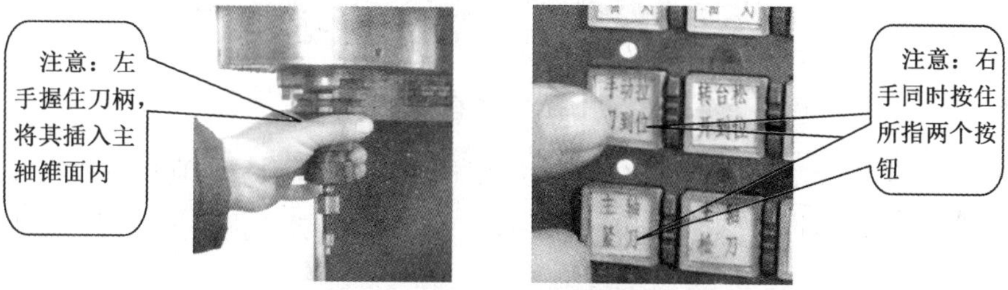

图 1.28　安装对刀仪的方法

(2)*X*, *Y*, *Z* 对刀。*X* 方向对刀步骤如图 1.29 和图 1.30 所示。

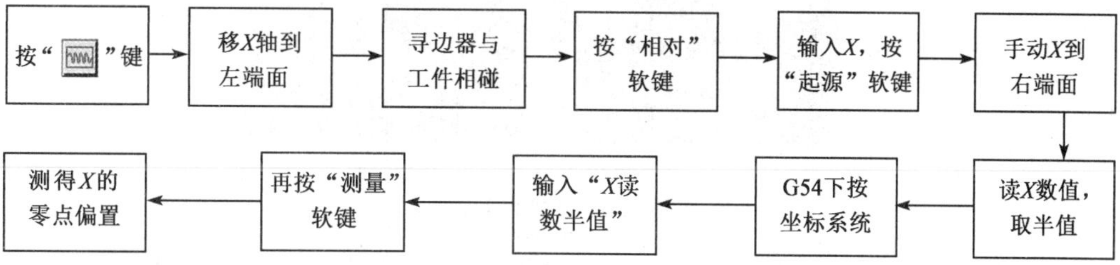

图 1.29　*X* 方向对刀步骤

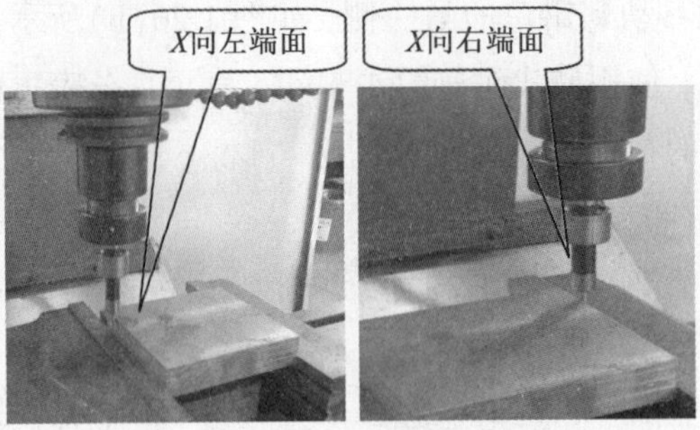

图 1.30 X 方向对刀

同理，Y 方向中心对刀步骤只是改“左、右”为“前、后”端寻边器与工件相碰，如图 1.31 所示。

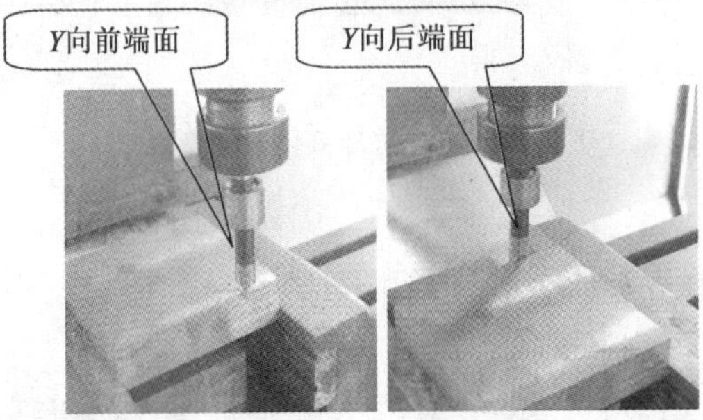

图 1.31 Y 方向对刀

Z 方向的对刀方法与任务 1.1 对刀方法相同，唯一的区别是仿真用量块实际对刀用 Z 向设定器，进行正面对刀操作步骤同任务 1.1 对刀步骤。Z 方向对刀如图 1.32 所示。

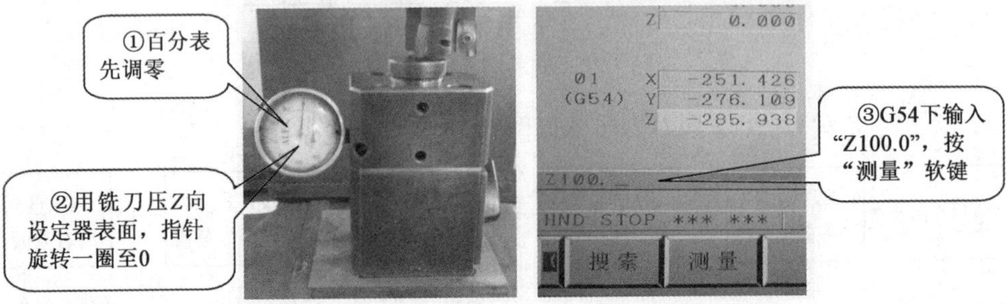

图 1.32 Z 方向对刀

对刀提示：①光电寻边器对刀主轴需停止转动；②移动各轴应控制好移动速度和方向；③Z 向对刀不能用寻边器；④寻边器对刀前要调用“M03 S600；”，因为寻边器转速范围为 500~700 r/min。

1.2.3.2　考核评价

1）专业能力训练过程考核与评价

对学生进行工件加工全过程专业能力考核，包括工艺准备、任务实施、工件质量、误差分析各环节。加工结束后，师生共同填写专业能力训练过程考核评分表（见表1.7）。

表1.7　专业能力训练过程考核评分表（任务1.2）

<table>
<tr><td colspan="2">任务名称</td><td colspan="4">FANUC 0i 系统数控铣床（加工中心）对刀操作</td><td>成绩</td><td colspan="2"></td></tr>
<tr><td colspan="2">操作者（或小组）</td><td></td><td>设备名称</td><td colspan="2">FANUC 0i 数控铣床</td><td>完成工时</td><td colspan="2"></td></tr>
<tr><td>序号</td><td colspan="2">考核内容</td><td>配分</td><td>评分标准（扣完为止）</td><td>自评</td><td>组评</td><td>师评</td></tr>
<tr><td>1</td><td>任务实施</td><td>详见表1.5考核内容</td><td>60</td><td>详见表1.5评扣分标准</td><td></td><td></td><td></td></tr>
<tr><td rowspan="3">2</td><td rowspan="3">对刀检验（30分）</td><td>X向对刀</td><td>10</td><td>每超差0.1扣2分，超差0. 5以上无分</td><td></td><td></td><td></td></tr>
<tr><td>Y向对刀</td><td>10</td><td>每超差0.1扣2分，超差0.5以上无分</td><td></td><td></td><td></td></tr>
<tr><td>Z向对刀</td><td>10</td><td>每超差0.1扣2分，超差0.5以上无分</td><td></td><td></td><td></td></tr>
<tr><td rowspan="2">3</td><td rowspan="2">误差分析（10分）</td><td>对刀自检</td><td>4</td><td>自检有误，每处扣1分</td><td></td><td></td><td></td></tr>
<tr><td>填写误差分析</td><td>6</td><td>误差分析不到位扣1~4分，未进行扣6分</td><td></td><td></td><td></td></tr>
<tr><td colspan="3">合计</td><td>100</td><td>自评10%、组评20%、师评70%</td><td></td><td></td><td></td></tr>
<tr><td colspan="8">工作过程记录（学生个人填）：</td></tr>
<tr><td colspan="8">考核得分及评价（教师填）：</td></tr>
</table>

第　　组	学生签字		组长签字		教师签字		年　月　日

2）综合能力考核与评价

对每名学生的专业能力、社会能力、方法能力进行综合考核、客观评价，师生共同填写综合能力考核及评价表（见表F.5）。

1.2.4　训练与考核

（1）在数控铣床（加工中心）上进行对刀操作。

训练要求：用寻边器完成 *X*，*Y* 向对刀操作，而后用量块完成 *Z* 向对刀操作。

(2)如图 1.33 所示，有一组刀具，自主学习，查找刀具名称。

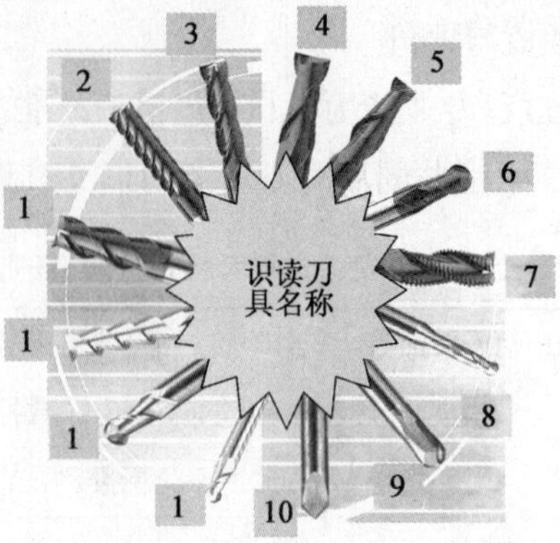

图 1.33　一组刀具

复习题

1)填空题

(1)对刀点既是程序的________，也是程序的________。

(2)最常用的数控铣削加工刀具材料为________和________。

(3)铣削半封闭或封闭直槽或圆弧槽时，常用的铣刀是________和________。

(4)数控机床的某一坐标轴的正方向是指________的方向。

2)判断题

(1)在手工编程的程序校核方法选择上，一般采取首件试切法来检验加工实际效果。(　　)

(2)数控机床加工过程中，可以根据需要改变主轴速度和进给速度。(　　)

(3)不同结构布局的数控机床有不同的运动方式，但无论何种形式，编程时都认为工件相对于刀具运动。(　　)

(4)加工中心采用的是笛卡儿坐标系，各轴的方向是用右手来判定的。(　　)

(5)机床原点与机床参考点是同一个点。(　　)

(6)机床参考点是数控机床上固有的机械原点，可以在机床出厂时设定该点到机床坐标原点在进给坐标轴方向上的距离。(　　)

3)简答题

(1)什么是对刀点？

(2)数控铣床(加工中心)有几种对刀方法？

任务 1.3 凸台零件数控加工工艺分析

1.3.1 工作任务

凸台零件数控加工工作任务如表 1.8 所列。

表 1.8 凸台零件数控加工工作任务

<table>
<tr><td>任务描述</td><td>完成图 1.34 所示凸台零件的数控加工工艺设计
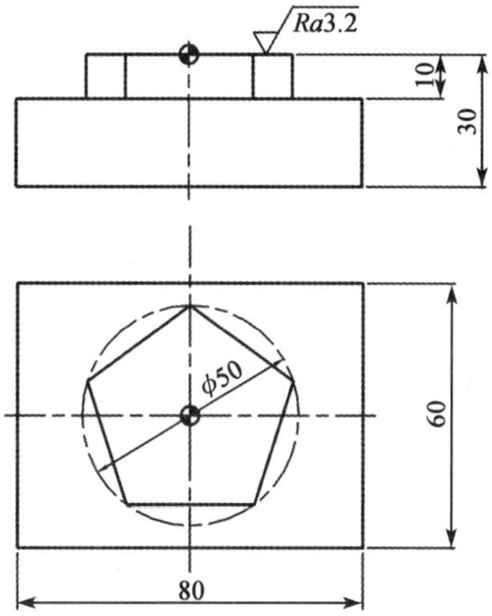

图 1.34 凸台零件图</td></tr>
<tr><td>知识点
与技能点</td><td>知识点：◇ 加工路线的确定
◇ 切削用量的选择
◇ 工件定位与装夹
技能点：◇ 绘制加工路线图
◇ 编制程序</td></tr>
<tr><td>工艺条件</td><td>◎ 数控铣床（加工中心）：配置 FANUC 0i 系统
◎毛坯：尺寸为 80 mm×60 mm×30.5 mm（80 mm×60 mm 四侧面已加工到尺寸，五角凸台已经成形，轮廓余量 0.5 mm），材料为 45 钢，单件生产
◎刀具、量具及其他：
<table>
<tr><th>名称</th><th>规格</th><th>数量</th></tr>
<tr><td>φ16 立铣刀</td><td>硬质合金</td><td>1</td></tr>
<tr><td>游标卡尺</td><td>0~150,0.02</td><td>1</td></tr>
<tr><td>百分表</td><td>0~10,0.01</td><td>1</td></tr>
<tr><td>磁性表座</td><td></td><td>1</td></tr>
</table></td></tr>
</table>

表 1.8(续)

任务分析	凸台零件数控加工工艺制订是程序编制、保证机床的加工效率和零件加工精度的重要前期工作。由于零件图尺寸精度要求不高，只保证基本尺寸，所以应通过零件图尺寸对加工工艺进行分析和设计，制订数控加工工艺方案。其中主要反映工序安排，加工余量，工件的定位、安装与夹具的选择，刀具的选择，切削用量的选择等加工方案的确定等，最后形成工艺文件

1.3.2 相关知识

1.3.2.1 数控铣削加工工艺基础

1) 数控加工零件的工艺性分析

(1)零件图分析。

①零件图上给出的尺寸数据，应符合程序编制方便的原则：零件图上尺寸标注方法应适应数控加工编程的特点；构成零件轮廓几何元素的条件要充分。

②零件各加工部位的结构工艺性应符合数控加工的特点。

※零件的内腔和外形最好采用统一的几何类型和尺寸，以减少换刀的次数，便于编程，提高生产效益。

※内槽圆角的大小决定刀具直径的大小，因此内槽圆角半径不应太小。构成零件轮廓的几何元素是数控编程的重要依据。

手工编程时要计算构成零件轮廓的每一个基点(或节点)坐标。如果条件不充分，则无法计算零件轮廓的节点坐标，无法表达零件轮廓的几何元素，导致编程无法进行。因此图纸应完整地表达零件轮廓的几何元素。

(2)精度和技术要求分析。对被加工零件的精度和技术要求分析，主要是对形状精度、位置精度和表面粗糙度的分析。

精度和技术要求分析主要包括以下内容：

①分析精度及各项技术要求是否齐全、是否合理；

②分析每道工序的加工精度能否达到图纸要求，是否给后续工序留有余地；

③找出图样上有位置精度要求的表面，这些表面应在一次安装下完成加工。

(3)零件图的数学处理。数控铣削加工中，手工编程尺寸不能简单地直接选取工件图纸上的基本尺寸。零件图形可按下述方式进行调整。

①精度高的尺寸处理。可将基本尺寸换算为平均尺寸。

②几何关系的处理。应保持原来重要的几何关系，如角度、相切、相切关系不变。

③精度低的尺寸处理。通过调整修改一般尺寸，保持零件原有的几何关系，使之相互协调。

④节点坐标尺寸的计算。按照调整后的尺寸计算有关未知节点的坐标尺寸。

⑤编程尺寸的修正。按照调整后的尺寸编程并进行加工，测量关键尺寸的实际分散中心与误差，再按照误差对编程尺寸进行调整，并相应地修改程序。

与数控车床相比，数控铣床加工中零件图形的数学处理更为复杂和烦琐，特别是圆弧轨迹和圆弧连接图形轨迹。数学处理的根本出发点是在保证要求较高精度尺寸的基础上（如两圆弧间的中心距），力求图形轨迹的圆滑无拐点连接。

2）数控加工工序的划分

划分数控加工工序时应遵循的原则：首先是保证精度原则，实际上就是以零件的精度为依据来划分数控加工的工序；其次是提高生产效率原则，实际上就是以加工效率为依据来划分数控加工的工序。数控加工工序遵循的原则如图1.35所示。

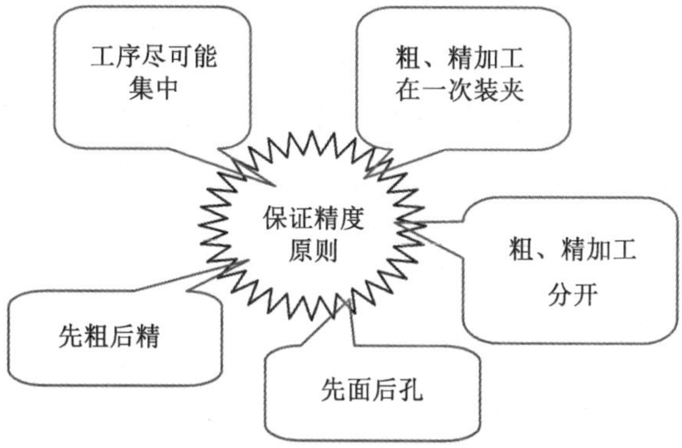

（a）

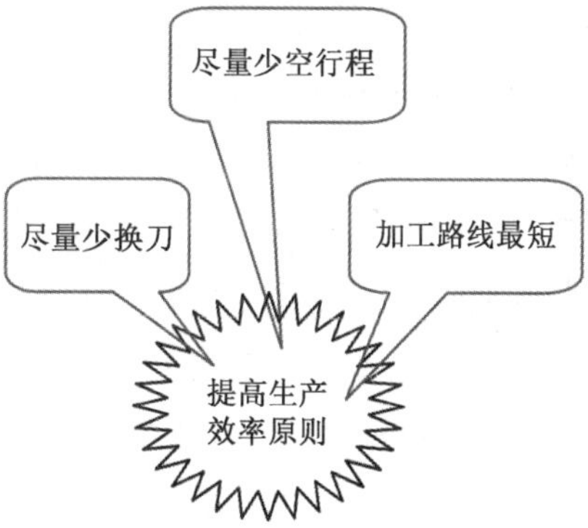

（b）

图1.35　数控加工工序遵循的原则

在数控铣床上加工零件，工序可以比较集中，即在一次装夹中尽可能完成大部分或全部工序。首先应该根据零件图，考虑被加工零件是否可以在一台数控铣床上完成整个零件的加工，如若不能，则应决定其中哪些部分的加工在数控机床上进行，哪些部分的加工在其他机床上进行。一般工序的划分有以下几种方式。

（1）定位方式划分工序。由于每个零件结构形状不同，各个表面的技术要求也不同，所以在加工中的定位方式各有差异。一般在铣削加工外形时，以内形定位；在铣削加工内形时，以外形定位。因此，可根据定位方式的不同来划分工序。

这种方法一般适用于加工内容不多的工件，加工完毕后就能达到待检状态，通常是以一次安装、加工作为一道工序。

（2）刀具集中分序法。为了减少换刀次数，压缩空程运行时间，减少不必要的定位误差，可按照使用刀具来集中工序的方法进行零件的加工，即尽可能使用同一把刀具加工出可能加工到的所有部位，然后再更换另一把刀具加工零件的其他部位。在专用数控机床和加工中心中常常采用这种方法。

(3)粗、精加工分序法。根据零件的加工精度、刚度和变形等因素来划分工序时，可按粗、精加工分开的原则来划分工序，即先进行粗加工，再进行精加工。此时可使用不同的机床或不同的刀具来进行加工。通常在一次安装中，不允许将零件的某一部分表面加工完毕后，再加工零件的其他表面。

根据零件的形状、尺寸精度等因素，按粗、精加工分开的原则，先粗加工，再半精加工，最后精加工。粗、精加工分序法步骤见图 1.36。

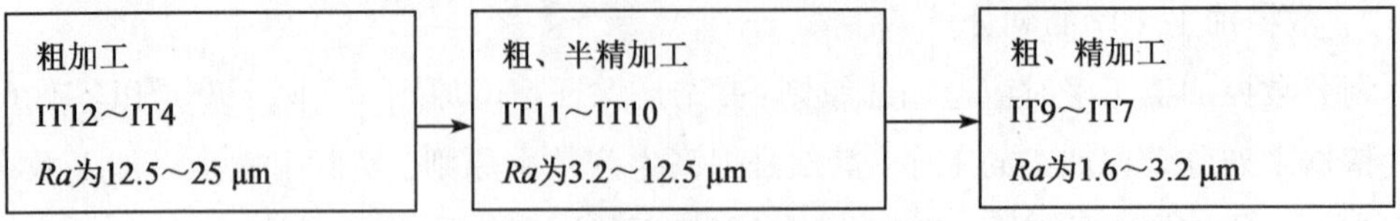

图 1.36　粗、精加工分序法步骤

(4)加工部位分序法。即先加工平面、定位面，再加工孔；先加工形状简单的几何形状，再加工复杂的几何形状；先加工精度比较低的部位，再加工精度比较高的部位。

综上所述，在划分工序时，一定要视零件的结构与工艺性、机床的功能、零件数控加工内容的多少、安装次数及生产组织状况等实际情况灵活掌握。

3）加工余量的确定

零件总的加工余量应等于各中间工序加工余量之和。

加工余量的确定原则如下。

(1)采用最小加工余量的原则，以求缩短加工时间，降低零件的加工费用。

(2)用最小的加工余量应能防止造成废品。

4）加工路线的确定

加工路线的确定原则如下。

(1)加工路线应保证被加工工件的精度和表面粗糙度。

(2)应使加工路线最短，以减少空行程时间，提高加工效率。

(3)在满足工件精度、表面粗糙度、生产率等要求的情况下，尽量简化数学处理时的数值计算工作量，以简化编程工作。

(4)当某段进给路线重复使用时，应使用子程序。

确定加工路线的总原则：在保证零件加工精度和表面质量的条件下，尽量缩短加工路线，以提高生产效率。

5）铣削方式

铣削有顺铣和逆铣两种方式，如图 1.37 所示。铣刀旋转切入工件的方向与工件的进给方向相反时称为逆铣，相同时称为顺铣。

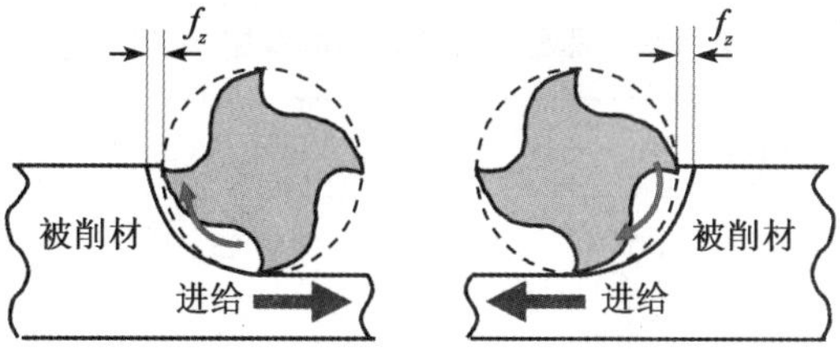

（a）逆铣　　（b）顺铣

图 1.37　铣削方式

逆铣时，切削厚度由零逐渐增大，切入瞬时刀刃钝圆半径大于瞬时切削厚度，刀齿在工件表面上要挤压和滑行一段后才能切入工件，使已加工表面产生冷硬层，加剧了刀齿的磨损，同时使工件表面粗糙不平。此外，逆铣时刀齿作用于工件的垂直进给力 F_v 朝上，有抬起工件的趋势，这就要求工件装夹牢固。但是，逆铣时刀齿是从切削层内部开始工作的，当工件表面有硬皮时，对刀齿没有直接影响。

顺铣时，刀齿的切削厚度从最大开始，避免了挤压、滑行现象，并且垂直进给力 F_v 朝下压向工作台，有利于工件的夹紧，可提高铣刀耐用度和加工表面质量。与逆铣相反，顺铣加工要求工件表面没有硬皮，否则刀齿极易磨损。

一般来说，为提高表面的质量，精加工多采用顺铣；毛坯为黑色金属锻件或铸件，表皮硬而且余量一般较大时，采用逆铣较为有利。

6）切削用量的选择

切削用量是加工过程中重要的组成部分。合理地选择切削用量，不但可以提高切削效率，还可以提高零件的表面精度。影响切削用量的因素有机床的刚度、刀具的使用寿命、工件的材料和切削液。

（1）切削用量的选择原则。切削用量包括切削速度、背吃刀量及进给速度等。对于不同的加工方法，需要选用不同的切削用量。切削用量的选择应保证零件加工精度和表面粗糙度，充分发挥刀具的切削性能，保证合理的刀具耐用度；充分发挥机床的性能，最大限度提高生产率，降低成本。

粗、精加工时切削用量的选择原则如下。

①粗加工时，首先选取尽可能大的背吃刀量；其次要根据机床动力和刚性的限制条件等，选取尽可能大的进给量；最后根据刀具耐用度确定最佳的切削速度。

②精加工时，首先根据粗加工后的余量确定背吃刀量；其次根据已加工表面的粗糙度要求，选取较小的进给量；最后在保证刀具耐用度的前提下，尽可能选取较高的切削速度。

（2）切削用量参数。高速钢立铣刀和硬质合金立铣刀切削参数参考值见表 1.9 和表 1.10。

表 1.9　高速钢立铣刀切削参数参考值

硬质合金铣刀	主轴转速/($r \cdot min^{-1}$)	进给速度/($mm \cdot min^{-1}$)	背吃刀量/mm
$\phi 6$	800	25~35	1~2
$\phi 8$	600~700	25~35	1~2
$\phi 10$	600~700	30~40	3~4
$\phi 12$	500~600	30~40	3~5
$\phi 16$	400~450	30~50	5~7
$\phi 20$	350~450	40~55	6~10

表 1.10　硬质合金立铣刀切削参数参考值

硬质合金铣刀	主轴转速/($r \cdot min^{-1}$)	进给速度/($mm \cdot min^{-1}$)	背吃刀量/mm
$\phi 4$	3000	800~1500	0.5
$\phi 6$	2500~3000	600~1500	0.5~0.8
$\phi 8$	2000~2500	500~1500	0.5~2
$\phi 10$	1800~2500	500~1500	0.5~2
$\phi 12$	1500~2500	500~1500	0.5~2

1.3.2.2　基准及其分类

零件是由若干个表面组成的。这些表面之间的相对位置关系包括两方面要求：表面间的位置尺寸精度和相对位置精度。分析零件表面间的相对位置关系，是离不开基准的。不明确基准就无法确定表面的位置。基准是用来确定生产对象几何要素间的几何关系所依据的那些点、线、面。根据用途不同，可将基准分为设计基准和工艺基准。

1）设计基准

在零件图样上所采用的基准，称为设计基准。如图 1.38(a)所示，轴套零件各外圆和内孔的设计基准是零件的轴心线；端面 A 是端面 B，C 的设计基准；内孔表面 D 的轴心线是 $\phi 40d$ 外圆径向跳动的设计基准。

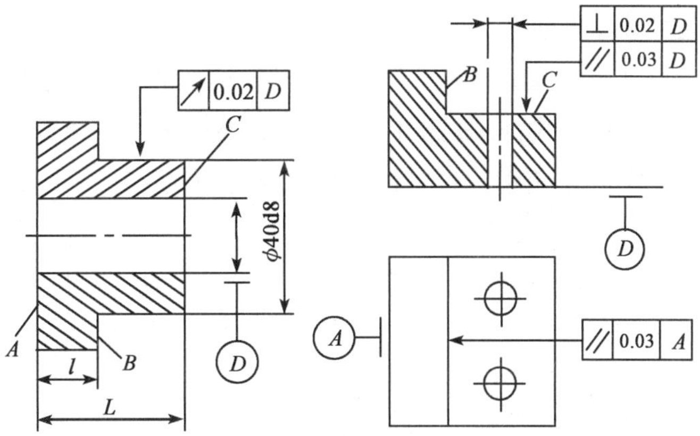

（a）轴套　　（b）支承块

图 1.38　零件位置精度示例

2）工艺基准

零件在工艺过程中所采用的基准，称为工艺基准。工艺基准按照用途不同，又分为装配基准、测量基准和定位基准。

(1)装配基准。装配时用以确定零件在部件或产品中位置的基准，称为装配基准。如图 1.38(a)所示零件的内孔和图 1.38 (b)所示零件的底面 *D* 是装配基准。

(2)测量基准。测量时用以检验已加工表面尺寸及位置的基准，称为测量基准。如图 1.38 (a)所示零件，内孔是检验表面 *A* 端面跳动和 $\phi 40d$ 外圆径向跳动的测量基准；表面 *A* 是检验长度尺寸 *L* 和 *l* 的测量基准。

(3)定位基准。加工中用来确定工件在机床或夹具上正确位置的基准，称为定位基准。例如，图 1.39 所示的箱体，一种安装方法是以①②面作为定位基准，定位基准与设计基准一致，如图 1.39 (a)所示；另一种方法是以③④面作为定位基准，此时定位基准与设计基准不一致，如图 1.39(b)所示。

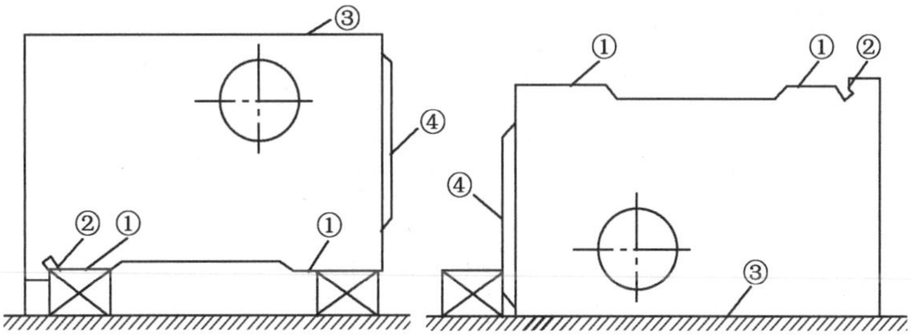

（a）定位基准与设计基准一致　　（b）定位基准与设计基准不一致

图 1.39　定位基准示意图

定位基准分粗基准和精基准。第一道工序一般都用毛坯面作为定位基准。这种以毛坯表面作为定位基准的称为粗基准。一般粗基准只使用一次，继续加工时需用已加工面作为定位基准。这种采用已加工面作为定位基准的称为精基准。

1.3.2.3　杠杆式百分表及其使用

杠杆式百分表及其使用方法如图 1.40 所示。检测时，将工件置于精密平板表面，用专用表架或万能表架把杠杆式百分表装上并紧固。将装上表的表架置于平板表面上，按照规定，把杠杆式百分表活动测量杆的触头与工件被测表面接触，测量触头对被测表面有 0.1~0.2 mm 的压入量。测量时，表架不动，用手左右、前后移动工件，使表的测量触头在被测面上不同部位进行测量，观察表针变化情况，表针所指的最大与最小变动范围，即为工件平行度误差值。

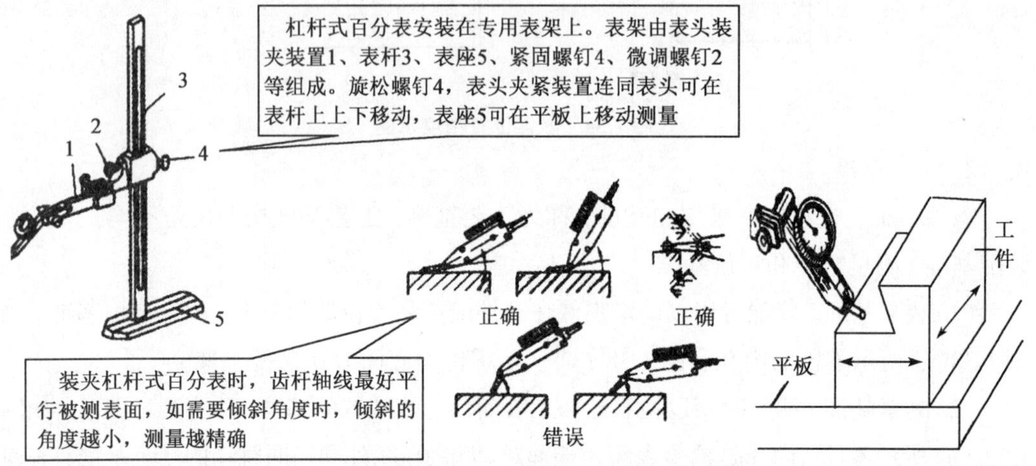

图 1.40　杠杆式百分表及其使用方法

1.3.2.4　铣削刀具参数的选择

铣刀的主要结构参数有直径 d_0、宽度(或长度)L 及齿数 Z_0。刀具半径 r 应小于零件内轮廓面的最小曲率半径 ρ，一般取 $r=(0.8\sim0.9)\rho$。零件的加工高度 $H<(1/6\sim1/4)r$，以保证刀具有足够的刚度。对不通孔(深槽)，选取 $L=H+(5\sim10)$ mm，其中 L 为刀具切削部分长度，H 为零件高度。加工外轮廓通孔、通槽时，选取 $L=H+r+(5\sim10)$ mm，其中 r 为端刃的圆角半径。

如图 1.41 所示，粗加工内轮廓面时，铣刀最大直径 D_t 可按下式计算：

$$D_t=\frac{2\left(\delta\sin\dfrac{\theta}{2}-\delta_1\right)}{1-\delta\sin\dfrac{\theta}{2}}+D$$

式中，D ——轮廓的最小凹圆角直径；

δ ——圆角邻边夹角等分线上的精加工余量；

δ_1 ——精加工余量；

θ ——圆角两邻边的夹角。

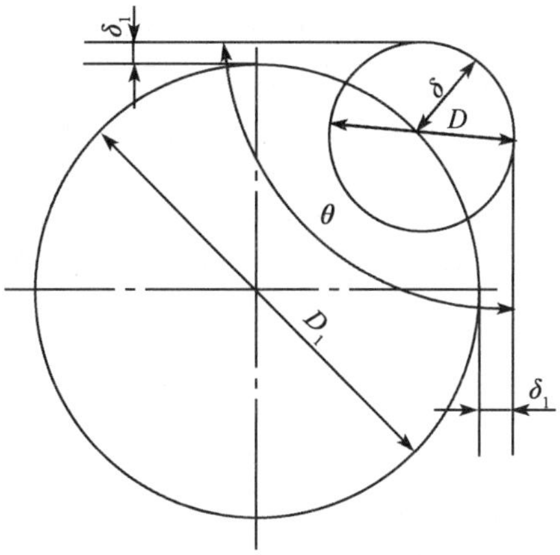

图 1.41 粗加工铣刀直径的估算

加工时，刀具直径为 $D=(5\sim10)b$，其中 b 为肋的厚度。

铣刀直径 D 是铣刀的基本结构参数，其大小对铣削过程和铣刀的制造成本有直接影响。选择较大的铣刀直径时，可以采用较粗的心轴，提高加工系统刚性，使切削平稳，加工表面质量好，还可增大容屑空间，提高刀齿强度，改善排屑条件。另外，刀齿切削时间短，散热好，可采用较高的铣削速度。但选择大直径铣刀会有成本高、切削扭矩大、动力消耗大等问题。综合以上考虑，在保证足够的容屑空间及刀杆刚度的前提下，宜选择较小的铣刀直径。某些情况下则由工件加工表面尺寸确定铣刀直径。例如，铣键槽时，铣刀直径应等于槽宽。

1.3.2.5 切削用量的确定

1）背吃刀量选择

在工艺系统刚性不足，或毛坯余量很大，或余量不均匀时，粗加工要分几次进给，并且应当把第一、二次进给的背吃刀量取得大一些。在机床、工件和刀具刚度允许的情况下，应以最少的进给次数切除待加工余量，最好一次切除待加工余量，以提高生产效率。为了保证零件的加工精度和表面粗糙度，可留少许余量留待最后加工。数控机床的精加工余量可略小于普通机床，一般可取 0.2~0.5 mm。粗加工（Ra 为 10~80 μm）时，一次进给应尽可能切除全部余量，在中等功率机床上，背吃刀量可达 8~10 mm。半精加工（Ra 为 1.25~10.00 μm）时，背吃刀量可取为 0.5~2.0 mm。精加工（Ra 为 0.25~0.32 μm）时，背吃刀量可取为 0.2~0.4 mm。

2）进给量和进给速度的选择

进给量 f 是指刀具转一周，工件与刀具沿进给运动方向的相对位移量；进给速度与进给量的关系为 $v_f=nf$（n 为主轴或铣刀转速，单位为 r/min）。进给速度和进给量是数控铣削加工切削用量中的重要参数。数控铣削加工进给速度 v_f 是单位时间内工件与铣刀沿进给方向的相对位移量（数控铣削加工默认单位 mm/min），可根据零件的加工精度和表面粗糙度要求、刀具和工件材料等因素确定。最大进给速度受机床刚度和进给系统的性能限制。进给量可参考切削用量手册或通过选取每齿进给量f_Z，再用公式$f=Zf_Z$(Z为铣刀齿数)计算得到。

确定进给速度的原则如下。

(1)当工件的质量要求能够得到保证时，为提高生产效率，可选择较高的进给速度。适用于高速切削的硬质合金类刀具，其进给速度一般在100~200 mm/min范围内选取。

(2)硬质合金刀具加工或加工深孔时，宜选取较低进给速度，一般在20~50 mm/min范围内选取。

(3)当加工精度、表面粗糙度要求较高时，宜选取较低进给速度，一般在20~50 mm/min范围内选取。

此外，在轮廓加工中，应考虑轮廓拐角处的超程问题。特别是在拐角较大、进给速度较高时，应在接近拐角处适当降低进给速度，在拐角后逐渐升速，以保证加工精度。

每齿进给量选取主要依据工件材料的力学性能、刀具材料、工件表面粗糙度等因素。工件材料强度和硬度越高，f_Z越小；反之则越大。铣刀每齿进给量的确定可参考表1.11选取。工件刚性或刀具强度低时，进给量应取较小值。

表1.11 铣刀每齿进给量参考值

工件材料	每齿进给量/mm			
	粗铣		精铣	
	硬质合金铣刀	硬质合金铣刀	硬质合金铣刀	硬质合金铣刀
钢	0.10~0.15	0.10~0.25	0.02~0.05	0.10~0.15
铸铁	0.12~0.20	0.15~0.30		

3)主轴转速(或切削速度)的确定

主轴转速是根据允许的切削速度和工件(或刀具)直径来选择的，其计算公式为：

$$n=1000v/\pi D$$

式中，v——切削速度，由刀具的耐用度决定，m/min；

n——主轴转速，r/min；

D——工件直径或刀具直径，mm。

铣削的切削速度v与刀具的耐用度、每齿的进给量、背吃刀量、侧吃刀量及铣刀齿数成反比，而与铣刀直径成正比。其原因是当进给量、背吃刀量、侧吃刀量及铣刀齿数增大时，刀刃负荷增加，同时工作的齿数也增多，使切削热增加，刀具磨损加速，从而限制了切削速度的提高。为提高刀具耐用度，允许使用较低的切削速度。加大铣刀直径可改善散热条件，提高切削速度。铣削加工的切削速度参考值见表1.12。

表 1.12　铣削加工的切削速度参考值

工件材料	硬度/HBS	切削速度/(m · min^{-1})	
		高速钢铣刀	硬质合金铣刀
钢	<225	18~42	66~150
	225~325	12~36	54~120
	325~425	6~21	36~75
铸铁	<190	21~36	66~150
	190~260	9~18	45~90
	260~320	4.5~10	21~30

1.3.2.6　*刀位点、对刀点、换刀点的概念*

1)刀位点

编制数控加工程序时，往往将整个刀具视为一个点，该点称为刀位点。刀位点是加工时用来确定刀具位置的基准点。

一般说来，立铣刀、端铣刀的刀位点是刀具轴线与刀具底面的交点；球头铣刀的刀位点为球心；镗刀的刀位点为刀尖或刀尖圆弧中心；钻头的刀位点是钻尖或钻头底面中心。

2)对刀点

对刀点是程序执行的起始点，也称为程序原点。对刀点可以设在工件、夹具或机床上，但必须与工件的定位基准(相当于工件坐标系)有已知的准确关系，这样才能确定工件坐标系与机床坐标系之间的关系。所选的对刀点应使程序编制简单、容易找正、加工过程中便于检查；为提高零件加工精度，对刀点应尽量设在零件设计基准或工艺基准上。

3)换刀点

刀具用于换刀的点称为换刀点。换刀点应远离工件和夹具，且保证有足够的换刀空间。加工中心返回第二参考点(G30 指令)即直接返回第二参考点换刀，省去了返回第一参考点后再返回换刀点的步骤，能提高效率。

例如：

```
G91 G30 Z0;     返回第二参考点(换刀点)
T02;            选刀操作
M06;            换刀操作
```

1.3.3 任务实施

1.3.3.1 典型案例

完成如图 1.42 所示矩形端盖板零件的加工工艺设计、编制加工程序、仿真调试，并使用数控铣床(加工中心)完成加工。材料为 45 钢，毛坯为 80 mm×80 mm×25 mm(四面已加工完毕)，单件生产。

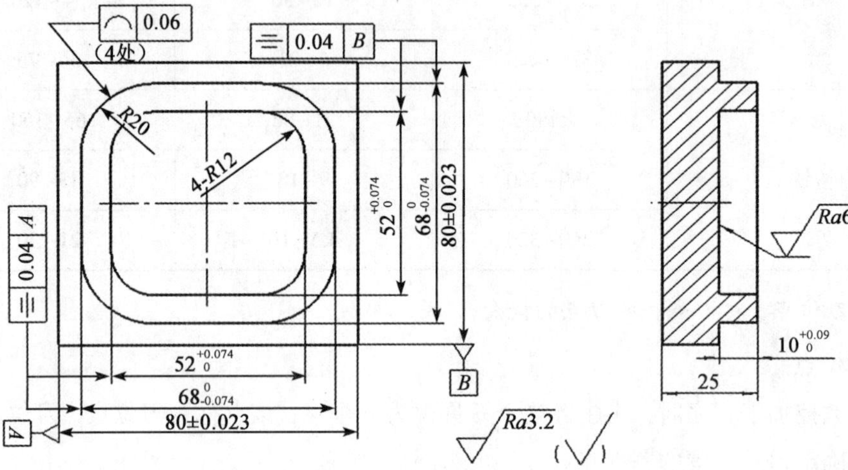

图 1.42 矩形端盖板零件图

1）零件图分析

根据零件图所示，其内外轮廓尺寸精度公差均在 0.023~0.090 mm，形状公差在 0.04~0.06 mm，表面粗糙度除内腔底面要求为 6.3，其余全部为 3.2。

2）工序划分

工序划分为外、内轮廓粗加工，外、内轮廓精加工。

(1)粗铣外轮廓。安装 $\phi20$ 合金立铣刀，设定刀具参数，粗铣外轮廓，留 0.5 mm 单边余量。

(2)粗铣矩形槽。粗铣留 0.50 mm 单边余量。

(3)半精铣和精铣矩形槽和外轮廓，留 0.20 mm 单边余量。

(4)安装 $\phi20$ 精加工用合金立铣刀并对刀，设定刀具参数，精铣外轮廓和矩形槽。

(5)实测工件尺寸，调整刀具参数，精铣外轮廓和矩形槽至要求尺寸。

3）装夹方案

选用平口虎钳装夹零件。

4）走刀路线

矩形端盖板走刀路线如图 1.43 所示。

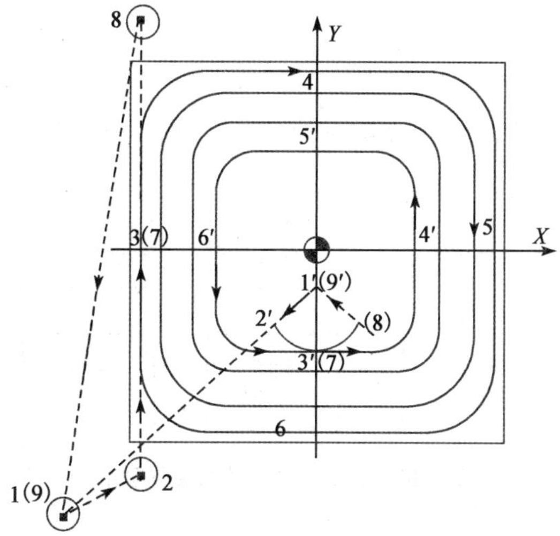

图 1.43 矩形端盖板走刀路线

5）数控加工工序

矩形端盖板的数控加工工序卡见表 1.13。

表 1.13 数控加工工序卡

单位名称	数控加工工序卡片	产品名称或代号	零件名称	零件图号
			矩形端盖板	B0103
工序号	程序编号	夹具名称	使用设备	车间
		平口虎钳	FANUC 0*i* 数控铣床	

工步号	工步内容	刀具号	刀具规格	主轴转速 /$(r \cdot min^{-1})$	进给速度 /$(mm \cdot min^{-1})$	背吃刀量 /mm	备注
1	粗铣$68_{-0.074}^{0}$外轮廓	1	ϕ20 合金立铣刀	600	100	2.5	留 0.50 mm 单边余量
2	粗铣$53_{0}^{+0.074}$矩形槽	1	ϕ20 合金立铣刀	600	100	2.5	留 0.50 mm 单边余量
3	半精铣$68_{-0.074}^{0}$外轮廓	1	ϕ20 合金立铣刀	800	80	0.5	留 0.20 mm 单边余量
4	半精铣$53_{0}^{+0.074}$矩形槽	1	ϕ20 合金立铣刀	800	80	0.5	留 0.20 mm 单边余量
5	精铣$68_{-0.074}^{0}$外轮廓	2	ϕ20 合金立铣刀	1000	100	0.2	加工到要求尺寸
6	精铣$53_{0}^{+0.074}$矩形槽	2	ϕ20 合金立铣刀	1000	100	0.2	加工到要求尺寸

编制		审核		批准		年 月 日	共 页	第 页

1.3.3.2 任务实施

1）实施思路

加工凸台零件的实施思路如图 1.44 所示。

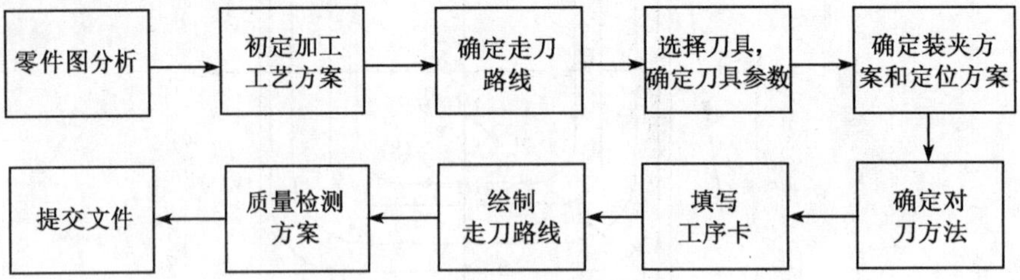

图 1.44　加工凸台零件的实施思路

2）实施步骤

(1)工艺分析。该凸台形状规整，尺寸精度要求不高，*Ra* 全部为 3.2 μm。

①粗铣凸台上表面。分两层粗铣 80 mm×60 mm×30 mm，留 0.10 mm 单边余量。

②粗铣五角形凸台轮廓。粗铣留 0.10 mm 单边余量。

③精铣凸台上表面。安装 ϕ16 mm 精立铣刀并对刀，实测工件尺寸，调整刀具参数，精铣凸台上表面至要求尺寸。

④精铣五角凸台轮廓。实测工件尺寸，调整刀具参数，精铣五角凸台轮廓至要求尺寸。

(2)刀具选择。选用 ϕ16 硬质合金立铣刀粗加工、精加工。

(3)走刀路线。凸台零件走刀路线如图 1.45 所示。

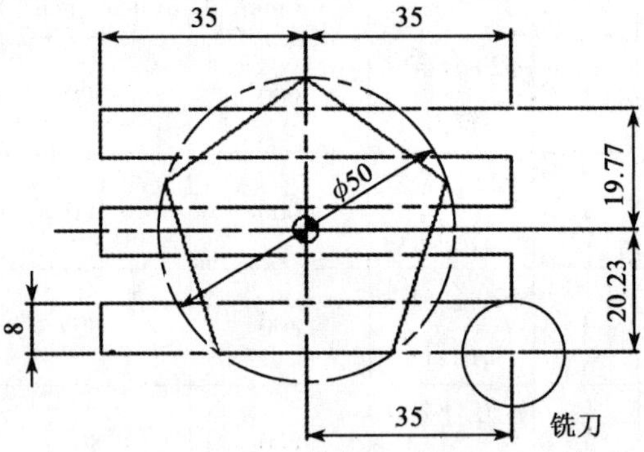

图 1.45　凸台零件走刀路线

(4)数控加工工序。凸台零件数控加工工序卡见表 1.14。

表 1.14　凸台零件数控加工工序卡

<table>
<tr><td>单位名称</td><td colspan="2" rowspan="2">数控加工工序卡片</td><td colspan="2">产品名称或代号</td><td colspan="2">零件名称</td><td>零件图号</td></tr>
<tr><td></td><td colspan="2"></td><td colspan="2">凸台零件</td><td></td></tr>
<tr><td>工序号</td><td colspan="2">程序编号</td><td colspan="2">夹具名称</td><td colspan="2">使用设备</td><td>车间</td></tr>
<tr><td></td><td colspan="2"></td><td colspan="2">平口虎钳</td><td colspan="2">FANUC 0i 数控铣床</td><td></td></tr>
<tr><td>工步号</td><td>工步内容</td><td>刀具号</td><td>刀具规格</td><td>主轴转速 /(r·min^{-1})</td><td>进给速度 /(mm·min^{-1})</td><td>背吃刀量 /mm</td><td>备注</td></tr>
<tr><td>1</td><td>粗铣五角凸台上表面</td><td>1</td><td>ϕ16 硬质合金立铣刀</td><td>280</td><td>30</td><td>0.4</td><td>留单边余量 0.50 mm</td></tr>
<tr><td>2</td><td>粗铣五角凸台轮廓</td><td>1</td><td>ϕ16 硬质合金立铣刀</td><td>280</td><td>40</td><td>0.4</td><td>留单边余量 0.10 mm</td></tr>
<tr><td>3</td><td>粗铣五角凸台上表面</td><td>2</td><td>ϕ16 硬质合金立铣刀</td><td>300</td><td>30</td><td>0.1</td><td>加工到要求尺寸</td></tr>
<tr><td>4</td><td>精铣五角凸台轮廓</td><td>2</td><td>ϕ16 硬质合金立铣刀</td><td>300</td><td>30</td><td>0.1</td><td>加工到要求尺寸</td></tr>
<tr><td>编制</td><td></td><td>审核</td><td></td><td>批准</td><td>年　月　日</td><td>共　页</td><td>第　页</td></tr>
</table>

1.3.3.3　考核评价

1）专业能力训练过程的考核与评价

对学生进行工件加工全过程专业能力考核，包括工艺准备、任务实施、工件质量、误差分析各环节。加工结束后，师生共同填写专业能力训练过程考核评分表（见表1.15）。

表 1.15　专业能力训练过程考核评分表（任务 1.3）

<table>
<tr><td colspan="3">子情境名称</td><td colspan="3">凸台零件数控加工工艺分析</td><td colspan="2">成绩</td><td></td></tr>
<tr><td colspan="3">操作者（或小组）</td><td colspan="2"></td><td>设备名称　FANUC 0i 数控铣床</td><td colspan="2">完成工时</td><td></td></tr>
<tr><td>序号</td><td colspan="2">考核内容</td><td>配分</td><td colspan="2">评分标准（扣完为止）</td><td>自评</td><td>组评</td><td>师评</td></tr>
<tr><td rowspan="4">1</td><td rowspan="4">工艺设计（80 分）</td><td>咨询、收集信息</td><td>30</td><td colspan="2">收集信息不认真扣 2 分，没收集齐扣 3 分</td><td></td><td></td><td></td></tr>
<tr><td>编制加工工序卡</td><td>30</td><td colspan="2">工序编排不合理每处扣 2 分，工序卡填写不正确，每处扣 1 分</td><td></td><td></td><td></td></tr>
<tr><td>填写刀具卡</td><td>10</td><td colspan="2">刀具选用不合理扣 3 分，刀具卡填写不规范，每处扣 1 分</td><td></td><td></td><td></td></tr>
<tr><td>绘制走刀路线图</td><td>10</td><td colspan="2">走刀路线设计不合理扣 3 分，绘图不清晰，每处扣 1 分</td><td></td><td></td><td></td></tr>
</table>

表 1.15（续）

序号	考核内容		配分	评分标准(扣完为止)	自评	组评	师评
2	误差分析(20 分)	工艺自检	10	自检有误，每处扣 1 分			
		填写加工误差分析	10	误差分析不到位扣 1~3 分，未填写误差分析扣 7 分			
合计			100	自评 10%、组评 20%、师评 70%			

第 组	学生签字		组长签字		教师签字		时间	年 月 日

2）综合能力考核与评价

对每名学生的专业能力、社会能力、方法能力进行综合考核、客观评价，师生共同填写综合能力考核及评价表(见表 F.5)。

1.3.4 训练与考核

1.3.4.1 训练任务

凸台零件数控加工训练任务见表 1.16。

表 1.16 凸台零件数控加工训练任务

<table>
<tr><td>任务描述</td><td>完成如图 1.46 所示心形模板零件图的数控加工工艺分析及方案拟定
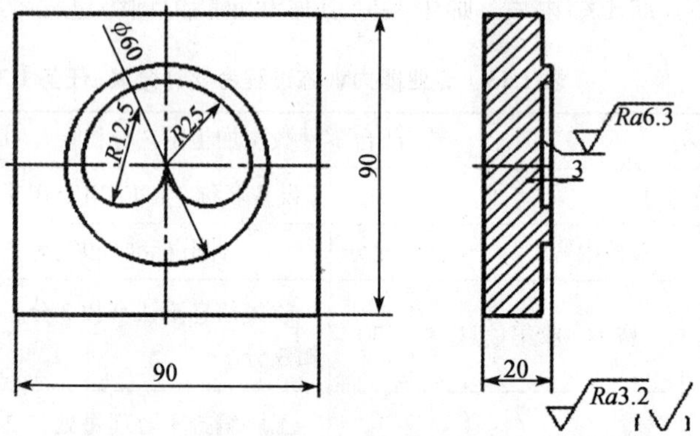

图 1.46 心形模板零件图</td></tr>
<tr><td>工艺条件</td><td>工艺条件参照“1.3.1 工作任务”中提供的工艺条件配置</td></tr>
<tr><td>加工要求</td><td>严格遵守安全操作规程，零件加工质量达到图样要求</td></tr>
</table>

1.3.4.2 考核评价

进行加工工艺分析和方案设计，并完成相应的工艺文件后，对工作过程进行总结评议，填写专业能力训练过程考核评分表，参照表1.15。

复习题

1）判断题

(1)由于CNC铣床可以依程序自动加工，因而工件夹持的方式不会影响工件准确度。(   )

(2)为了保证工件达到图样所规定的精度和技术要求，夹具上的定位基准应与工件上设计基准、测量基准尽可能重合。(   )

(3)为了防止工件变形，夹紧部位要与支承对应，不能在工件悬空处夹紧。(   )

(4)切削用量中，影响切削温度最大的因素是切削速度。(   )

(5)数控机床的两大主流系统有日本的FANUC系统和德国的SIEMENS系统。(   )

2）简答题

(1)什么是基点、节点？

(2)数控加工工序划分遵循的原则是什么？

(3)确定加工路线的总原则是什么？何为顺铣和逆铣？

(4)粗加工、精加工的表面尺寸精度和粗糙度是如何规定的？

(5)什么是对刀点、刀位点、换刀点？

(6)粗加工、半精加工、精加工背吃刀量是如何规定的？

(7)数控铣床加工工艺分析的基本内容是什么？

任务1.4 普通平面编程与加工

1.4.1 工作任务

普通平面编程与加工工作任务如表1.17所列。

表 1.17　普通平面编程与加工工作任务

<table>
<tr><td>任务描述</td><td>完成如图 1.47 所示平面六方体零件的加工工艺设计、编程加工、仿真及调试，使用数控铣床(加工中心)完成加工
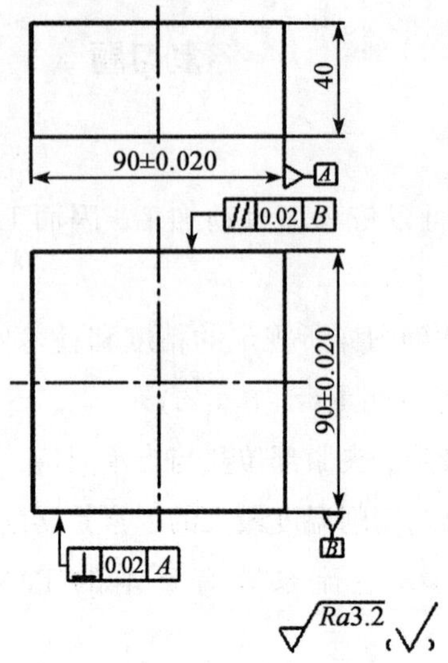

图 1.47　平面六方体零件</td></tr>
<tr><td>知识点
与技能点</td><td>知识点：◇ 平面加工工艺知识
◇ M/T/F/S/G54/G90/G91/G00/G01 指令功能、格式及用法
技能点：◇ 平面铣削走刀路线
◇ 程序调试</td></tr>
<tr><td>工艺条件</td><td>◎数控铣床(加工中心)配置 FANUC 0i 系统
◎毛坯：毛坯为 80 mm×80 mm×40 mm (80 mm×80 mm 四周侧面已加工到尺寸)，材料为 45 钢，单件生产
◎刀具、量具及其他：
<table>
<tr><td>名称</td><td>规格</td><td>数量</td></tr>
<tr><td>ϕ50 面铣刀(可转位)</td><td>硬质合金</td><td>1</td></tr>
<tr><td>ϕ16 双刃立铣刀</td><td>硬质合金</td><td>1</td></tr>
<tr><td>游标卡尺</td><td>0~150,0.02</td><td>1</td></tr>
<tr><td>百分表</td><td>0~10,0.01</td><td>1</td></tr>
<tr><td>磁性表座</td><td></td><td>1</td></tr>
<tr><td>垫块</td><td>各种尺寸规格</td><td>若干</td></tr>
</table></td></tr>
<tr><td>任务分析</td><td>由于零件图的尺寸公差(80 mm±0.02 mm)和平面度、位置公差中的平行度和垂直度，以及表面粗糙度的要求相对较高，因此解决工艺的关键是考虑刀具直径的选择和刀具相对于工件的初始位置，以及如何确定(粗、精基准)编程中的行切法</td></tr>
</table>

1.4.2　相关知识

1.4.2.1　平面加工工艺知识

1）面铣刀

面铣刀主要用于加工较大的平面。标准可转位面铣刀的直径为 16～630 mm。粗铣时，铣刀直径要小些，因为粗铣切削力大，选小直径铣刀可减小切削扭矩。精铣时，铣刀直径要选大些，尽量包容工件整个加工宽度，以提高加工精度和效率，并减小相邻两次进给之间的接刀痕迹。

面铣刀的圆周表面和端面上都有切削刃，端部切削刃为副切削刃，常用于端铣较大的平面。硬质合金面铣刀按刀片和刀齿的安装方式可分为整体式、机夹-焊接式和可转位式三种，如图 1.48 所示。

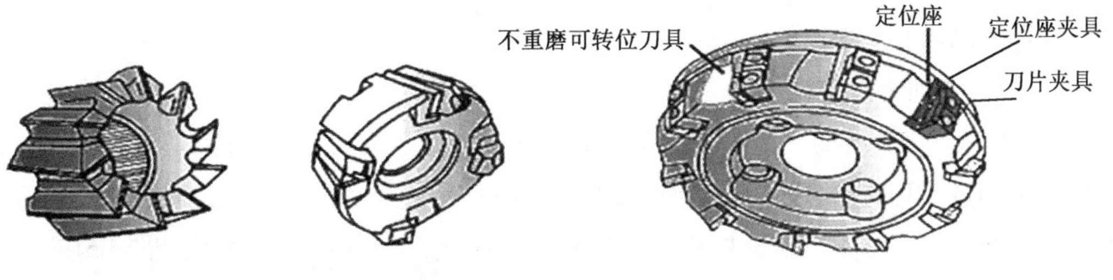

（a）整体式刀片　（b）机夹-焊接式刀片　（c）可转位式刀片

图 1.48　质合金面铣刀

2）立铣刀

立铣刀是数控铣削中最常用的一种铣刀，主要用于加工凹槽较小的台阶面及平面轮廓，其结构如图 1.49 所示。立铣刀的圆柱表面和端面上都有切削刃，圆柱表面的切削刃为主切削刃，端面上的切削刃为副切削刃，故切削时一般不宜沿轴线方向进给。主切削刃一般为螺旋齿，这样可以增加切削平稳性，提高加工精度。由于普通立铣刀端面中心处无切削刃，因此立铣刀不能做轴向进给。端面刃主要用来加工与侧面相垂直的底平面。

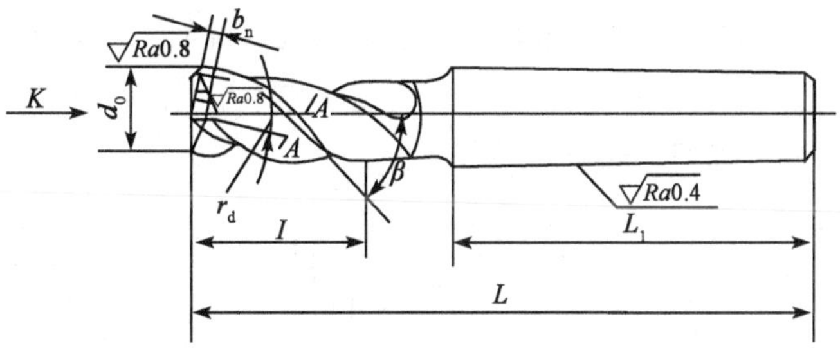

图 1.49　立铣刀

3）平面铣削方法

用分布在铣刀圆柱面上的刀齿进行的铣削（铣垂直面）称为周铣。用分布在铣刀端面上的刀齿进行铣削称为端铣，如图 1.50 所示。

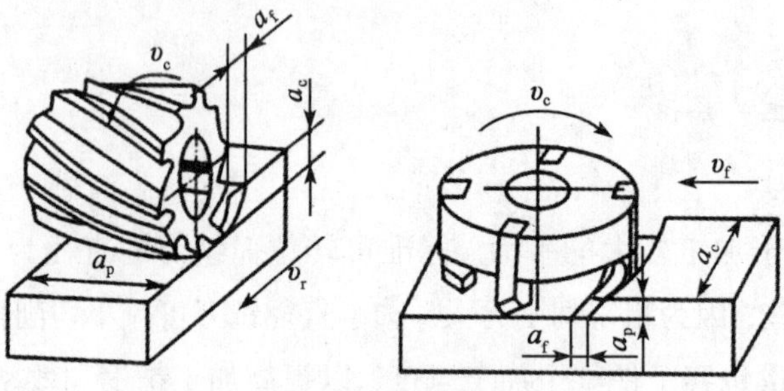

图 1.50　周铣和端铣

用周铣的方法铣出的平面，其平面度的好坏主要决定于铣刀的圆柱度误差，因此在精铣平面时，要保证铣刀的圆柱度不超差。

用端铣的方法铣出的平面，其平面度的好坏主要取决于铣床主轴轴线与进给方向的垂直度。若主轴与进给方向垂直，则刀尖旋转时的轨迹为一个与进给方向平行的圆环。用全圆环切割出一个平面。

4）平面铣削走刀路线

走刀路线是刀具沿某一方向(如 X 轴)进行切削，沿另一方向进给，来回切削去除加工余量的路迹。其适用于端铣平面、台阶面、矩形槽或曲面铣削。一般应选择切削路线较长的方向作为主切削方向，此时进给路线较短，也可用子程序实现，平面行切走刀路线如图 1.51 所示。

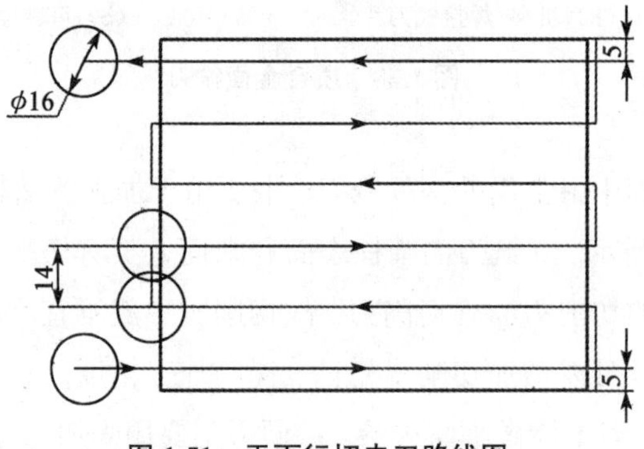

图 1.51　平面行切走刀路线图

环切进给路线是刀具沿与加工轮廓平行的路线进行铣削，从外向内或从内向外，呈环状逐渐去除加工余量的路迹。其适用于圆形或不规则内、外形的加工，计算较困难，程序较长。环切走刀路线如图 1.52 所示。

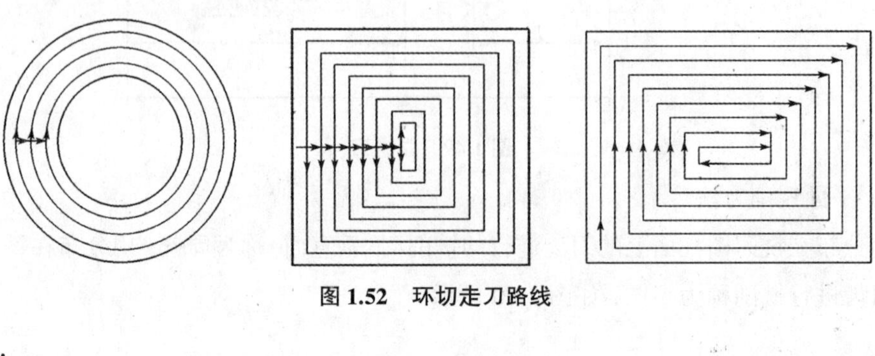

图 1.52　环切走刀路线

1.4.2.2　FANUC 0*i* 系统数控铣加工编程基础(M/T/F/S/G54/G90/G91/G00/G01)

1)程序结构和程序段格式

(1)加工程序的构成。一个完整的零件加工程序由程序名、程序主体、程序结束指令三部分构成，其中程序主体由若干程序段组成。所谓程序段，是指为了完成某一动作要求所需功能“字”的组合。“字”是表示某一功能的一组代码符号。每个“字”又由字母、数字和符号组成。这些字母、数字、符号又称为字符(或叫代码)。

例如，某一加工程序：

O0020；	程序名
N0010 G00 X0 Y0 Z100 F100 S300 M03； N0020 G01 X-40.0 Y-45.0 Z10.0； …………	程序主体
M30(或 M02)；	程序结束

(2)程序名命名规则。FANUC 系统是用英文字母“O”和 1 ~ 4 位正整数组成，如“O0001”。SIEMENS 系统是由两个字母开头，其后符号可以是字母、数字或下画线(不得使用分隔符，最多为 8 个字符)，最后加“.MPF”后缀，如“AA0001.MPF”“BB123456.MPF”。

(3)程序段格式。它就是一个程序段中数字、字母和符号的表现形式。不同的数控机床根据功能的多少、数控装置的复杂程度、程序编制是否简便直观等不同要求而规定了不同的程序段格式。一个程序段的一般格式如下：

N10	G01	X_ Y_ Z_	F_	T_	S_	M_	；
顺序号	准备功能	尺寸字	进给功能	刀具功能	主轴功能	辅助功能	程序结束段

2) 数控机床编程规则

(1)绝对编程与增量编程。数控铣床加工坐标值编程有绝对值编程和增量值编程两种。前者是当前点相对于坐标原点在对应坐标轴的矢量值(用 X，Y，Z 表示)；后者是当前点相对于前一点在对应坐标轴上的矢量值(用 U，V，W 表示，有时也可用 X，Y，Z 表示，但数值意义与绝对编程不同)。矢量与坐标轴正方向一致时取正值，反之取负值。

(2)米制编程与英制编程。尺寸单位采用米制还是英制，多数数控系统用准备功能字来选择。如 FANUC 系统用 G21/G20，SIEMENS 系统用 G71/G70 分别对应米制/英制单位设定。

(3)小数点编程。数字单位有两种，以米制为例，一种单位为毫米(mm)，另一种单位为机床的最小输入单位(脉冲当量)。对于不可省略小数点的数控系统，采用小数点编程时，数字的单位为 mm(英制为 in，角度为°)；而用整数编程时，数字单位为机床脉冲当量。例如，在不可省略小数点的数控系统中，“X5.0”与脉冲当量为 0.001 的系统中表示的“X5000”等值。

小数点提示：一般系统默认是“小数点”编程，即坐标值后一定要有小数点，其值单位为 mm。如要编程时省去“小数点”，必须将系统参数中的 3401 地址中的“DPl”由“0”改为“1”，否则坐标值的单位就是 μm。对于是否加工小数点，视系统参数设置而定。

3）数控机床功能指令

（1）辅助功能（M 指令）。该指令由地址符 M 和其后两位数字组成。从 M00 到 M99 共 100 个指令。下面介绍几个常用的 M 指令，见表 1.18。

表 1.18　常用的 M 指令表

指令	功能	指令	功能
M00	程序暂停	M06	换刀
M01	计划暂停	M08	冷却开
M02	程序结束并停机	M09	冷却关
M03	主轴正转	M10	工件夹紧
M04	主轴反转	M11	工件松开
M05	主轴停	M30	程序结束并返回程序开头

（2）刀具功能（T 指令）。也称为 T 功能，表示选择刀具和刀补号。一般具有自动换刀的数控机床上都有此功能。

刀具功能用地址符 T 后加 2 位数字表示（其表示方法适用于 FANUC 系统）。例如：

N01 T03；	刀具准备
N02 M06；	换刀
N03 G54 G90 G00 X140.0 Y300.0；	建立工件坐标系
N04 G90 G00 S2000 M03；	主轴以 2000 r/min 正转
N05 X40.0 Y120.0；	快速点定位
N06 G01 Z50.0 F20；	直线插补
N07 G00 X140.0 Y300.0；	快速点定位

（3）进给功能（F 指令）。也称 F 功能，表示进给速度，属于模态代码。在 G01，G02，G03 和循环指令程序段中，必须要有 F 指令，或者在这些程序段之前已经写入了 F 指令。如果没有 F 指令，有的系统显示出错，有的系统自动取轴参数中各轴“最高允许速度”的最小设置值。

由于数控系统不同，F 功能的表示方法也不同。进给功能用地址符 F 和其后的若干位数字表示。进给单位有每分进给（mm/min）和每转进给（mm/r）。数控铣床（加工中心）默认每分进给（系统执行 G94 指令后，即使关机也不受影响），只有系统执行 G95 指令后

(即G94指令被否定)，则F指定的进给单位就变为每转进给。

(4)主轴转速功能(S指令)。也称S功能，主要表示主轴转速或速度，属于模态代码。主轴转速功能用地址符S加二到四位数字表示，其单位为r/min。

例如"S1500 M03;"表示主轴转速为1500 r/min，主轴正转。

4)编程G指令(准备功能)

FANUC 0*i* 系统常用编程指令(G指令)见表F.6。

(1)选择工件坐标系指令(G54~G59)。

指令格式："G54 G90 G00 X __ Y __ Z __;"

该指令执行后，所有坐标值指定的坐标尺寸都是选定的工件坐标系中的位置。G54~G59的1~6号工件坐标系是通过CRT/MDI方式设置的。

G54~G59实际上为数控系统存放工件坐标系原点在机床坐标系中的 *X*，*Y*，*Z* 的坐标值。

用G54~G59指令设定程序原点指令格式仅写该指令，如"G54;"其后面不用书写 *X*，*Y*，*Z* 值。

通过使用G54~G59命令将机床坐标系的一个任意点(工件原点偏移值)赋予数控系统，可设立多个工件坐标系，分别是工件坐标系1~工件坐标系6。

在接通电源和完成了原点返回后，系统自动选择工件坐标系1(G54)。

例如：在图1.52中，用CRT/MDI在参数设置方式下设置了两个加工坐标系，即

G54：X-50 Y-50 Z-10;

G55：X-100 Y-100 Z-20;

这时，建立了原点在 *O′* 的G54加工坐标系和原点在 *O″* 的G55加工坐标系。若执行下述程序段：

N10 G53 G90 X0 Y0 Z0;

N20 G54 G90 G01 X50 Y0 Z0 F100;

N30 G55 G90 G01 X100 Y0 Z0 F100;

则刀尖点的运动轨迹如图1.53中 *OAB* 所示。其中，图中的G53是直接机床坐标系编程指令。还有一种是可设置工件坐标系指令G92，它将加工原点设定在相对于刀具起始点的某个空间点上。

(2)工件坐标系设定指令(G92)。

指令格式："G92 X __ Y __ Z __;"

它将加工原点设定在相对于刀具起点的某一个空间点上。该指令通过设定

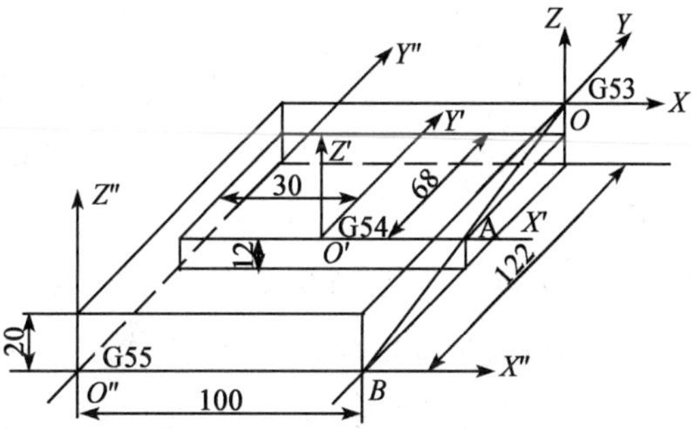

图1.53 选择工件加工坐标系

刀具位置相对于程序原点的坐标，建立工件坐标系。用 G92 建立的坐标系在重新启动机床后消失。

程序段中 X，Y 和 Z 是刀具相对工件坐标系原点(程序原点)的偏置值。

运行 G92 指令程序段并不使刀具运动，它只是改变显示屏幕中的绝对坐标系(工件坐标系)的坐标值，在数控系统内部建立了工件坐标系。

如果要在程序中使用 G92 指令，必须先让刀位点(刀具上的定位基准点)处于加工起始点，该加工起始点称为对刀点。

例如：程序段"G92 X20 Y10 Z10;"确定的加工原点在距离刀具起点 $X=-20$，$Y=-10$，$Z=-10$ 的位置上，如图 1.54 所示。每次执行程序时，应将刀尖停在加工坐标系 $X=+20$，$Y=+10$，$Z=+10$ 的位置上。

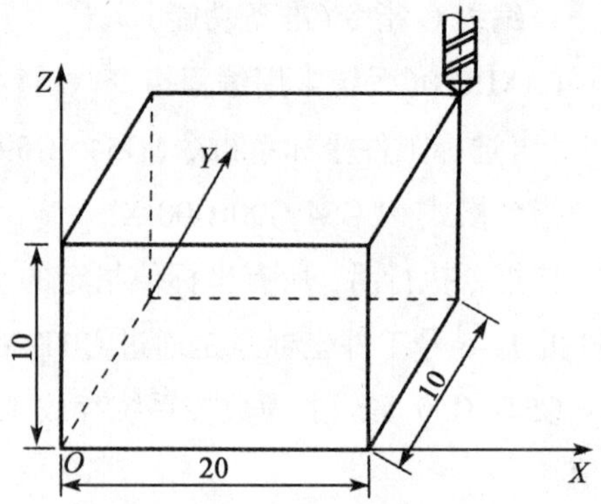

图 1.54　工件坐标值设定

注意：G92 定义的坐标系没有断电保护。机床断电重启之后，需要重新设置，一般的零件加工较少用到。

(3)坐标值编程指令(G90，G91)。

①绝对值编程指令。

指令格式："G90 X __ Y __ Z __;"

编程坐标值是相对于工件坐标系原点的编程坐标轴上的坐标值。如图 1.54 所示，*B* 点绝对坐标值为"G90 X40 Y45;"。

②增量值编程指令。

指令格式："G91 X __ Y __ Z __;"

编程坐标值是当前点相对于前一点(或上一点)编程坐标轴上的坐标值增量(矢量)。如图 1.55 所示，从 *A* 点到 *B* 点，移动 *B* 点的坐标值表示为"G91 X20 Y30;"。

G90，G91 为模态功能，它们是一对模态指令。G90 出现后，其后的所有坐标值都是绝对坐标；G91 出现后，其后的坐标值为相对坐标，直到下一个 G90 出现，坐标又改回到绝对坐标。G90 为缺省值。

(4)快速定位指令(G00)。

G00 为快速定位指令，属于模态指令。它只实现快速移动，并保证在指定的位置停止。

指令格式："G00 X __ Y __ Z __;"

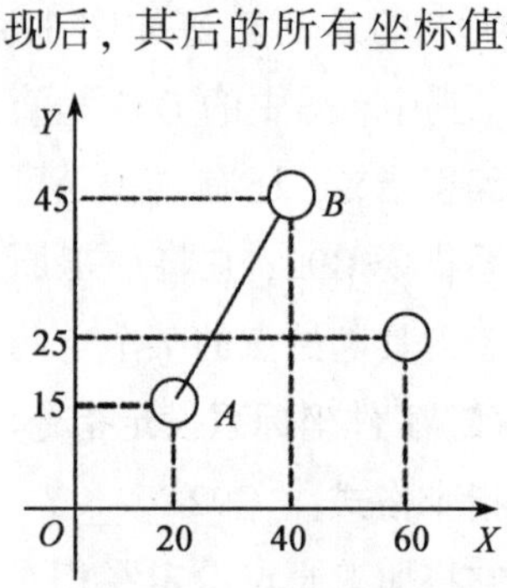

图 1.55　坐标值表示

其中，X，Y，Z 为目标点坐标。快速点定位的移动速度不能用程序指令设定，而是根据数控系统预先设定的速度来执行。

(5)直线插补指令(G01)。

G01 功能是指令刀具相对于工件以直线插补运算联动方式，按照程序段中规定的进给速度 F，由某坐标点移动到另一坐标点，插补加工出任意斜率的直线。

指令格式："G01 X __ Y __ Z __ F __;"
其中，X，Y，Z 为目标点坐标。

机床执行 G01 指令时，在该程序段中必须具有或在该程序段前已经有 F 指令，如无 F 指令则认为进给速度为零。G01 和 F 均为模态代码。

例如，图 1.56 所示路径，坐标系原点是程序起始点，要求刀具由坐标原点快速移动到 *A* 点，然后沿 *AB*，*BC*，*CD*，*DA* 实现直线切削，再由 *A* 点快速返回程序起始点。

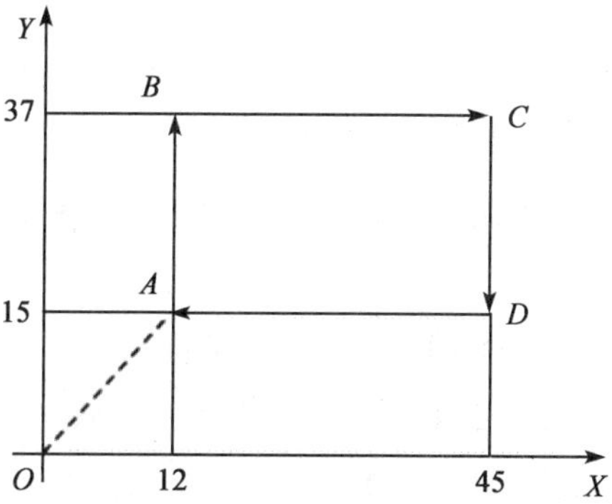

图 1.56　G01 编程图例

用 G01 编写的程序如下。

按照绝对值编程方式(系统参数设定小数点可省略)

O0001;	程序名
N01 G54 G90 G00 X0 Y;	坐标系设定
N10 X12 Y15 S600 M03;	快速移至 *A* 点，主轴正转，1 号刀，转速 600 r/min
N20 G01 Y37 F100;	直线进给 *A*→*B*，进给速度 100 mm/min
N30 X45;	直线进给 *B*→*C*，进给速度不变
N40 Y15;	直线进给 *C*→*D*，进给速度不变
N50 X12;	直线进给 *D*→*A*，进给速度不变
N60 G00 X0 Y0;	返回原点 *O*
N70 M05;	主轴停止
N80 M02;	程序结束

直线插补指令 G01，一般作为直线轮廓的切削加工运动指令，有时也用作很短距离的空行程运动指令，以防止 G00 指令在短距离高速运动时可能出现的惯性过冲现象。

SIEMENS 802D 系统与上述相应的指令及其格式详见表 F.7。

1.4.2.3 M 辅助功能指令使用说明

1）程序停止指令（M00）

M00 指令实际上是一个暂停指令。执行此指令后，机床停止一切操作，即主轴停转、切削液关闭、进给停止。但模态信息全部被保存，在按下控制面板上的启动指令后，机床重新启动，继续执行后面的程序。

该指令主要用于工件在加工过程中停机检查、测量零件、手工换刀或交接班等情况。

2）计划停止指令（M01）

M01 指令的功能与 M00 相似，不同的是，M01 只有在预先按下控制面板上"选择停止开关"按钮的情况下，程序才会停止。如果不按下"选择停止开关"按钮，程序执行到 M01 时不会停止，而是继续执行下面的程序。M01 停止之后，按启动按钮可以继续执行后面的程序。该指令主要用于加工工件抽样检查、清理切屑等。

3）程序结束指令（M02）

M02 指令的功能是程序全部结束。此时主轴停转、切削液关闭，数控装置和机床复位。该指令写在程序的最后一段。

4）主轴正转、反转、停止指令（M03，M04，M05）

M03 表示主轴正转，M04 表示主轴反转。所谓主轴正转，是从主轴向 Z 轴正向看，主轴顺时针转动；反之，则为反转。M05 表示主轴停止转动。M03，M04，M05 均为模态指令。

5）自动换刀指令（M06）

M06 为手动或自动换刀指令。当执行 M06 指令时，进给停止，但主轴、切削液不停。M06 指令不包括刀具选择功能，常用于加工中心等换刀前的准备工作。

6）冷却液开关指令（M07，M08，M09）

M07，M08，M09 指令用于冷却装置的启动和关闭，属于模态指令。M07 表示 2 号冷却液或雾状冷却液开。M08 表示 1 号冷却液或液状冷却液开。M09 表示关闭冷却液开关，并注销 M07，M08，M50，M51（M50，M51 为 3 号、4 号冷却液开），且是缺省值。

7）程序结束指令（M30）

M30 指令与 M02 指令的功能基本相同，不同的是，M30 能自动返回程序起始位置，为加工下一个工件做好准备。

注意：SIEMENS 802D 系统常用的辅助功能指令除 M02 外（即 SIEMENS 802D 子程序结束，M02 的主程序、子程序均有效），其他与 FANUC 0*i* 系统的 M 指令基本相同。

1.4.2.4 游标卡尺的使用

两用游标卡尺（直径和深度）的结构如图 1.57 所示。它由尺身 3 和游标 5 组成，旋松固定游标用的螺钉 4 即可测量；下量爪 1 用来测量工件的外径或长度，上量爪 2 可以测量孔径或槽宽，深度尺 6 可用来测量工件的深度和长度。测量时移动游标使量爪与工件接触，取得尺寸后，最好把螺钉 4 旋紧后再读数，以防尺寸变动。

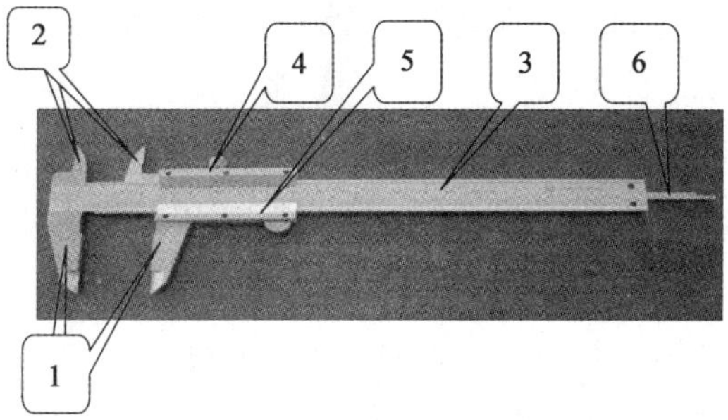

图 1.57　两用游标卡尺结构图

1.4.2.5　表面粗糙度样板

表面粗糙度样板外形结构如图 1.58 所示。

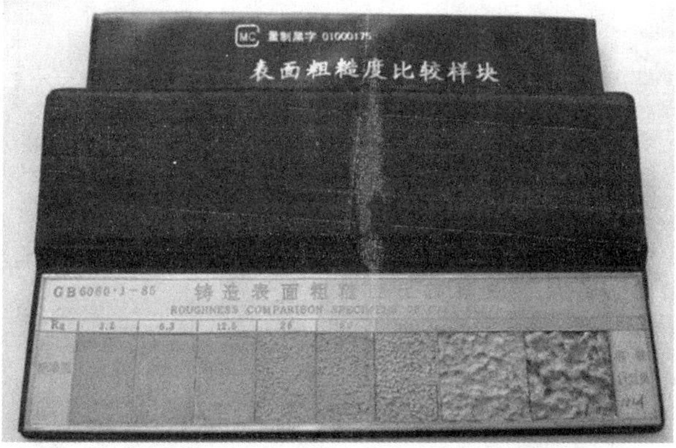

图 1.58　表面粗糙度样板外形结构

1.4.3　任务实施

1.4.3.1　典型案例

如任务 1.2 中的图 1.14 所示，要求完成平面六方体零件的加工工艺设计、编程、仿真及实际加工。材料为 45 钢，毛坯为 120 mm×90 mm×42 mm（80 mm×80 mm 四周已加工到尺寸）。

1) 工艺分析

对该平面六方体零件进行加工时，首先应选择 $\phi16$ 的硬质合金立铣刀对六个面分别进行粗加工。使用该刀加工主要是帮助学生学习行切法，实际加工为了提高效率和表面质量应选择 $\phi50$ 可转位硬质合金面铣刀。为方便加工，确定该工件的加工点在工件的左下角。

2)走刀路线

该零件的走刀路线与图 1.43 所示的走刀路线图一致。

3)刀具选择

(1) ϕ16 双刃立铣刀(目的是学会行切法编程)进行粗加工。

(2) ϕ50 面铣刀(企业工作用此刀,以提高工件表面质量,达到实现刀痕少的效果)进行精加工。

4)装夹方案

(1)平口钳装。按照图 1.59 所示装夹顺序进行夹装。

(2)平面六方体六面加工顺序如图 1.60 所示。

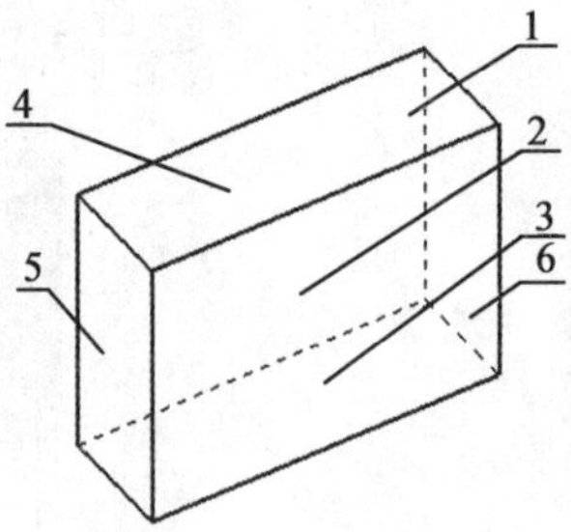

图 1.59 装夹顺序

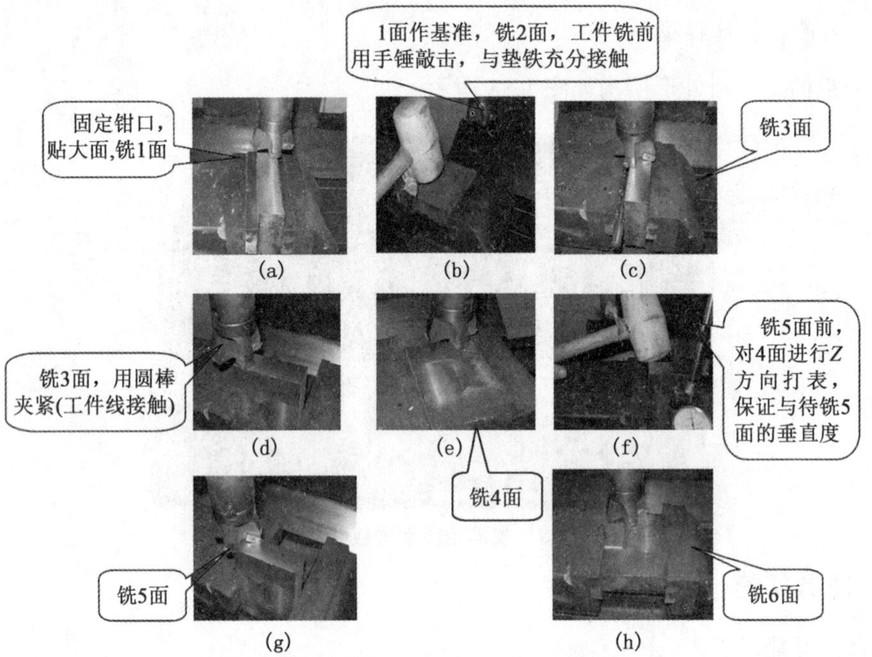

图 1.60 平面六方体六面加工顺序

5)数控加工工序

平面六方体的数控加工工序卡见表 1.19。

表 1.19 平面六方体的数控加工工序卡

单位名称	数控加工工序卡片	产品名称或代号	零件名称	零件图号
			平面六方体	B0104
工序号	程序编号	夹具名称	使用设备	车间
		平口虎钳	FANUC 0*i* 数控铣床	

表 1.19（续）

工步号	工步内容	刀具号	刀具规格	主轴转速/(r·min^{-1})	进给速度/(mm·min^{-1})	背吃刀量/mm	备注
1	粗铣长 120±0.021、宽 40±0.021平面	1	ϕ50	600	80	1	留 0.50 mm 单边余量
2	精加工长 120 ± 0.021、宽 40 ± 0.021 平面	1	ϕ50	600	60	0.5	加工到要求尺寸
3	粗加工长 120 ± 0.021、宽 90 ± 0.021 平面	2	ϕ16	1000	80	1.5	留 0.50 mm 单边余量
4	精加工长 120 ± 0.021、宽 90 ± 0.021 平面	1	ϕ50	600	60	0.5	加工到要求尺寸
5	粗加工长 120 ± 0.021、宽 40 ± 0.021 平面	2	ϕ16	1000	80	1.5	活动钳口与工件之间线接触(用圆棒顶住)
6	精加工长 120 ± 0.021、宽 40 ± 0.021 平面	1	ϕ50	600	60	0.5	活动钳口与工件之间线接触(用圆棒顶住)
7	粗加工长 120 ± 0.021、宽 90 ± 0.021 平面	2	ϕ16	1000	80	1.5	留 0.50 mm 单边余量
8	精加工长 120 ± 0.021、宽 90 ± 0.021 平面	1	ϕ50	600	60	0.5	加工到要求尺寸
9	粗加工长 90 ± 0.021、宽 45 平面	1	ϕ50	600	80	1.5	
10	精加工长 90 ± 0.021、宽 40 平面	1	ϕ50	600	60	0.5	加工到要求尺寸
11	粗加工长 90 ± 0.021、宽 40 平面	1	ϕ50	600	80	1.5	
12	精加工长 90 ± 0.021、宽 40 平面	1	ϕ50	600	60	0.5	加工到要求尺寸
编制		审核		批准	年　月　日	共　页	第　页

6）编制加工程序

平面六方体零件粗加工 2 面程序如表 1.20 所列。

表 1.20　平面六方体零件粗加工 2 面程序

程序内容	说明
O0001 （粗加工 2 面程序）	程序名
N0010 G54 G90 G00 X-20 Y-20 Z100.0;	建立工件坐标系，1 号刀补
N0020 M03 S1000;	主轴正转转速 800 r/min
N0030 G00 Z10;	快速移动上表面 Z10
N0035 G01 Y5 F80;	直线插补 Y5，进给量 100 mm/min
N0040 G01 Z-1.5;	下刀 Z-1.5
N0050 X123;	移动 *X* 轴到 123
N0060 Y20;	移动 *Y* 轴到 20
N0070 X-5;	移动 *X* 轴到-5
N0080 Y35;	移动 *Y* 轴到 35
N0090 X123;	移动 *X* 轴到 123
N0100 Y50;	移动 *Y* 轴到 50
N0110 X-5;	移动 *X* 轴到-5
N0120 Y65;	移动 *Y* 轴到 65
N0130 X123;	移动 *X* 轴到 123
N0140 Y80;	移动 *Y* 轴到 80
N0150 X-20;	移动 *X* 轴到-20
N0160 Y-20;	移动 *Y* 轴到-20
N0170 Z10.0;	抬刀工件上表面 10 mm
N0180 G00 Z100;	快速移动 Z100
N0190 M05;	主轴停转
N0200 M30;	程序结束

精加工程序除了将“Z-1.5”改为“Z-2.0”之外，还应将主轴转速改成 600 r/min，进给速度 F 改为 60 mm/min。

其他各面程序编制方法与粗加工 2 面程序相同。

1.4.3.2　任务实施

加工平面六方体零件的实施方案如下。

（1）根据平面六方体零件图尺寸公差和表面粗糙度要求，初步确定数控加工工序。

(2)确定平面六方体加工走刀路线。

(3)选用刀具，确定刀具切削参数，填写刀具卡，详见表F.1。

(4)确定装夹方案、定位基准。

(5)拟定并填写数控加工工序卡、绘制走刀路线图、编制加工程序，详见表F.2至表F.4。

(6)仿真加工。

①仿真基本操作步骤如图1.61所示。

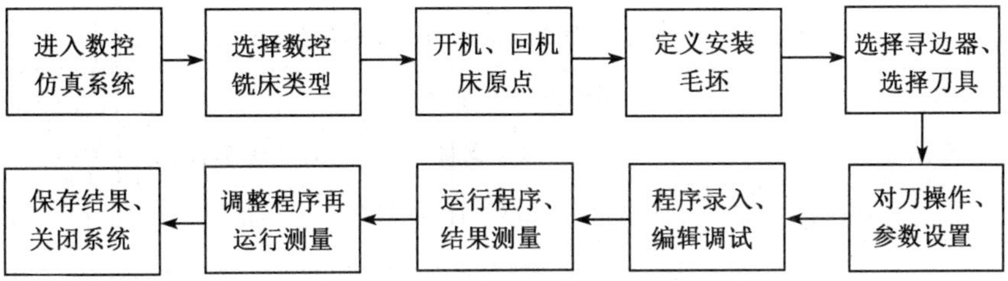

图1.61　仿真基本操作步骤

②建立新程序(在MDI状态下)的操作步骤如图1.62所示。

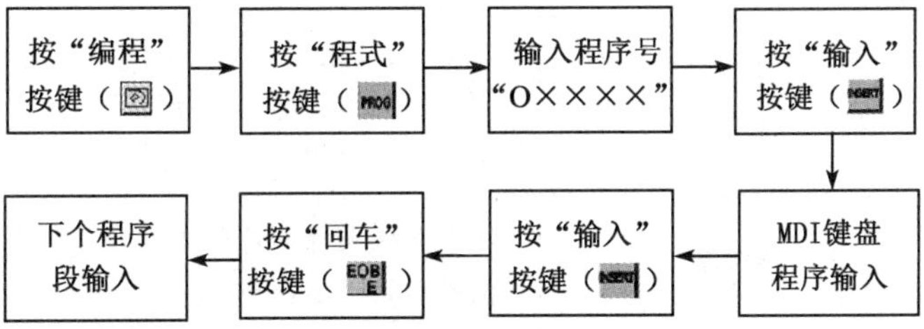

图1.62　建立新程序(在MDI状态下)的操作步骤

③选择已有程序(在点击“编辑”或“自动运行”状态下)的操作步骤如图1.63所示。

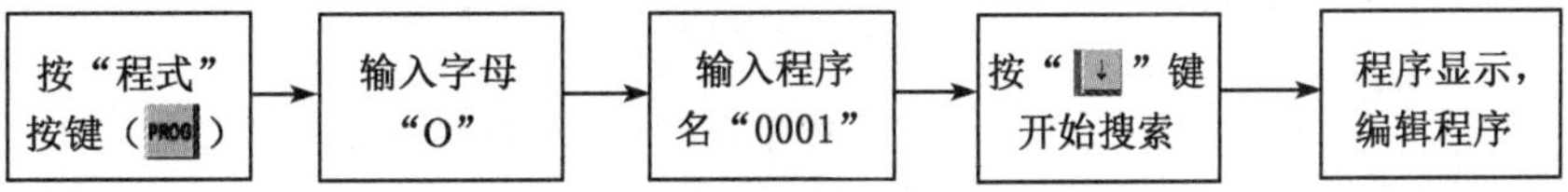

图1.63　选择已有程序(在点击“编辑”或“自动运行”状态下)的操作步骤

(7)工件加工步骤如图1.64所示。

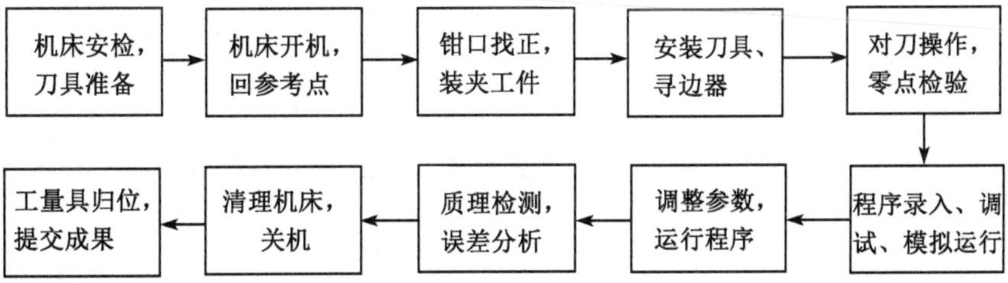

图1.64　工件加工步骤

1.4.3.3 考核评价

1)专业能力训练过程考核与评价

对学生进行工件加工全过程专业能力考核，包括工艺准备、任务实施、工件质量、误差分析各环节。加工结束后，师生共同填写专业能力训练过程考核评分表(见表1.21)。

2)综合能力考核与评价

对每名学生的专业能力、社会能力、方法能力进行综合考核、客观评价，师生共同填写综合能力考核及评价表(见表F.5)。

表1.21 专业能力训练过程考核评分表(任务1.4)

任务名称		平面六方体编程与加工			成绩		
操作者(或小组)			设备名称	FANUC 0*i* 数控铣	完成工时		
序号	考核内容		配分	评分标准(扣完为止)	自评	组评	师评
1	工艺准备(20分)	咨询、收集信息	5	收集信息不认真扣2分，没收集齐信息扣3分			
		编制加工工序卡	3	工序编排不合理每处扣2分，工序卡填写不正确每处扣1分			
		填写刀具卡	3	刀具选用不合理扣2分，刀具卡填写不规范每处扣1分			
		绘制走刀路线图	5	走刀路线设计不合理扣3分，绘图不清晰每处扣2分			
		填写加工程序单	4	程序编写不正确，每处扣4分			
2	任务实施(50分)	工件安装	10	工件装夹不正确扣2分			
		刀具安装	5	刀具装夹不正确扣2分			
		程序录入	5	程序输入错误，每处扣0.05分			
		对刀操作	12	对刀不准确，每次扣2分			
		量具使用	4	量具使用不规范，每次扣1分			
		安全操作	6	违反操作规程，每次扣3分			
		完成工时	4	每超时5分钟扣1分			
		文明生产	4	撞刀、未清理机床或保养设备扣2分			

表1.21(续)

<table>
<tr><th>序号</th><th colspan="5">考核内容</th><th>配分</th><th>评分标准(扣完为止)</th><th>自评</th><th>组评</th><th>师评</th></tr>
<tr><td rowspan="6">3</td><td rowspan="6">工件质量(20分)</td><td rowspan="3">六方体</td><td colspan="3">长</td><td>4</td><td>超差0.005不扣分，0.005~0.01扣4分，0.01以上无分</td><td></td><td></td><td></td></tr>
<tr><td colspan="3">宽</td><td>4</td><td>每超差0.05扣2分，超差0.2以上扣2分</td><td></td><td></td><td></td></tr>
<tr><td colspan="3">高</td><td>4</td><td>每超差0.05扣2分，超差0.2以上扣2分</td><td></td><td></td><td></td></tr>
<tr><td rowspan="3">位置精度</td><td>//</td><td>0.02</td><td>B</td><td>3</td><td>每降1级扣1分</td><td></td><td></td><td></td></tr>
<tr><td>//</td><td>0.02</td><td>A</td><td>3</td><td>每降1级扣1分</td><td></td><td></td><td></td></tr>
<tr><td colspan="3">Ra3.2</td><td>2</td><td>每降1级扣1分</td><td></td><td></td><td></td></tr>
<tr><td rowspan="2">4</td><td rowspan="2">误差分析(10分)</td><td colspan="4">零件自检</td><td>4</td><td>自检有误，每处扣1分</td><td></td><td></td><td></td></tr>
<tr><td colspan="4">填写加工误差分析</td><td>6</td><td>误差分析不到位扣1~3分，未填写误差分析扣3分</td><td></td><td></td><td></td></tr>
<tr><td colspan="6">合计</td><td>100</td><td>自评10%、组评20%、师评70%</td><td></td><td></td><td></td></tr>
</table>

误差分析及反思(学生个人填)：

考核得分及评价(教师填)：

第　　组	学生签字		组长签字		教师签字		年　月　日

1.4.4 训练与考核

1.4.4.1 训练任务

普通平面编程与加工训练任务见表1.22。

表 1.22　普通平面编程与加工训练任务

<table>
<tr><td>任务描述</td><td>在数控铣床(加工中心)上加工图 1.65 所示零件。要求制定工艺方案，绘制数控加工走刀路线，编写数控加工程序，并在数控铣床(加工中心)加工零件。已知，零件毛坯尺寸为 75 mm×75 mm×30 mm，材料为 45 钢
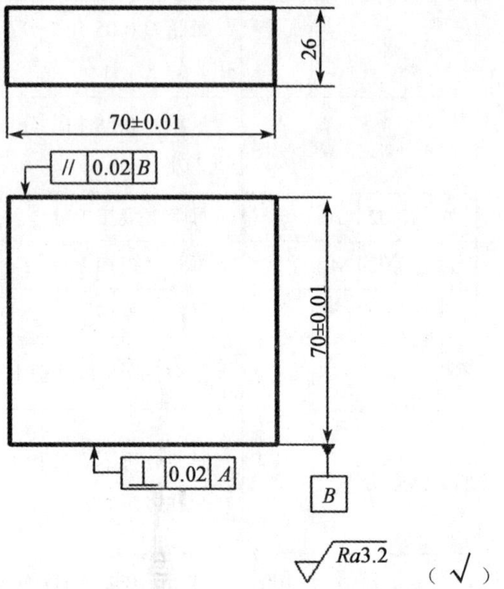

图 1.65　零件图</td></tr>
<tr><td>工艺条件</td><td>工艺条件参照“1.4.1　工作任务”中提供的工艺条件配置</td></tr>
<tr><td>加工要求</td><td>严格遵守安全操作规程，零件加工质量达到图样要求</td></tr>
</table>

1.4.4.2　考核评价

加工结束后，检测工件加工质量，并对工作过程进行总结评议，填写专业能力训练过程考核评分表(参照表 1.21 填写)。

复习题

1)填空题

(1)模态指令一旦在程序中作用，便一直________。

(2)辅助功能 M03 代码表示________。

(3)数控编程方法可分为________和________。

(4)执行程序段“G91 X60.0 Y60.0 Z40.0”时，刀具移动了 X60.0，Y ____，Z____。

2)选择题

(1)辅助功能中表示无条件程序暂停的指令是( )。

A.M00 B.M01

C.M02 D.M30

(2)数控铣床的T指令是指( )。

A.主轴功能 B.辅助功能

C.进给功能 D.刀具功能

(3)辅助功能中表示程序计划停止的指令是( )。

A.M00 B.M01

C.M02 D.M30

(4)G00的指令移动速度值是( )。

A.机床参数指定 B.数控程序指定

C.操作面板指定 D.操作人员指定

(5)G00指令与下列的( )指令不是同一组的。

A.G01 B.G02

C.G04 D.G03

3)判断题

(1)根据数控系统的不同,程序段的顺序号在某些系统中可以省略。( )

(2)所有数控机床加工程序的结构均由程序名、程序体及程序结束指令组成。( )

(3)"G90 G01 X0 Y0;"与"G91 G01 X0 Y0;"意义相同。( )

(4)执行M03时,机床所有运动都将停止。( )

(5)辅助功能M00为无条件程序暂停,执行该程序指令后,所有运转部件停止运动,且所有模态信息全部丢失。( )

任务1.5 台阶平面编程与加工

1.5.1 工作任务

台阶平面编程与加工工作任务如表1.23所列。

表 1.23　台阶平面编程与加工工作任务

<table>
<tr><td>任务描述</td><td>
完成如图 1.66 所示台阶平面零件的加工工艺设计、编程加工、仿真及调试，且使用数控铣床(加工中心)完成加工

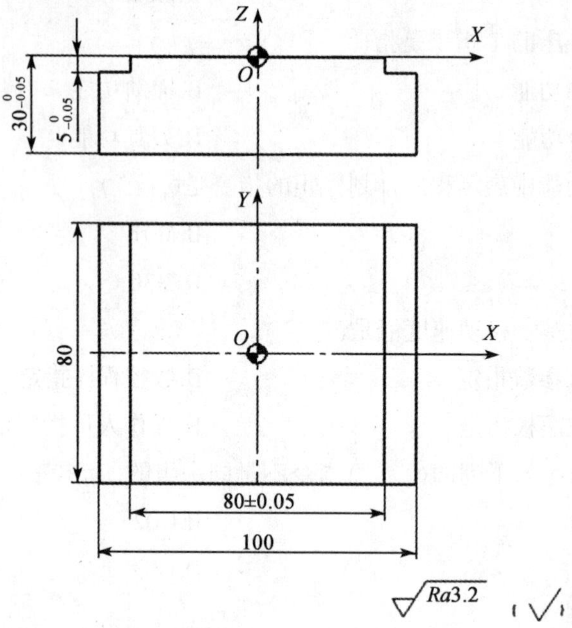

图 1.66　台阶平面零件
</td></tr>
<tr><td>知识点
与技能点</td><td>
知识点：◇ 铣削加工工艺知识
◇ 台阶面加工
技能点：◇ 台阶面铣削走刀路线
◇ 程序调试
</td></tr>
<tr><td>工艺条件</td><td>
◎数控铣床(加工中心)：配置 FANUC 0i 系统
◎毛坯：尺寸为 80 mm×100 mm×35 mm（80 mm×100 mm 四周侧面已加工到尺寸），材料为 45 钢，单件生产
◎刀具、量具及其他：
<table>
<tr><th>名称</th><th>规格</th><th>数量</th></tr>
<tr><td>ϕ50 面铣刀(可转位)</td><td>硬质合金</td><td>1</td></tr>
<tr><td>ϕ16 双刃立铣刀</td><td>硬质合金</td><td>1</td></tr>
<tr><td>游标卡尺</td><td>0~150，0.02</td><td>1</td></tr>
<tr><td>百分表</td><td>0~10，0.01</td><td>1</td></tr>
<tr><td>磁性表座</td><td></td><td>1</td></tr>
<tr><td>垫块</td><td>各种尺寸规格</td><td>若干</td></tr>
</table>
</td></tr>
</table>

表 1.23(续)

任务分析	由于零件图的尺寸公差(80 mm±0.05 mm)、表面粗糙度(*Ra*3.2)要求相对较高，所以解决该工艺的关键是考虑刀具直径的选择和刀具相对于工件的初始位置，以及如何确定(粗基准、精基准)编程中的行切法及其应用

1.5.2　相关知识

1)铣削加工顺序

(1)先粗后精。铣削要按照"粗铣→半精铣→精铣"的加工顺序进行，最终达到图样要求。粗加工应以最高的效率切除表面的大部分余量，为半精加工提供定位基准和均匀适当的加工余量。半精加工主要为表面精加工做好准备，即达到一定的精度、表面粗糙度值和加工余量。加工一些次要表面也要达到规定的技术要求。精加工后应使各表面达到图样规定的要求。

(2)先面后孔。平面加工简单方便。根据工件定位的基本原理，由于平面轮廓大而平整，所以平面定位比较稳定可靠。以加工好的平面为精基准加工孔，一方面不仅可以保证孔的加工余量较为均匀，而且为孔的加工提供了稳定可靠的精基准；另一方面，先加工平面，切除了工件表面的凸凹不平及夹砂等缺陷，可减少因毛坯凸凹不平而使钻头引偏，防止扩、铰孔时刀具崩刃。同时，加工中也便于对刀和调整。

(3)先主后次。主要表面先安排加工。一些次要表面因加工面小，且和主要表面有相对位置要求，可穿插在主要表面加工工序之间进行，但要安排在主要表面最后精加工之前，以免影响主要表面的加工质量。

2)台阶面加工刀具

台阶等小平面可以选用直柄立铣刀加工，其常用规格见表 1.24。由于立铣刀端面的刀刃不过中心，因此不能垂直进给切削。刀具常用材料一般为高速钢和硬质合金。高速钢铣刀韧性好，抗冲击性较好，刃口可以磨得很锋利；硬质合金铣刀硬度高，可以选择较大的切削速度，但耐冲击性不如高速钢。

表 1.24　直柄立式铣刀的规格

直柄立铣刀结构图	直柄立铣刀结构参数						
	d	d_1	L	l	齿数		
					粗	中	细
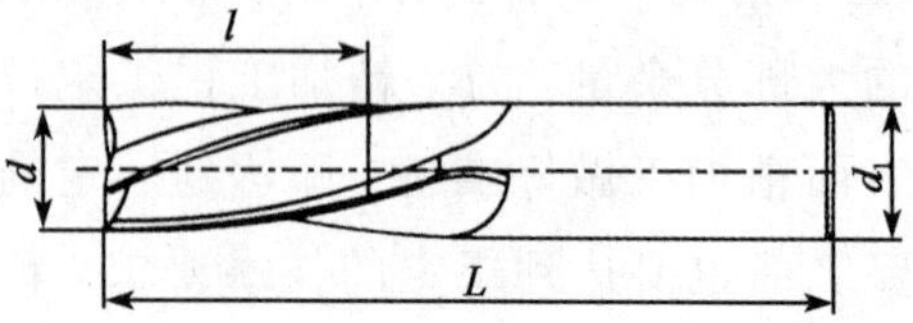	2	2	39	7	3	4	—
	3	3	40	8			
	4	4	43	11			
	5	5	47	13			
	6	6	57				
	8	8	63	19			
	10	10	72	22			5
	12	12	83	26			
	16	16	92	32			6
	20	20	104	38			
	25	25	121	45			
	32	32	133	53	4	6	8

1.5.3　任务实施

1.5.3.1　典型案例

1) 工艺分析

上表面的加工采用端铣刀粗铣→精铣完成，台阶平面加工用立铣刀粗铣→精铣完成。

2) 走刀路线

平面六方体 100 mm×80 mm 平面铣削走刀路线图同图 1.50，台阶平面走刀路线图如图 1.67 所示。

3) 刀具选择

(1) ϕ16 双刃立铣刀(目的是让学生学会行切法编程)粗加工。

(2) ϕ50 面铣刀(企业工作用此刀，可提高工件表面质量，达到减少刀痕的效果)精加工。

4) 装夹方案

选用平口虎钳装夹，工件上表面高出钳口 10 mm 左右。

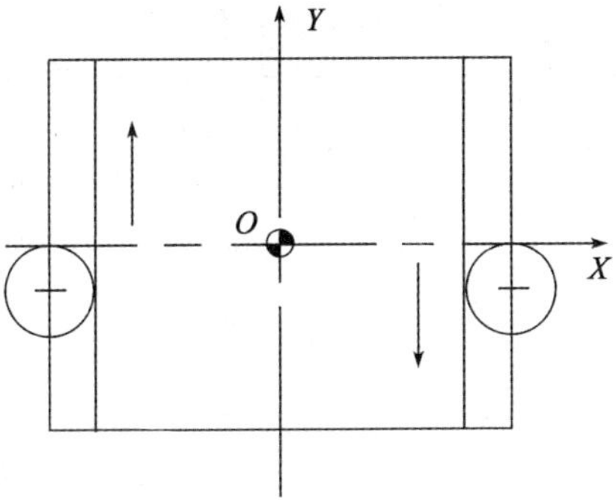

图 1.67 台阶平面走刀路线图

5)数控加工工序

台阶平面数控加工工序卡见表1.25。

表 1.25 台阶平面数控加工工序卡

单位名称	数控加工工序卡片		产品名称或代号		零件名称		零件图号
					平面六方体		B0104
工序号	程序编号		夹具名称		使用设备		车间
			平口虎钳		FANUC 0*i* 数控铣床		
工步号	工步内容	刀具号	刀具规格	主轴转速 /($r \cdot min^{-1}$)	进给速度 /($mm \cdot min^{-1}$)	背吃刀量 /mm	备注
1	粗加工长100、宽80平面	2	ϕ16	1000	80	1.5	留0.50 mm单边余量
2	精加工长100、宽80平面	1	ϕ50	600	60	0.5	加工到要求尺寸
3	粗加工长80±0.05、宽80台阶平面	2	ϕ16	1000	80	1.5	留0.50 mm单边余量
4	精加工长80±0.05、宽80台阶平面	2	ϕ16	800	60	0.5	加工到要求尺寸
编制		审核		批准		年 月 日	共 页 第 页

6)编制加工程序

上表面加工程序见表1.26。

表 1.26 上表面加工程序

程序内容	说明
O0001	程序名
N0010 G90 G54 G00 X120 Y0;	建立工件坐标系，快速进给至下刀位置
N0020 M03 S250;	启动主轴，主轴转速250 r/min

表 1.26（续）

程序内容	说明
N0030 Z50 M08;	主轴到达安全高度，同时打开冷却液
N0040 G00 Z5;	接近工件
N0050 G01 Z0.5 F100;	下到 Z0.5 面
N0060 X-120 F300;	粗加工上表面
N0070 Z0 S400;	下到 Z0 面，主轴转速 400 r/min
N0080 X120 F160;	精加工上表面
N0090 G00 Z50 M09;	*Z* 向抬刀至安全高度，并关闭冷却液
N0100 M05;	主轴停
N0110 M30;	程序结束

台阶面加工程序见表 1.27。

表 1.27　台阶面加工程序

程序内容	说明
O0002	程序名
N0010 G90 G54 G00 X-50.5 Y-60;	建立工件坐标系，快速进给至下刀位置
N0020 M03 S350;	启动主轴
N0030 Z50 M08;	主轴到达安全高度，同时打开冷却液
N0040 G00 Z5;	接近工件
N0050 G01 Z-4.5 F100;	下刀，Z-4.5
N0060 Y60;	粗铣左侧台阶
N0070 G00 X50.5;	快进至右侧台阶起刀位置
N0080 G01 Y-60;	粗铣右侧台阶
N0090 Z-5 S450;	下刀 Z-5
N0100 X50;	走至右侧台阶起刀位置
N0110 Y60 F80;	精铣右侧台阶
N0120 G00 X-50;	快进至左侧台阶起刀位置
N0130 G01 Y-60;	精铣左侧台阶
N0140 G00 Z50 M09;	抬刀，并关闭冷却液
N0150 M05;	主轴停
N0160 M30;	程序结束

1.5.3.2　任务实施

1)实施方案

(1)根据台阶面零件图尺寸公差和表面粗糙度要求，初步确定数控加工工序。

(2)确定台阶面加工走刀路线。

(3)选用刀具，确定刀具切削参数，填写刀具卡，详见表 F.1。

(4)确定装夹方案、定位基准。

(5)拟定并填写数控加工工序卡，绘制走刀路线图，编制加工程序。

(6)实际加工。

2)加工准备

(1)阅读零件图，准备工件材料、工量刃具。

(2)开机，复位，机床回机床参考点。

(3)输入并检查程序。

(4)模拟加工程序。

(5)安装夹具，紧固工件。将平口钳安装在工作台上，百分表校正钳口工件用垫块垫起，高于钳口 5 mm 左右，校平工件上表面并夹紧。

(6)安装刀具。该工件使用了两把刀具，注意不同类型的刀具安装到相应的刀柄中。

3)对刀，设定工件坐标系

X，Y 向对刀是通过试切法分别对工件的 X，Y 向进行对刀操作，得到 X，Y 零偏值并输入 G54 中。Z 向对刀利用试切法测得工件上表面的 Z 数值，输入 G54 中。

4)自动加工

(1)“EDIT”方式下选择调用待加工程序，调至程序首句。

(2)选择“MEM”方式，调好进给倍率、主轴倍率，检查“空运行”“机床锁定”键是否处于关闭状态。

(3)按下“循环启动”按钮，进行自动加工。

5)注意事项

(1)零件加工过程中可通过“位置”“程序”“图形”等界面观察加工状态。

(2)粗加工切削时，可采用单段加工，熟练后再采用连续加工。

(3)加工时应关好机床防护门。

(4)如有意外事故发生，可按“暂停”“复位”“急停”键。

1.5.3.3　考核评价

1)专业能力训练过程考核与评价

对学生进行工件加工全过程专业能力考核，包括工艺准备、任务实施、工件质量、误差分析各环节。加工结束后，师生共同填写专业能力训练过程考核评分表(见表 1.28)。

2)综合能力考核与评价

对每名学生的专业能力、社会能力、方法能力进行综合考核、客观评价。师生共同填写综合能力考核及评价表(见表F.5)。

表1.28　专业能力训练过程考核评分表(任务1.5)

<table>
<tr><td colspan="3">任务名称</td><td colspan="5">台阶平面编程与加工</td><td colspan="2">成绩</td><td></td></tr>
<tr><td colspan="3">操作者(或小组)</td><td colspan="3"></td><td>设备名称</td><td>FANUC 0i 数控铣床</td><td colspan="2">完成工时</td><td></td></tr>
<tr><td>序号</td><td colspan="5">考核内容</td><td>配分</td><td>评分标准(扣完为止)</td><td>自评</td><td>组评</td><td>师评</td></tr>
<tr><td rowspan="5">1</td><td rowspan="5">工艺准备(20分)</td><td colspan="4">咨询、收集信息</td><td>5</td><td>收集信息不认真扣2分,没收集扣3分</td><td></td><td></td><td></td></tr>
<tr><td colspan="4">编制加工工序卡</td><td>3</td><td>工序编排不合理,每处扣2分;工序卡填写不正确,每处扣1分</td><td></td><td></td><td></td></tr>
<tr><td colspan="4">填写刀具卡</td><td>3</td><td>刀具选用不合理扣2分,刀具卡填写不规范每处扣1分</td><td></td><td></td><td></td></tr>
<tr><td colspan="4">绘制走刀路线图</td><td>5</td><td>走刀路线设计不合理扣3分,绘图不清晰每处扣2分</td><td></td><td></td><td></td></tr>
<tr><td colspan="4">填写加工程序单</td><td>4</td><td>程序编写不正确,每处扣4分</td><td></td><td></td><td></td></tr>
<tr><td rowspan="8">2</td><td rowspan="8">任务实施(50分)</td><td colspan="4">工件安装</td><td>10</td><td>工件装夹不正确扣2分</td><td></td><td></td><td></td></tr>
<tr><td colspan="4">刀具安装</td><td>5</td><td>刀具装夹不正确扣2分</td><td></td><td></td><td></td></tr>
<tr><td colspan="4">程序录入</td><td>5</td><td>程序输入错误,每处扣0.05分</td><td></td><td></td><td></td></tr>
<tr><td colspan="4">对刀操作</td><td>12</td><td>对刀不准确,每次扣2分</td><td></td><td></td><td></td></tr>
<tr><td colspan="4">量具使用</td><td>4</td><td>量具使用不规范,每次扣1分</td><td></td><td></td><td></td></tr>
<tr><td colspan="4">安全操作</td><td>6</td><td>违反操作规程,每次扣3分</td><td></td><td></td><td></td></tr>
<tr><td colspan="4">完成工时</td><td>4</td><td>每超时5分钟扣1分</td><td></td><td></td><td></td></tr>
<tr><td colspan="4">文明生产</td><td>4</td><td>撞刀、未清理机床或未保养设备扣2分</td><td></td><td></td><td></td></tr>
<tr><td rowspan="6">3</td><td rowspan="6">工件质量(20分)</td><td rowspan="3">六方体</td><td colspan="3">长</td><td>4</td><td>超差0.005不扣分,0.005~0.01扣4分,0.01以上无分</td><td></td><td></td><td></td></tr>
<tr><td colspan="3">宽</td><td>4</td><td>每超差0.05扣2分,超差0.2以上扣2分</td><td></td><td></td><td></td></tr>
<tr><td colspan="3">高</td><td>4</td><td>每超差0.05扣2分,超差0.2以上扣2分</td><td></td><td></td><td></td></tr>
<tr><td rowspan="3">位置精度</td><td>//</td><td>0.02</td><td>B</td><td>3</td><td>每降1级扣1分</td><td></td><td></td><td></td></tr>
<tr><td>//</td><td>0.02</td><td>A</td><td>3</td><td>每降1级扣1分</td><td></td><td></td><td></td></tr>
<tr><td colspan="3">Ra3.2</td><td>2</td><td>每降1级扣1分</td><td></td><td></td><td></td></tr>
</table>

表 1.28（续）

序号	考核内容		配分	评分标准(扣完为止)	自评	组评	师评
4	误差分析（10 分）	零件自检	4	自检有误，每处扣 1 分			
		填写加工误差分析	6	误差分析不到位扣 1~3 分，未填写误差分析扣 3 分			
合计			100	自评 10%、组评 20%、师评 70%			

误差分析及反思(学生个人填)：

考核得分及评价(教师填)：

第　　组	学生签字		组长签字		教师签字		年　月　日

1.5.4　训练与考核

1.5.4.1　训练任务

台阶平面编程与加工训练任务见表 1.29。

表 1.29　台阶平面编程与加工训练任务

任务描述	在数控铣床(加工中心)上加工图 1.68 所示零件。要求制定工艺方案，绘制数控加工走刀路线，编写数控加工程序，并在数控铣床(加工中心)加工零件。已知零件毛坯尺寸为 85 mm×85 mm×30 mm，材料为 45 钢 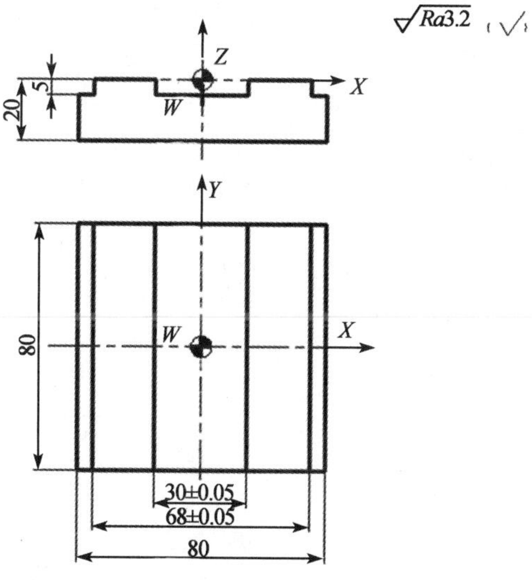 **图 1.68　零件图**

表 1.29(续)

工艺条件	工艺条件参照“1.5.1　工作任务”中提供的工艺条件配置
加工要求	严格遵守安全操作规程，零件加工质量达到图样要求

1.5.4.2　考核评价

加工结束后，检测工件加工质量，并对工作过程进行总结评议，填写专业能力训练过程考核评分表(参照表 1.28 填写)。

复习题

(1)简述平面铣削加工刀具的种类和选用原则。

(2)平面铣削加工走刀路线有哪几种?

(3)FANUC 数控系统编程规则和基本的编程方法是什么?

(4)数控系统五大功能指令是什么?常用的指令有哪些?

(5)G00，G01 指令格式是什么?有何区别?

(6)G90，G91 指令格式是什么?有何区别?

项目 2　槽类零件编程与加工

【项目导学】

槽类零件的编程与加工是数控铣削加工中常见的工作任务，体现了数控铣削加工的优势。本项目包括“沟槽零件的编程与加工”和“凹槽零件的编程与加工” 两个任务，通过对这两个任务的学习和实施，帮助学生学会槽类零件加工的工艺和编程知识，学习加工工序、刀具选择、装夹方案等工艺知识和相应的操作技能，特别是子程序的应用，并能编制加工程序，最终完成工件加工和质量检测。

【知识目标】

(1)掌握槽类零件铣削刀具的种类及选用原则。

(2)掌握槽类零件加工的下刀方法、走刀路线、切削用量等的工艺设计。

(3)掌握 G17/G18/G19，G02/G03，M98/M99 等指令功能、格式及编程方法。

(4)掌握检测量具的使用方法。

【技能目标】

(1)能独立完成槽类零件加工的工艺、工装准备。

(2)能手工编制槽类零件的加工程序。

(3)能进行仿真程序调试和加工。

(4)能用数控铣床进行程序调试和加工。

(5)能正确使用游标卡尺。

任务 2.1　沟槽零件编程与加工

2.1.1　工作任务

沟槽零件编程与加工工作任务如表 2.1 所列。

表 2.1　沟槽零件编程与加工工作任务

<table>
<tr><td>任务描述</td><td>完成如图 2.1 所示十字沟槽零件的加工工艺设计、编制加工程序、仿真调试后，使用数控铣床(加工中心)完成零件加工
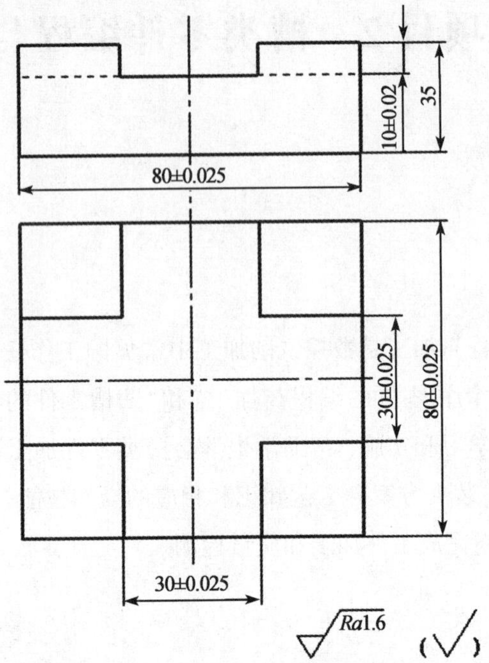

图 2.1　十字沟槽零件图</td></tr>
<tr><td>知识点
与技能点</td><td>知识点：◇ 槽铣削加工路线的确定
◇ G17/G18/G19 指令功能、格式和用法
◇ 子程序 M98/M99 指令功能、格式和用法
技能点：◇ 绘制槽加工路线图
◇ 用子程序编程
◇ 调试程序</td></tr>
<tr><td>工艺条件</td><td>◎数控铣床(加工中心)：配置 FANUC 0i 系统
◎毛坯：尺寸为 80 mm×80 mm×40 mm(80 mm×80 mm 四侧面已加工到尺寸)，材料为 45 钢，单件生产
◎刀具、量具及其他：
<table><tr><th>名称</th><th>规格</th><th>数量</th></tr><tr><td>ϕ8 立键槽铣刀</td><td>硬质合金</td><td>1</td></tr><tr><td>游标卡尺</td><td>0~150,0.02</td><td>1</td></tr><tr><td>百分表</td><td>0~10,0.01</td><td>1</td></tr><tr><td>磁性表座</td><td></td><td>1</td></tr><tr><td>垫块</td><td>各种尺寸规格</td><td>若干</td></tr></table></td></tr>
</table>

表 2.1（续）

任务分析	窄槽是具有一定宽度、深度和截面形状的槽。槽底面与侧面成直角形的称为直角槽。直角槽可分为敞开式、封闭式和半封闭式三种。直角槽结构的主要尺寸有槽长、槽宽、槽深。一般对侧面和底面有表面质量要求。 该零件图中“80±0.025”“30±0.025”两个主要尺寸公差和“*Ra*1.6”均属于高精度，需进行加工工序、加工余量、走刀路线、工件的定位、安装与夹具的选择、刀具的选择、对刀点与换刀点、切削用量等方案的确定。在完成工艺方案的基础上，编制加工程序。仿真调试通过后，对任务零件进行数控加工、质量检测和质量误差分析

2.1.2 相关知识

2.1.2.1 槽铣削加工工艺知识

1）直槽加工工序安排

铣削半封闭式或封闭式直角槽时，常用的铣刀有立铣刀与键槽铣刀。

一般加工要求的窄槽，可选择直径等于或略小于直角槽宽度的立铣刀与键槽铣刀，由刀具直径保证槽宽。安装铣刀时，铣刀的伸出长度要尽可能小。

加工具有较高加工精度要求的窄槽时，应分粗加工和精加工。粗加工、精加工刀具的直径应小于槽宽。精加工时，为保证槽宽尺寸公差，可采用半径补偿铣削内轮廓的加工方法。

开放窄槽加工时，刀具可从工件侧面外水平切入工件。

2）开放槽走刀路线设计

如图 2.2 所示为对开放窄槽的粗加工、精加工走刀路线设计。对开放窄槽加工，刀具的起点可选择工件侧面外，图中刀具的起点选在工件之外的槽中线上具有一定安全间隙的适当位置（*S* 点）。

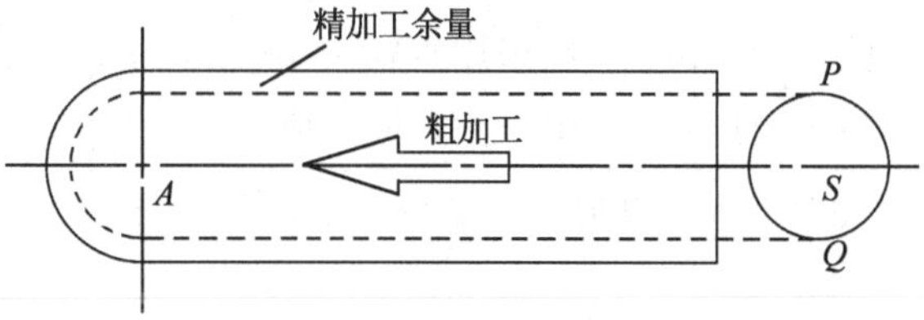

图 2.2 开放窄槽的粗加工、精加工走刀路线设计

粗加工时，选择直径比槽宽略小的刀具，如图 2.2 所示，刀具经 *SA* 直线进给切削后，侧面留下适当的精加工余量，槽的底面宜留有适当的精加工余量。

精加工时，刀具 *Z* 向进给运动至窄槽底部深度，通过垂直于窄槽轮廓的 *SP* 线段进给，刀具在顺铣模式下对窄槽沿轮廓进行精加工到轮廓延长线的 *Q* 点，并通过 *QS* 线段返回。

3) 键槽刀具及选用

如图 2.3 所示，键槽铣刀的外形与立铣刀相似，不同的是，键槽铣刀在圆周上只有两个螺旋刀齿，其端面刀齿的刀刃延伸至中心，既像立铣刀，又像钻头。螺旋齿结构，切削平稳，适用铣削对槽宽有相应要求的槽类加工。封闭槽铣削加工时，可以做适量的轴向进给，键槽铣刀可先轴向进给达到槽深，然后沿键槽方向铣出键槽全长，较深的槽要做多次垂直进给和纵向进给才能完成加工。

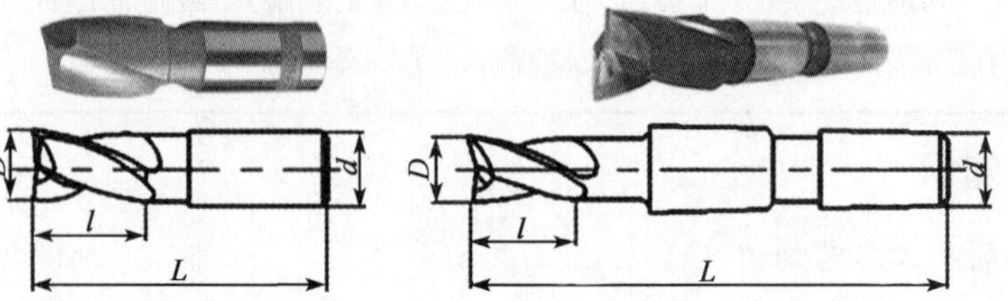

(a) 直柄键槽铣刀　　(b) 锥柄键槽铣刀

图 2.3　键槽铣刀

在平面腔槽零件的加工中，一般选用能垂直下刀的键槽铣刀，刀具的半径要小于或等于内轮廓的最小圆弧半径。其切削用量可按照平面铣削中有关参数选取。圆周沟槽一般采用可转位槽铣刀和硬质合金 T 形槽刀加工。其可加工圆周内外沟槽，不允许轴向进给。当槽的宽度大于刀片的宽度时，要多次加工。

按照国家标准规定，直柄键槽铣刀直径 $d=2\sim22$ mm，锥柄键槽铣刀直径为 $d=14\sim50$ mm。键槽铣刀直径的偏差有 e8 和 d8 两种，e8 用于加工槽宽精度为 H9 的键槽，d8 用于加工槽宽精度为 N9 的键槽。键槽铣刀的圆周切削刃仅在靠近端面的一小段长度内发生磨损，重磨时只需刃磨端面切削刃，因此重磨后铣刀直径不变。

4) 铣削方法

槽铣刀的宽度尺寸精度和键槽铣刀相同，其基本偏差为 k8。

(1) 铣通槽。宽度大于 25 mm 的直角通槽大都采用立铣刀来加工。立铣刀的尺寸精度较低，其直径的基本偏差为 js14，一般采用直径为 16 mm 的立铣刀加工。

(2) 铣封闭槽。工件的封闭槽必须用立铣刀或键槽铣刀来加工。槽底部穿通时，装夹时应该注意沟槽下面不能有垫铁，以免妨碍立铣刀穿通应用两块较窄的平行垫铁垫在工件下面。

(3) 直槽 Z 轴下刀方式。铣刀 Z 向下刀时，不易直接扎入。小面积切削和零件表面粗糙度要求不高的情况下，采用垂直切深进刀时，必须选择切削刃过中心的键槽铣刀进行加工，不能采用平底立铣刀进行加工。另外，由于采用这种进刀方式切削时，刀具中心切削速度为零，因此，选择键槽铣刀进行加工时，应该选用较低的切削进给速度。

在大面积切削和零件表面粗糙度要求较高的情况下，为保证刀具强度，有时需用平底立铣刀来加工。但由于部分平底立铣刀中心无刀刃，无法进行 Z 向垂直切削，因此可选用直径稍小的钻头先加工出工艺孔，再以多刃立铣刀进行 Z 向垂直切削，如图 2.4 所示。

5）铣削用量选用

（1）设计将键槽深度一次铣削完成时，虽然能够提高加工效率，但对铣刀的使用较为不利。因为铣刀在用钝时，其切削刃上的磨损长度等于键槽的深度。若刃磨圆柱面切削刃，则因铣刀直径会磨小，而不能再进行精加工；若把端面一段磨去，则又不经济。

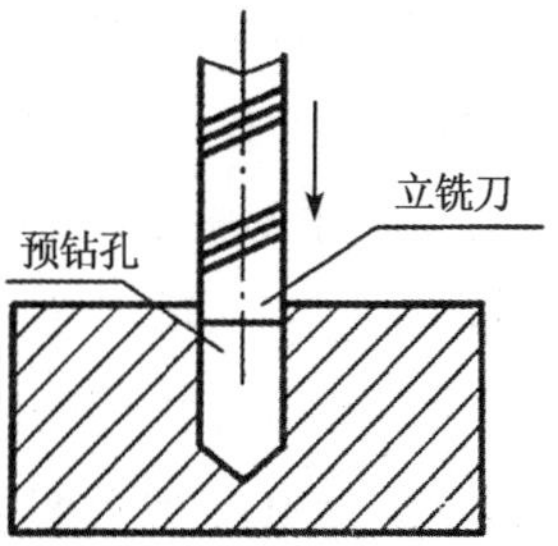

图 2.4　直槽下刀方法

（2）设计深度方向多次分层铣削键槽时，每次铣削层深度只有 0.5~1.0 mm，以较大的进给量往返进行铣削。在键槽铣床上加工时，每次的铣削层深度和往复进给都是自动进行的，一直切到预定键槽深度为止。这种加工方法的优点是铣刀用钝后，只需刃磨铣刀的端面（磨短不到 1 mm），铣刀直径不受影响，铣削加工时也不会产生让刀现象。但在通用铣床上进行这种加工，会使操作不方便，生产效率也较低。

铣削加工沟槽时，排屑不畅，铣刀周围的散热面小，不利于切削。铣削窄而深的沟槽时，切削条件更差。因此，选用铣削用量时，应充分考虑这些因素，不宜选择较大的铣削用量，应采用较小的铣削用量。

2.1.2.2　坐标平面选择指令（G17/G18/G19）

G17，G18，G19 指令功能为指定坐标平面，都是模态指令，相互之间可以注销。G17，G18，G19 分别指定空间坐标系中的 XY 平面、ZX 平面和 YZ 平面，如图 2.5 所示。其作用是让机床在指定坐标平面上进行插补和加工补偿。

对于三坐标数控铣床和铣镗加工中心，开机后数控装置自动将机床设置成 G17 状态，如果在 XY 坐标平面内进行轮廓加工，就不需要由程序设定 G17。要说明的是，移动指令和平面选择指令无关，例如选择了 XY 平面之后，Z 轴仍旧可以移动。

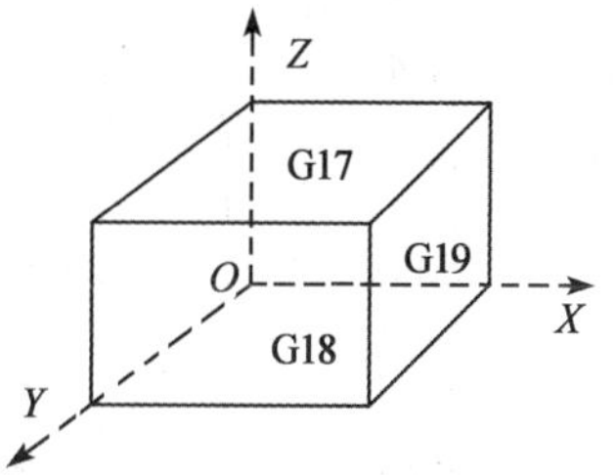

图 2.5　坐标平面指令

2.1.2.3　子程序（M98，M99）

程序分为主程序和子程序。在编制加工程序中，有时会出现有规律、重复出现的程序段。将程序中重复的程序段单独抽出，并按照一定格式单独命名，该段程序称为子程序。有时也可将另外一个主程序作为子程序调用。这样可以将主程序大大简化。

通常数控系统按照主程序指令运行，但在主程序运行中遇到子程序调用指令时，数控系统将按照子程序的指令运行，在子程序调用结束后控制权重新交给主程序，继续主程序指令的运行。

1)子程序命名

FANUC 0*i* 系统子程序命名方法与主程序命名方法相同(见任务 1.4)，即“O××××”(字母“O”后加 1~9999 的任意数字)。

2)子程序调用指令(M98，M99)

编程时，当一个工件上有相同的加工内容时，常用调用子程序的方法进行编程。主程序是用来调用子程序的。子程序的编号与一般程序基本相同，只是程序结束字为 M99(主程序是 M30)，并返回到调用子程序的主程序中。

例如，有一段子程序，其结构如下：

O0001；

…………

M99；

调用该子程序的格式有以下两种。

第一种：M98 P ×××× ××××。其中，M98 用来表示调用子程序；P 后的语句中，前四位是子程序被调用的次数，如果子程序只被调用 1 次，可以省略；后四位是子程序名。

第二种：M98 P ×××× L ××××。其中，L 表示重复调用次数，若调用 1 次可省略。

M99 用来表示子程序结束，执行 M99 使控制返回主程序。

主程序、子程序的调用关系如图 2.6 所示。子程序中可以再次调用子程序，形成嵌套，共计最多四层。

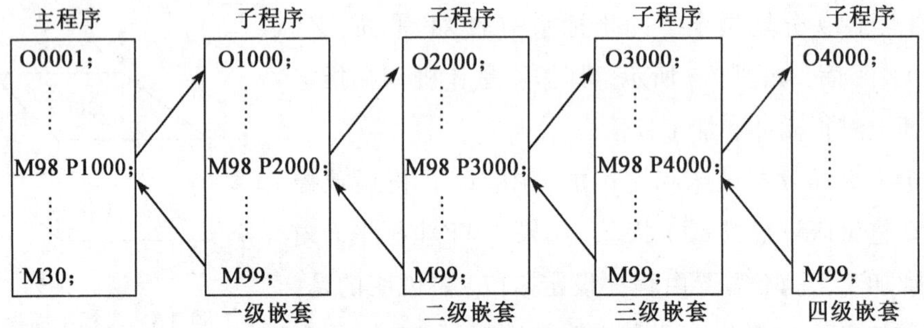

图 2.6　主程序、子程序调用关系

3)主程序与子程序结构的异同

(1)相同点：都是完整的程序，包括程序号、程序段、程序结束指令。

(2)不同点：程序结束指令不同。主程序的程序结束指令为 M02 或 M30，子程序的程序结束指令为 M99。

注意：子程序不能单独运行，应由主程序或上层子程序调用执行。

4)主程序与子程序结构应用关键

(1)找出重复程序段规律，确定子程序。

(2)将要变化的部分写在主程序，不变的部分作为子程序。

(3)主程序与子程序接口:保证主程序调用和子程序正确返回的衔接。

5)子程序编程注意事项

(1)一般主程序用绝对坐标系 G90 编程，子程序可采用相对坐标系 G91 编程。

(2)一般返回主程序后应再出现一个 G90，把子程序中的 G91 模式转变回来。注意主程序、子程序间模式代码的变换。

(3)调用子程序时，刀补建立和取消均应在子程序中进行。

应用实例:如图 2.7 所示零件图，在一块平板上加工 6 个边长为 10 mm 的等边三角形，每边的槽深为-2 mm，工件上表面为 *Z* 向零点。其程序的编制就可以采用调用子程序的方式来实现(编程时不考虑刀具补偿)。

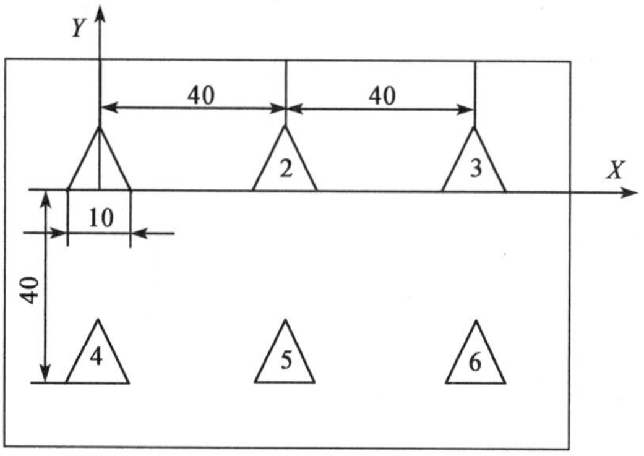

图 2.7　零件图

主程序:

O0010	主程序名
N10 G54 G90 G01 Z40 F200;	进入工件加工坐标系
N20 M03 S800;	主轴启动
N30 G00 Z3;	快进到工件表面上方
N40 G01 X0 Y8.66;	到 1#三角形上顶点
N50 M98 P20;	调 20 号切削子程序切削三角形
N60 G90 G01 X60 Y8.66;	到 2#三角形上顶点
N70 M98 P20;	调 20 号切削子程序切削三角形
N80 G90 G01 X80 Y8.66;	到 3#三角形上顶点
N90 M98 P20;	调 20 号切削子程序切削三角形
N100 G90 G01 X 0 Y -31.34;	到 4#三角形上顶点

```
N110 M98 P20;                      调 20 号切削子程序切削三角形
N120 G90 G01 X30 Y -31.34;         到 5#三角形上顶点
N130 M98 P20;                      调 20 号切削子程序切削三角形
N140 G90 G01 X60 Y -31.34;         到 6#三角形上顶点
N150 M98 P20;                      调 20 号切削子程序切削三角形
N160 G90 G01 Z40 F200;             抬刀
N170 M05 M30;                      主轴停，程序结束
子程序：
O0020                              在三角形上顶点切入(深)2 mm
N10 G91 G01 Z -2 F100;             切削三角形
N20 G01 X -5 Y-8.66;               切削三角形
N30 G01 X 10 Y 0;                  切削三角形
N40 G01 X 5 Y 8.66;                抬刀
N50 G01 Z 5 F200;                  子程序结束
N60 M99;
```

2.1.2.4　游标卡尺检测槽的方法

1）测量槽宽方法

测量工件槽宽时，量爪张开应略小于被测量工件尺寸，然后用右手拇指慢慢拉动游标尺，使两个量爪轻轻地与被测表面接触，最后读出尺寸，测量槽宽方法如图 2.8 所示。

测量槽宽尺寸较大的工件时，应将工件放在平板或工作台面上，双手操作卡尺，用卡尺的下量爪测量。测量时，注意尺体应垂直于被测表面，用右手拉动游标尺，接近工件被测表面，旋紧紧固螺钉，右手拇指转动微动螺母，使量爪和被测表面接触，前后方向轻轻摆动一下尺体，使量爪处于槽的宽度部位，最后读取数值。

测量槽宽时应注意避免尺体歪斜，防止测量数值不准确。

2）测量槽深方法

用游标卡尺测槽深时，用右手握住尺身，使卡尺末端贴住基准面，且使尺子垂直于基准面，不可左右、前后倾斜，用大拇指拉动游标尺及测量杆，测出深度，槽深测量如图 2.9 所示。

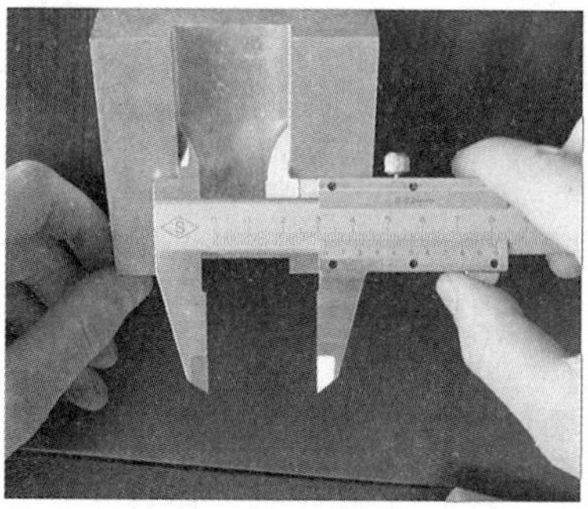

图 2.8　测量槽宽方法

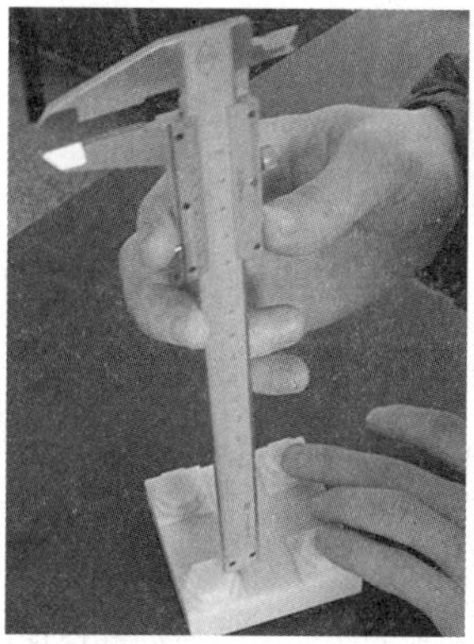

图 2.9　槽深测量示意图

2.1.2.5　SIEMENS 802D 系统子程序

1) 子程序结构

与主程序的结构一样，在子程序的最后一个程序段中可以用 M02 或 RET 指令结束子程序运行。子程序结束后返回主程序。

2) 子程序命名

SIEMENS 802D 系统子程序命名方法是：程序号开始的 2 个符号必须是字母，其后为字母、数字或下画线，最多 16 个字符，没有分隔符；还可使用地址字符“L”，其后面的值可以有 7 位(只能为整数)。子程序名后缀必须是“.SPF”，如“AA0012.SPF”“L12.SPF”。

命名提示：①地址字“L”之后的每个零均有意义，不可省略；②子程序名“LL6”专门用于刀具更换，如“L125”并非“L0125”或“L00125”，它们表示 3 个不同的子程序。

3) 调用子程序

指令格式：子程序名　P××(调用次数)

在一个程序(主程序或子程序)中，可以直接用程序名调用子程序，子程序调用要求占用一个独立的程序段。后面的“P”地址加调用次数(最大调用次数为 9999)。

例如：N50　L125　P3；　　　　调用子程序 L125.SPF，调用 3 次

　　N100　AA0012　(P1)；　　调用子程序 AA0012.SPF，调用 1 次可省略

4) 使用子程序的注意事项

(1) 注意 G90 和 G91 在主程序和子程序中的有效转换。

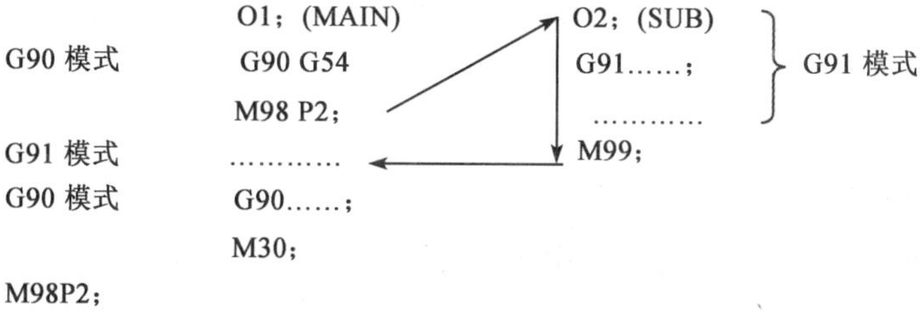

(2)在刀具半径补偿模式中的程序不能被分支执行。

O1;(MAIN)	O2;(SUB)
G91……;	G40……
G41……;	M99;

2.1.3 任务实施

2.1.3.1 典型案例

如图 2.10 所示的沟槽板零件，要求完成沟槽加工工艺设计、编程、仿真及实际加工。材料为 45 钢，毛坯尺寸为 86 mm×60 mm×20 mm，已加工到尺寸，单件生产。

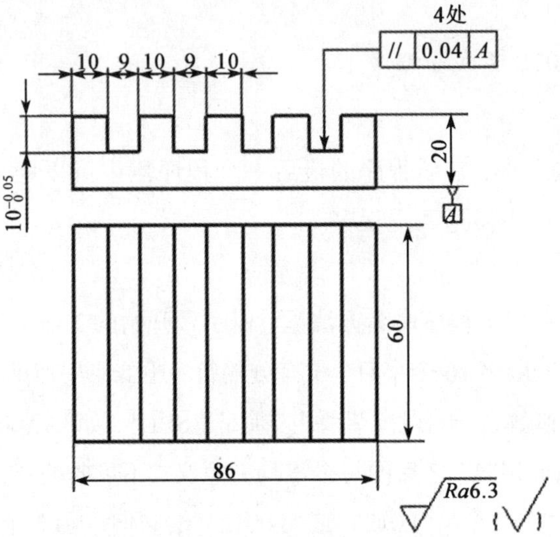

图 2.10 沟槽板零件图

1)工艺分析

根据零件图槽深尺寸精度为$10^{+0.05}_{0}$、槽底与基准底面的平行度为 0.04 mm 和表面粗糙度为6.3 μm 的要求，加工工序安排为“粗加工→精加工”。以工件上表面的左下角为工件坐标系原点建立 G54 坐标系。每个沟槽在宽度上(X 方向)走 2 刀，铣出宽 9 mm 的沟槽。平面上的 4 个沟槽形状都相同，编写一个沟槽的加工程序，然后用子程序调用完成 4 个槽的加工。Z 轴方向，每次切深 2.5 mm，通过 2 级子程序嵌套，4 次完成总切深。

2)刀具选择

齿槽宽 9 mm，选用 ϕ8 合金键槽铣刀进行粗加工、精加工。

3)装夹方案

(1)用平口虎钳装夹工件，伸出钳口 12 mm 左右。

(2)安装寻边器。

(3)安装 ϕ8 合金键槽刀，并对刀设定刀具参数。

4）走刀路线

为提高表面铣削精度，精加工走刀路线应设计成顺铣，如图 2.11 所示。

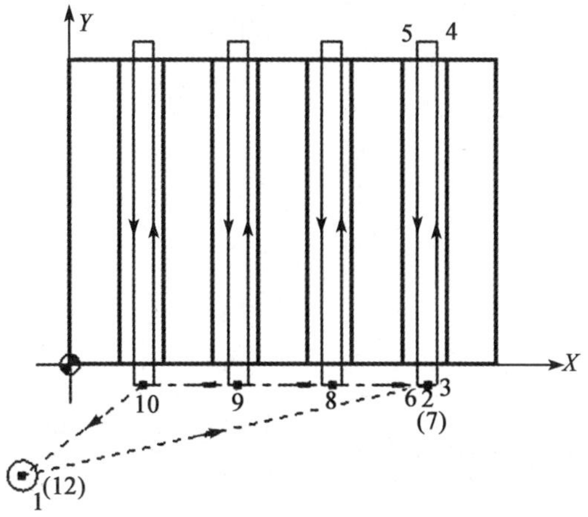

图 2.11　沟槽走刀路线图

5）数控加工工序

沟槽板零件的数控加工工序卡见表 2.2。

表 2.2　沟槽板零件的数控加工工序卡

<table>
<tr><td colspan="2">单位名称</td><td rowspan="2">数控加工工序卡片</td><td colspan="2">产品名称或代号</td><td colspan="2">零件名称</td><td>零件图号</td></tr>
<tr><td colspan="2"></td><td colspan="2"></td><td colspan="2">方齿槽</td><td>B0201</td></tr>
<tr><td colspan="2">工序号</td><td>程序编号</td><td colspan="2">夹具名称</td><td colspan="2">使用设备</td><td>车间</td></tr>
<tr><td colspan="2"></td><td></td><td colspan="2">平口虎钳</td><td colspan="2">FANUC 0i 数控铣床</td><td></td></tr>
<tr><td>工步号</td><td>工步内容</td><td>刀具号</td><td>刀具规格</td><td>主轴转速 /(r·min⁻¹)</td><td>进给速度 /(mm·min⁻¹)</td><td>背吃刀量 /mm</td><td>备注</td></tr>
<tr><td>1</td><td>粗加工宽 9 mm、深 10 mm 方齿槽</td><td>1</td><td>ϕ8（合金键槽刀）</td><td>1000</td><td>80</td><td>1</td><td>留 0.20 mm 加工余量</td></tr>
<tr><td>2</td><td>精加工宽 9 mm、深 10 mm 方齿槽</td><td>1</td><td>ϕ8（合金键槽刀）</td><td>1200</td><td>100</td><td>0.2</td><td>加工到要求尺寸</td></tr>
<tr><td>编制</td><td></td><td>审核</td><td></td><td>批准</td><td></td><td>年　月　日</td><td>共　页</td><td>第　页</td></tr>
</table>

6）参考程序

沟槽板零件的参考程序见表 2.3。（系统默认可省略小数点，实操时一定将 X，Y，Z 后的数字加上“小数点”。）

表 2.3　沟槽板零件的加工程序

程序内容	说明
O0100	主程序名
N0010 G54 G90 G0 X-4.5 Y-10;	建立工件坐标系
N0020 M03 S1000;	主轴正转，转速 500 r/min
N0030 G90 G00 X71.5 Y-5 M08;	绝对编程，快速运动到工件的左下角
N0040 G01 Z0 F200;	沿 *Z* 轴下到工件表面
N0050 M98 P1100 L4;	调 4 次子程序 O1100
N0060 G90 G00 Z20.0;	快速抬刀
N0070 X0 Y0 M05;	回到起刀点，主轴停止
N080 M30;	程序结束
O1100	控制下刀的子程序名
N0010 G91 G01 Z-2.5 F80;	相对编程，快速下刀到工件表面下 2.5 mm 处
N0020 M98 P41200(或 P120 L4);	调用 4 次子程序 O1200
N0030 G90 G00 X-4.5 Y10.0;	快速移动到工件左下角(X-4.5，Y-10.0)处
N0040 M99;	子程序结束，返回到主程序
O1200	铣槽子程序名
N0010 G91 G01 X0.5 F80;	直线插补，增量编程，沿 *X* 轴正向下移动 0.5 mm
N0020 Y75.0;	直线插补，增量编程，沿 *Y* 轴正方向铣削 75 mm
N0030 X-1;	直线插补，增量编程，沿 *X* 轴负向增量移动 1 mm
N0040 Y-75.0;	直线插补，增量编程，沿 *Y* 轴负方向移动 75 mm
N0050 X0.5;	直线插补，增量编程，沿 *X* 轴正向增量坐标下移动 0.5 mm
N0060 X-19;	直线插补，增量编程，沿 *X* 轴负方向移动 19 mm
N0070 M99;	子程序结束，返回到主程序

注：①精加工程序与粗加工程序相同，子程序 O1200 中 Z 为-10；

②主程序中只调用子程序 O1200，主轴转速为 S1200，而不再用调用子程序 O1100；

③子程序 O1200 中的进给速度取 F100。

7)零件检测

(1)用游标卡尺或综合样板检测直角槽的宽度(9 mm)及间距尺寸(10 mm)。

(2)用游标卡尺或壁厚千分尺，也可用杠杆百分表检测直角槽与基准面 *A* 的平行度误差(0.04 mm)。

(3)槽底到定位面的距离为 10 mm，可用游标卡尺或壁厚千分尺检测。

(4)槽深尺寸($10^{+0.05}_{0}$ mm)可用深度游标卡尺检测。

2.1.3.2　任务实施

1)实施方案

(1)根据十字沟槽零件图尺寸公差和表面粗糙度要求，初步确定数控加工工序。

(2)确定十字沟槽零件加工走刀路线。

(3)选用刀具，确定刀具切削参数，填写刀具卡，详见表F.1。

(4)确定定位基准、装夹方案。

(5)拟定并填写数控加工工序卡，绘制走刀路线图，编制加工程序，详见表F.2至表F.4。

(6)十字沟槽零件的仿真加工步骤如图2.12所示。

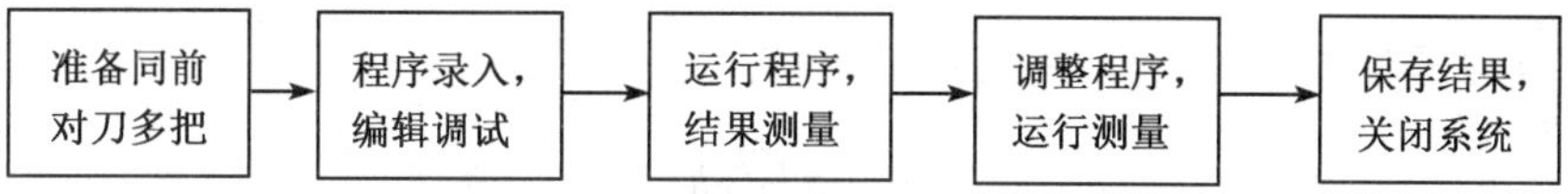

图2.12　十字沟槽零件的仿真加工步骤

(7)十字沟槽零件的工件加工步骤如图2.13所示。

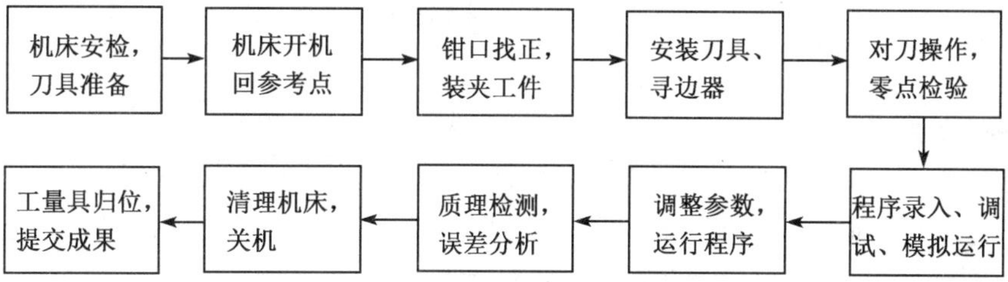

图2.13　十字沟槽零件的工件加工步骤

安全提示：①零件加工前，一定要进行空运行检验正误；②程序运行前一定将进给倍率调至零位，运行中再逐渐调大；③循环启动前按“自动”键的同时也要按“单段”键，目的是及时观察下一条程序段的走向；④程序运行中应特别注意Z坐标的运动趋势，发现问题马上暂停循环。

2)实施步骤

根据图样要求确定加工工艺。

(1)加工方式。此零件的加工部位主要是十字槽轮廓，应采用立铣方式加工。

(2)加工设备。该设备为FANUC 0i数控系统的数控铣床或立式加工中心。

(3)毛坯材料。该材料为45钢，规格为80 mm×80 mm×35 mm。

(4)刀具选择。根据零件的外形和加工的要求，选择刀具T1号刀为ϕ16白钢刀。

(5)夹具选择。夹具选用平口虎钳装夹零件。

3)加工工艺方案

十字沟槽零件加工工艺方案见表 2.4。

表 2.4　十字沟槽零件数控加工工艺方案

工步号	工步内容	刀具号	刀具规格	主轴转速 /(r·min^{-1})	进给速度 /(mm·min^{-1})	背吃刀量 /mm	备注
1	粗加工宽 30±0.025、深 10±0.02 十字槽	1	$\phi16$	800	80	2.45	留 0.2 mm 单边余量
2	精加工宽 30±0.025、深 10±0.02 十字槽	1	$\phi16$	1200	60	0.2	加工到要求尺寸

4)参考程序

十字沟槽零件加工参考程序见表 2.5。

表 2.5　十字沟槽零件加工参考程序

O0001	程序名
G54 G40 G90;	
M03 S800;	主轴正转
T0101;	
G00 Y-60.0 X0.;	
Z10.0	
G01 Z0. F50.;	
M98 P040002;	调子程序 4 次
G90 G01 Z5.0;	
G00 Z50.;	
M05;	主轴停转
M30;	主程序结束
O0002	十字槽子程序
G91 G01 Z-2.45 F80;	
G90 G01 Y60.0;	
G00 X-60.0;	
Y0.;	
G01 X60.0;	
G00 X70.0;	
Y-15.0;	

表 2.5(续)

G42 G00 X60.0 D01;	加半径补偿
G01 X15.0;	
Y-55.0;	
X-15.0;	
Y-15.0;	
X-55.0;	
Y15.0;	
X-15.0;	
Y55.0;	
X15.0;	
Y15.0;	
X60.0;	
G40 G00 X70.0;	取消刀补
G00 Y-60.0;	
X0.;	
M99;	子程序结束

2.1.3.3 考核评价

1)专业能力训练过程考核与评价

对学生进行工件加工全过程专业能力考核，包括工艺准备、任务实施、工件质量、误差分析各环节。加工结束后，师生共同填写专业能力训练过程考核评分表(见表2.6)。

表 2.6 专业能力训练过程考核评分表(任务 2.1)

任务名称		十字沟槽编程与加工			成绩		
操作者(或小组)			设备名称	FANUC 0i 数控铣床	完成工时		
序号	考核内容		配分	评分标准(扣完为止)	自评	组评	师评
1	工艺准备	详见表 1.21 此项内容	20	详见表 1.21 此项扣分标准			
2	任务实施	详见表 1.21 此项内容	40	详见表 1.21 此项扣分标准			

表 2.6(续)

序号	考核内容			配分	评分标准(扣完为止)	自评	组评	师评
3	工件质量(30分)	外轮廓	30±0.025	6	超差 0.01 不扣分，0.01～0.09 扣 2 分，0.1 以上无分			
			80±0.025	6				
		深度	10±0.02	6	超差 0.1 内不扣分，以上无分			
			35	6	超差 0.1 内不扣分，以上无分			
		*Ra*1.6		6	每降 1 级扣 2 分			
4	误差分析	详见表 1.21 此项内容		10	详见表 1.21 此项扣分标准			
合计				100	自评 10%、组评 20%、师评 70%			

误差分析及反思(学生个人填)：

考核得分及评价(教师填)：

第　　组	学生签字		组长签字		教师签字		年　月　日

2)综合能力考核与评价

对每名学生专业能力、社会能力、方法能力进行综合考核、客观评价。师生共同填写综合能力考核及评价表(见表 F.5)。

2.1.4　训练与考核

2.1.4.1　训练任务

沟槽零件编程与加工训练任务见表 2.7。

表 2.7　沟槽零件编程与加工训练任务

<table>
<tr><td>任务描述</td><td>完成图 2.14 四方槽零件的数控加工工艺分析及方案拟定，并编制程序
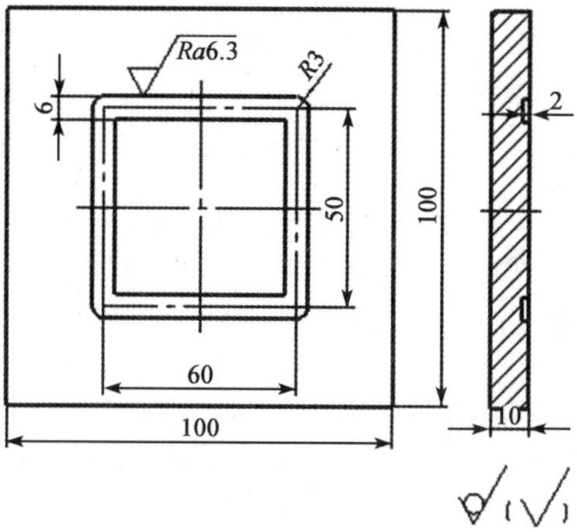

图 2.14　四方槽零件图</td></tr>
<tr><td>工艺条件</td><td>工艺条件参照“2.1.1　工作任务”中提供的工艺条件配置</td></tr>
<tr><td>加工要求</td><td>严格遵守安全操作规程，零件加工质量达到图样要求</td></tr>
</table>

2.1.4.2　*考核评价*

进行加工工艺分析和方案设计，并完成相应的工艺文件后，对工作过程进行总结评议，参照表 2.6 填写专业能力训练过程考核评分表。

复习题

1）选择题

（1）从子程序返回到主程序用（　　）。

A.M98　　B.M99　　C.G98　　D.G99

（2）子程序还可以调用子程序，最多可嵌套（　　）层。

A.1　　B.2　　C.3　　D.4

（3）子程序调用和子程序返回是用（　　）组指令实现的。

A.G98，G99　　B.M98，M99　　C.M98，M02　　D.M99，M98

（4）选择 Z-X 平面的指令是（　　）。

A.G17　　B.G18　　C.G19　　D.G20

2）判断题

（1）一个主程序中只能有一个子程序。（　　）

(2)子程序是包含在主程序中的，若干个加工程序段组成一个子程序。(　　)

3)简答题

(1)适宜槽加工常用的刀具有哪两种？其结构特点和区别是什么？

(2)FANUC 0*i* 系统子程序的命名方法是什么？

(3)FANUC 0*i* 系统子程序调用 M98，M99 指令功能、格式及其应用方法是什么？

(4)简述槽型件加工 *Z* 向下刀方法及其说明。

4)编程题

如图 2.15 所示沟槽零件，材料为 45 钢，毛坯尺寸为 80 mm×80 mm×20 mm，编制该零件的加工程序，并完成零件的加工。

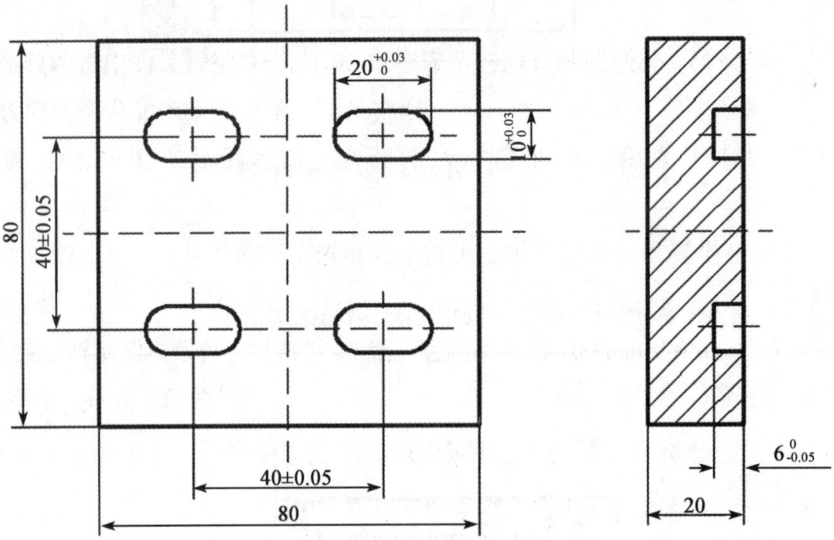

图 2.15　沟槽零件

任务 2.2　凹槽零件编程与加工

2.2.1　工作任务

凹槽零件编程与加工工作任务见表 2.8。

表 2.8　凹槽零件编程与加工工作任务

<table>
<tr><td>任务描述</td><td>完成如图 2.16 所示 S 凹槽零件数控加工工艺方案设计，编制加工程序，并在仿真软件和数控铣床(加工中心)上完成零件加工
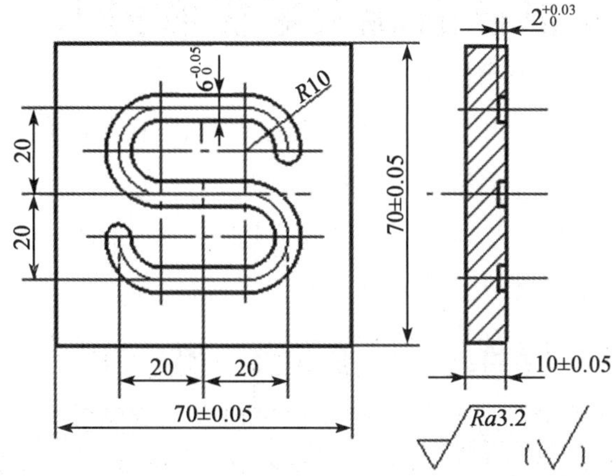

图 2.16　S 凹槽零件</td></tr>
<tr><td>知识点
与技能点</td><td>知识点：◇ 圆弧槽铣削加工路线的确定
◇ G02/G03 指令功能、格式和用法
技能点：◇ 绘制圆弧槽加工路线图
◇ 用子程序编程
◇ 调试程序</td></tr>
<tr><td>工艺条件</td><td>◎ 数控铣床(加工中心)：配置 FANUC 0i 系统
◎毛坯：尺寸为 70 mm×70 mm×10 mm(已加工到尺寸)，材料为 45 钢，单件生产
◎刀具、量具及其他：
<table>
<tr><th>名称</th><th>规格</th><th>数量</th></tr>
<tr><td>ϕ5 立铣刀</td><td>硬质合金</td><td>1</td></tr>
<tr><td>ϕ6 立铣刀</td><td>硬质合金</td><td>1</td></tr>
<tr><td>游标卡尺</td><td>0~150，0.02</td><td>1</td></tr>
<tr><td>深度千分尺</td><td>0~100，0.01</td><td>1</td></tr>
<tr><td>百分表</td><td>0~10，0.01</td><td>1</td></tr>
<tr><td>磁性表座</td><td></td><td>1</td></tr>
<tr><td>垫块</td><td>各种尺寸规格</td><td>若干</td></tr>
</table></td></tr>
<tr><td>任务分析</td><td>本任务零件属封闭窄槽结构。从零件图可知，槽的宽度尺寸($6^{+0.05}_{0}$ mm)、深度尺寸($2^{+0.03}_{0}$ mm)、尺寸精度、表面粗糙度(Ra3.2 μm)均要求较高。需思考通过什么样的加工工序可达到精度要求；还要考虑使用几把刀具加工；如何下刀更有利于刀具不磨损或少磨损；如何确定封闭圆弧槽铣削切削参数；粗加工后是否退刀；槽底部预留多少精加工余量；等等</td></tr>
</table>

2.2.2 相关知识

2.2.2.1 圆弧槽铣削加工工艺知识

1) 圆弧槽铣削刀具选用

铣削半封闭式或封闭式圆弧槽时，常用的铣刀也是立铣刀与键槽铣刀。

一般加工要求的窄槽，可选择直径等于或略小于直角槽的宽度立铣刀与键槽铣刀，由刀具直径保证槽宽。此外，刀具的半径还要同时小于槽弧半径，以保证加工质量。铣刀安装时，铣刀的伸出长度要尽可能小。

封闭窄槽加工时，刀具没有从侧面水平切入工件的位置，必须 Z 向切入材料。如果没有预钻孔，可用键槽铣刀沿 Z 轴方向切入材料。键槽铣刀具有直接垂直向下进刀的能力，其端面中心处有切削刃；而平底立铣刀端面中心处无切削刃，只能做很小的深度切削。

铣削较深封闭式圆弧槽时，也可先钻落刀孔，平底立铣刀从落刀孔引入切削。铣削较深沟槽时，切削条件较差，铣刀切削时排屑不畅，散热面小，不利于切削，宜分层铣削到要求的深度。

2) 圆弧槽铣削走刀路线设计

(1) 螺旋下刀。圆槽加工时，铣刀 Z 向下刀不易直接扎入，可以沿 ZX，ZY 方向直线拉刀，常用的下刀方法是螺旋下刀，如图 2.17 所示，以减少刀具的磨损，避免发生蹦刀现象。在主轴的轴向采用三轴联动螺旋插补切进工件材料，以螺旋下刀方式铣削圆弧槽时，可使切削过程稳定，能有效避免轴向垂直受力所造成的振动。采用螺旋下刀方式粗铣圆弧槽，其螺旋角通常控制在 1.5°~3°，同时螺旋半径 R 值（指刀心轨迹）也需要根据刀具结构及相关尺寸确定，常取 $R \geqslant D_n$。

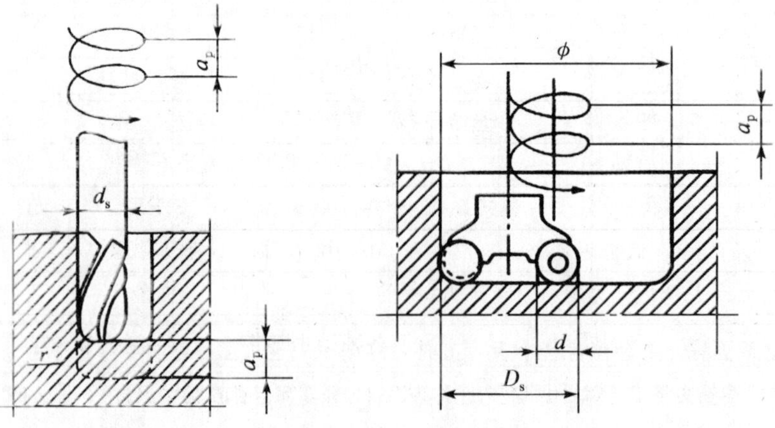

图 2.17 螺旋下刀示意图

(2)走刀路线。如图2.18所示是封闭窄槽的粗加工、精加工路线设计。粗加工时，选择直径比槽宽略小的刀具，保证粗加工后留有一定的精加工余量。刀具的 X, Y 起点应选择工件槽的某端圆弧轮廓的圆心位置，图中选择右侧圆弧的中心点 S 为起始位置点，Z 向起点选择在距上表面有足够安全间隙的高度位置。然后，以较小的进给率切入所需的深度(在底部留出精加工余量)，再以直线插补 SA 运动在两个圆弧中心点之间进行粗加工。

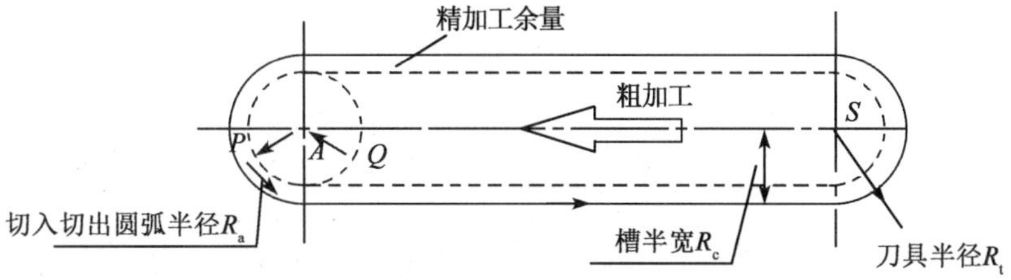

图2.18 封闭窄槽的粗加工、精加工路线设计

若槽的粗加工、精加工选用同把刀，粗加工后并不需要退刀，可以在同一个位置进给到最终深度。选择顺铣模式，主轴正转，刀具必须左补偿，应先精加工下侧轮廓。

精加工时，刀具法向趋近轮廓建立半径补偿并不合适，因为这样会让刀具在加工轮廓上有停留并产生接刀痕迹。

设计趋近轮廓的路线为与轮廓相切的一个辅助切入圆弧，其目的是引导刀具平滑地过渡到轮廓上，避免接刀痕迹。因此在没有学习刀具半径补偿的情况下，先学会用计划刀心轨迹在 AP 直线G01逼近圆弧，然后用圆弧运动自然切入到工件下侧轮廓(注意一定是用刀心坐标计算运动轨迹)。这样轮廓精加工前，增加了两个辅助运动：一是进行直线运动；二是切线趋近圆弧运动。

这里值得注意的是，趋近圆弧半径大小的选择时(位置选择很简单，即圆弧中心线必须与轮廓内侧刀心轨迹相切)，圆弧半径必须符合一定的要求，那就是该圆弧的半径必须大于刀具半径，又小于刀具引入起点到轮廓的距离(这里是窄槽轮廓的一半宽)。这三种半径的关系为

$$R_t<R_a<R_c$$

式中，R_t——刀具半径；

R_a——趋近圆弧(导入圆弧)的半径；

R_c——轮廓(窄槽)半径。

2.2.2.2 圆弧插补指令(G02/G03)

1)圆弧插补指令功能

圆弧插补指令的功能是让机床在给定的坐标平面内使刀具从圆弧起点沿圆弧移动到圆弧终点。G02为顺时针圆弧插补，G03为逆时针圆弧插补。

圆弧方向的判断方法：以 *XY* 平面为例，从 *Z* 轴的正方向向负方向看 *XY* 平面，顺时针圆弧用 G02 指令编程，逆时针圆弧用 G03 指令编程。其余平面的判断方法相同，如图 2.18 所示。圆弧插补指令首先要指定圆弧插补的平面，插补平面由 G17，G18，G19 选定。

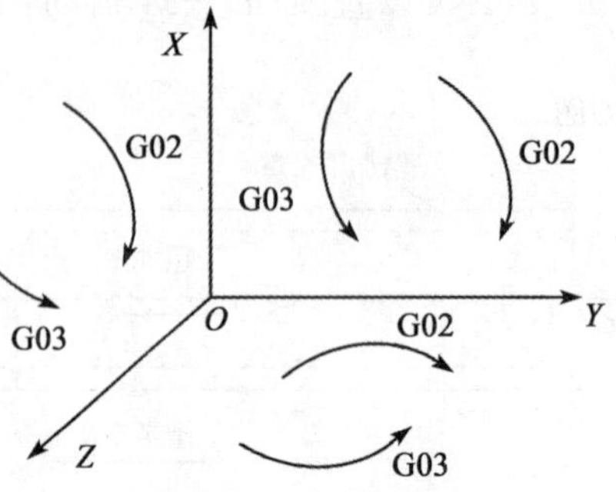

图 2.19　圆弧插补方向判

2）圆弧插补指令格式

G17 G02/G03　X __ Y __ R __ F __；或 G02　X __ Y __ I __ J __ F __；

G18 G02/G03　X __ Z __ R __ F __；或 G02　X __ Y __ I __ K __ F __；

G19 G02/G03　Y __ Z __ R __ F __；或 G02　X __ Y __ J __ K __ F __；

3）圆弧插补指令说明

（1）“X __ Y __ Z __”为圆弧终点坐标；F 为合成进给速度。

（2）G02 为顺时针圆弧插补，G03 为逆时针圆弧插补。从垂直于圆弧所在平面的坐标轴的正方向向负方向看到的回转方向若为顺时针，则为 G02，反之为 G03，如图 2.20 所示。

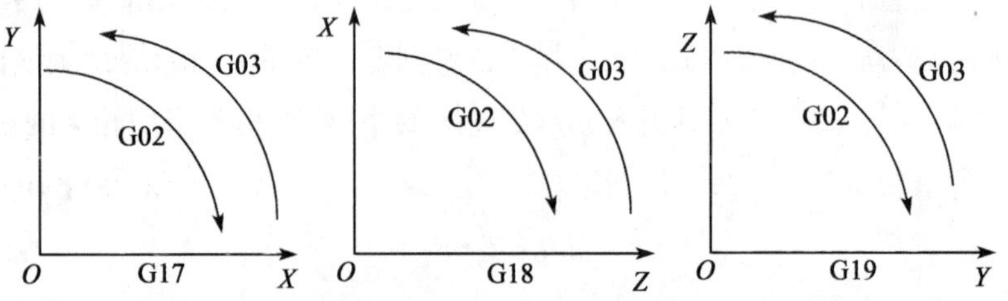

图 2.20　顺圆插补和逆圆插补

（3）*R* 为圆弧半径，当圆弧圆心角小于 180°时，*R* 为正值，否则 *R* 为负值。

（4）*I*，*J*，*K* 为圆心相对于圆弧起点的偏移值（等于圆心的坐标减去圆弧起点的坐标，*I*，*J*，*K* 为零时可以省略）；但不能同时为零，否则刀具原地不动或系统发出错误信息。*I*，*J*，*K* 的定义如图 2.21 所示。

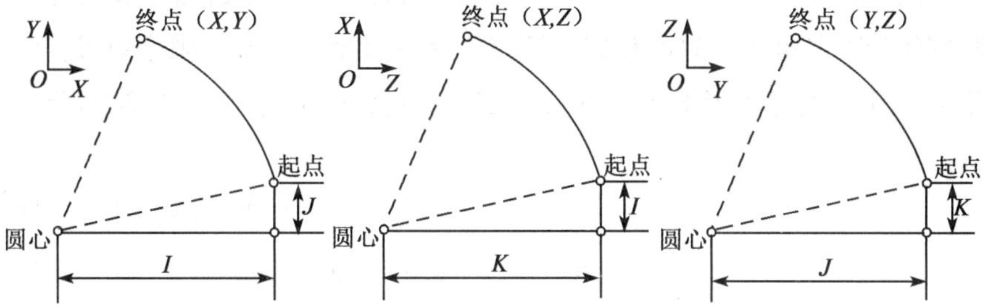

图 2.21　*I*, *J*, *K* 的定义

如图 2.22 所示，图中 *I*, *J* 均为负值。要注意的是，*I*, *J*, *K* 的值属于 *X*, *Y*, *Z* 方向上的坐标增量，与 G90 和 G91 的方式无关。

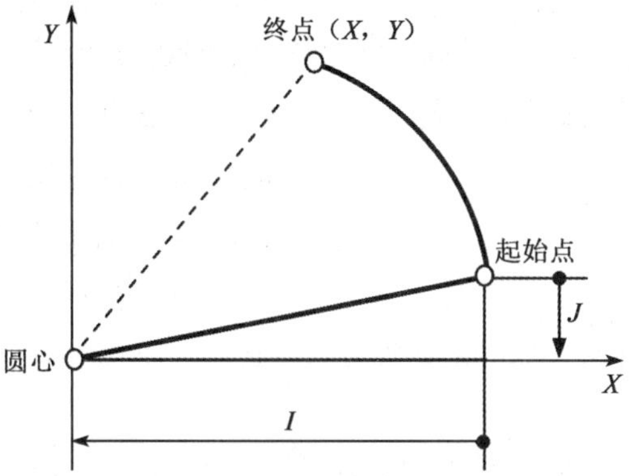

图 2.22　圆弧编程方式

(5)整圆时不能使用 *R* 编程，只能使用 *I*, *J*, *K* 编程。

如图 2.23 所示编程图例，设刀具由坐标原点 *O* 相对工件快速进给到 *A* 点，从 *A* 点开始沿着 *A*, *B*, *C*, *D*, *E*, *F*, *A* 的线路切削，最终回到原点 *O*。

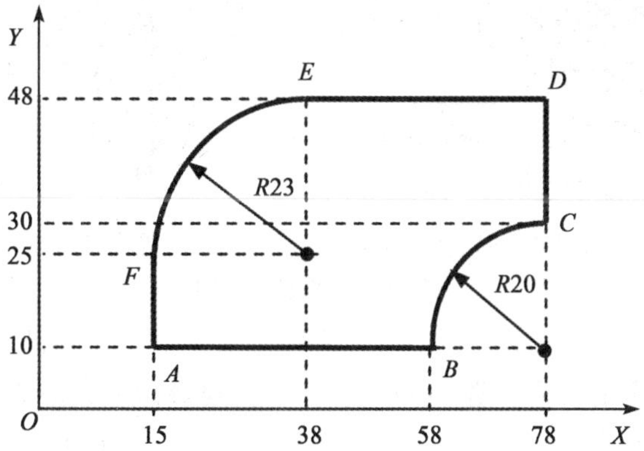

图 2.23　编程图例

为了方便讨论，这里不考虑刀具半径对编程轨迹的影响，编程时假定刀具中心与工件轮廓轨迹重合。实际加工时，刀具中心与工件轮廓轨迹间总是相差一个刀具半径的，这就要用到刀具半径补偿功能。

用增量值编程方式编程如下(绝对值编程略)：

O0001	程序名
N10 G54 X0 Y0;	建立坐标系
N20 G91 G17 M03 S800;	绝对值方式，*XOY* 平面，主轴正转
N30 G00 X15 Y10;	快速移动到 *A*
N40 G01 X43 F180;	直线插补到 *B*，进给速度 180 mm/min
N50 G02 X20 Y20 I20 F80;	顺时针插补 *B*→*C*，进给速度 80 mm/min
N60 G01 X0 Y18 F180;	直线插补 *C*→*D*，进给速度 180 mm/min
N70 X-40;	直线插补 *D*→*E*，进给速度不变
N80 G03 X-23 Y-23 J-23 F80;	逆时针插补 *E*→*F*，进给速度 80 mm/min
N90 G01 Y-15 F180;	直线插补 *F*→*A*，进给速度 180 mm/min
N100 G00 X-15 Y-10;	快速返回原点 *O*
N110 M02;	程序结束

上面的程序是用 *I*, *J*, *K* 格式编写的，如果使用 *R* 格式编程，则如图 2.20 所示。使用 *R* 编程时，只需将上面程序(增量值编程)中 N50, N80 程序段分别修改为以下程序(绝对编程)段：

N50 G02 X78 Y30 R20 F80;

N80 G03 X15 Y25 R23 F80;

在使用半径编程时，如图 2.22 所示，按照几何作图会出现两段起点和半径都相同的圆弧，其中一段圆弧的圆心角 $\alpha>180°$，另一段圆弧的圆心角 $\alpha<180°$。编程时规定用“*R*”表示圆心角小于 180°的圆弧，用“*R*-”表示圆心角大于 180°的圆弧，正好 180°时正负均可。图 2.24 所示两段圆弧编程如下。

圆弧 1：G90 G17 G02 X50 Y40 R-30 F120;

圆弧 2：G90 G17 G02 X50 Y40 R30 F120;

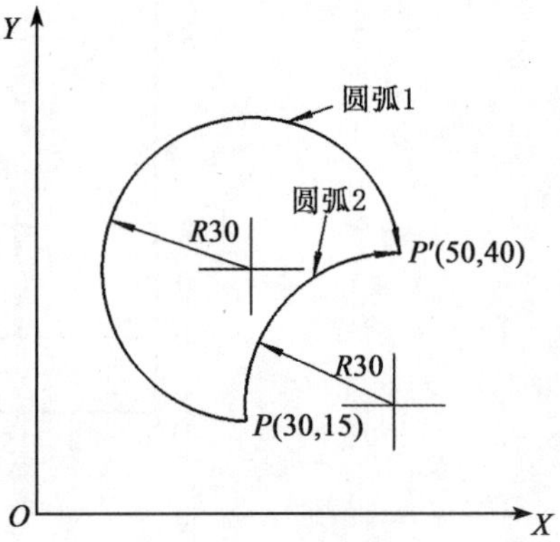

图 2.24　半径编程

SIEMENS 802D 系统数控铣床与上述相应的指令及其格式详见表 F.7。

4) 螺旋线插补指令

(1) 指令格式。

$$G17\begin{Bmatrix}G02\\G03\end{Bmatrix}X\_\ Y\_\ Z\_\begin{Bmatrix}I\_\ J\_\\R\_\end{Bmatrix}F\_;$$

(2)指令说明。螺旋线的形成，是因为刀具做圆弧插补运动的同时，也做与之同步的轴向运动。G02，G03为螺旋线的旋向，其定义同圆弧；X，Y，Z为螺旋线的终点坐标；R为螺旋线在XY平面上的投影半径。I，J是XY平面上的投影，圆弧圆心相对于螺旋线起点的坐标。螺旋线插补示意图如图2.25所示。

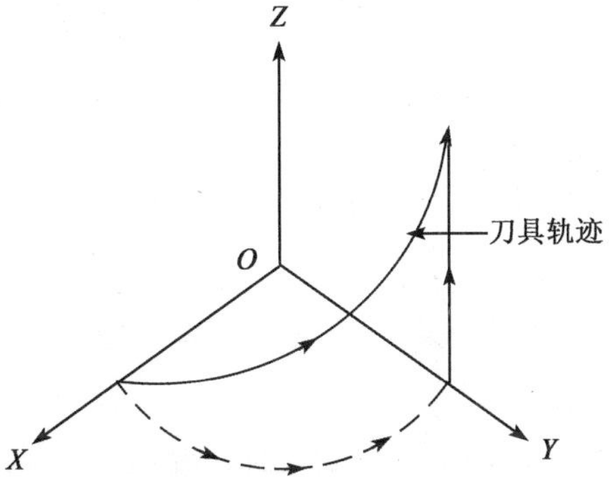

图2.25 螺旋线插补示意图

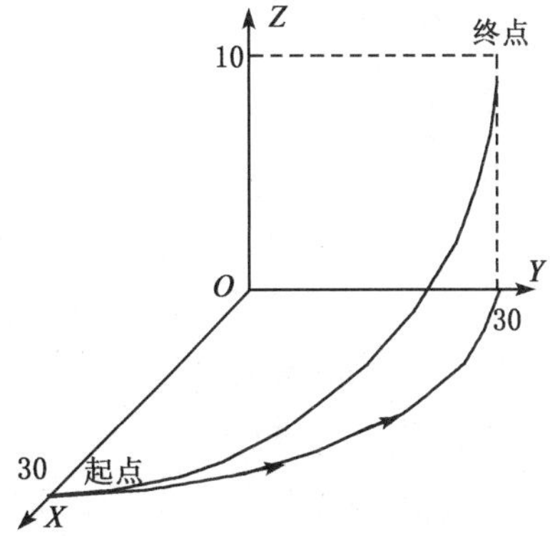

图2.26 螺旋线编程实例

如图2.26所示，编制螺旋线的程序。

G54 G90 G17；	建立坐标系
G00 Z5.0；	快速移动到Z5.0
G01 X30.0 Y0 Z0 F100；	螺旋线起点坐标(30，0，0)
G03 X0 Y30 Z10 R30 F100；	螺旋线终点坐标(0，30，10)

2.2.2.3 暂停指令(G04)

G04为暂停指令，其功能是使刀具做短暂的无进给加工(主轴仍然在转动)，经过指令的暂停时间后再继续执行下一程序段，以获得平整而光滑的表面。G04指令为非模态指令。

指令格式："G04 X(P)；"
其中，X后数字单位是秒，P后面数字单位是毫秒，例如"G04 X2;""G04 P2000;"均表示暂停时间是2秒。

2.2.2.4 深度千分尺结构及其使用方法

深度千分尺外形结构如图2.27所示。

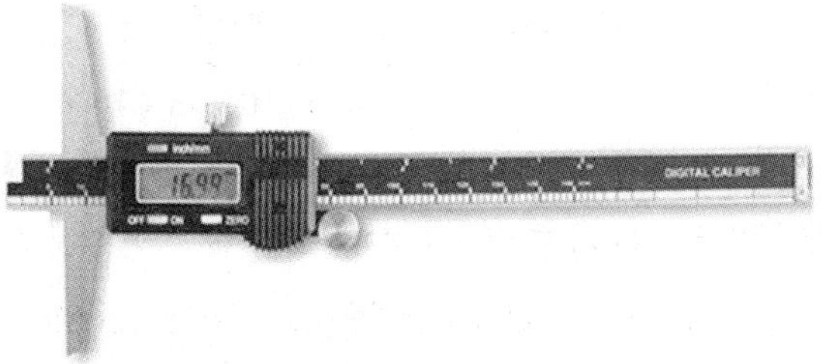

图2.27 深度千分尺外形结构图

1)深度千分尺对零线的方法

深度千分尺对零线一般在精密平面(或精密平板)上进行。校对时，将深度千分尺的砧座测量面放在已擦净的精密平板上，左手压住尺子，右手轻轻转动微分筒。当测试螺杆与精密平板接触时，砧座测量面与测微螺杆顶端位于同一平面，此时，微分筒的零位刻线应与固定套管上的基准线对齐。当更换测微螺杆时，一般零位不会改变，但得重新对零位，以防止变动。

2)深度千分尺的使用方法

用于测量工件孔深度尺寸和工件槽深度尺寸，其方法与测量阶台高度相同。

深度千分尺的操作和读数方法与游标卡尺大致相同。

(1)尺框的测量面比较大，在使用前应检查是否有毛刺、锈蚀等缺陷；要擦干净测量面上的油污、灰尘和切屑等。

(2)深度千分尺可用于绝对测量和相对测量。测量时，要松开紧固螺钉，把尺框测量面靠在被测件的顶面上，左手稍加压力，不要倾斜，右手向下轻推尺身，当尺身下端面与被测底面接触后，就可以读数，如图 2.28 所示；或者用紧固螺钉把尺身固定好，取出深度千分尺进行读数。

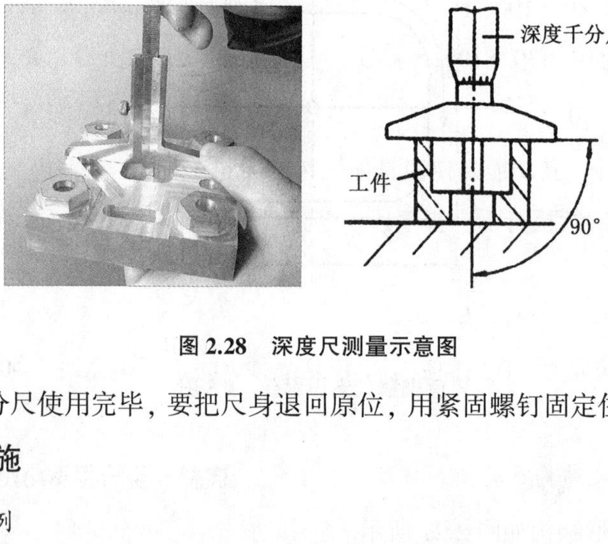

图 2.28　深度尺测量示意图

(3)深度千分尺使用完毕，要把尺身退回原位，用紧固螺钉固定住，以免脱落。

2.2.3　任务实施

2.2.3.1　典型案例

如图 2.29 所示 B 形槽零件图，按照要求完成 B 形槽加工工艺设计、编程、仿真及实际加工。材料为 45 钢，毛坯尺寸为 70 mm×70 mm×10 mm（70 mm×70 mm 四周已加工到尺寸）。

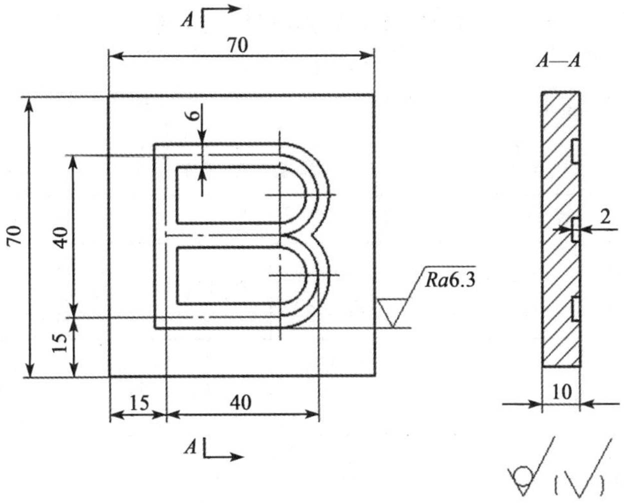

图 2.29　B 形槽零件图

1) 工艺分析

根据零件图槽宽($6^{+0.05}_{0}$)、深度($2^{+0.03}_{0}$)尺寸精度和表面粗糙度(*Ra* 为 6.3)要求，需进行一次装夹下完成粗加工、精加工。

2) 走刀路线

B 形槽零件走刀路线如图 2.30 所示。

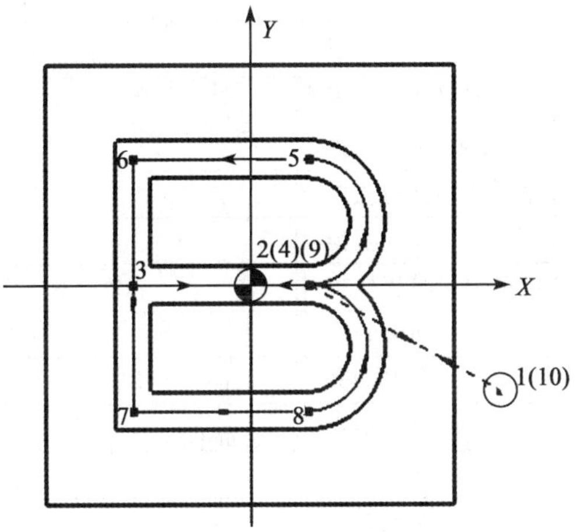

图 2.30　B 形槽零件走刀路线

3) 刀具选择

(1) $\phi 5$ 合金键槽刀进行粗加工。

(2) $\phi 6$ 合金键槽刀进行精加工。

4) 装夹方案

(1) 用平口虎钳装夹工件，伸出钳口 4 mm 左右。

(2) 安装寻边器。

(3)安装 $\phi5$ 合金键槽刀、$\phi6$ 合金键槽刀并对刀设定刀具参数。

5)数控加工工序

B 形槽零件数控加工工序卡见表 2.9。

表 2.9　B 形槽零件数控加工工序卡

单位名称	数控加工工序卡片		产品名称或代号		零件名称		零件图号
					B 形槽		B0202
工序号	程序编号		夹具名称		使用设备		车间
			平口虎钳		FANUC 0*i* 数控铣床		
工步号	工步内容	刀具号	刀具规格	主轴转速 /(r·min^{-1})	进给速度 /(mm·min^{-1})	背吃刀量 /mm	备注
1	粗加工宽 6 槽	1	$\phi5$ 合金键槽刀	2000	200	1.8	留 0.50 mm 单边余量
2	精加工宽 6 槽	1	$\phi6$ 合金键槽刀	2500	500	0.2	留 0.50 mm 单边余量
编制		审核		批准		年 月 日	共 页 第 页

6)编制加工程序

B 形槽零件加工程序见表 2.10。(假设系统设置成可省去坐标值“小数点”。)

表 2.10　B 形槽零件加工程序

程序	说明
O0001	主程序名
N5 G54 G90 G00 X40 Y-15 Z100;	设置编程零点
N10 M03 S2000;	主轴正转, 2000 r/min
N15 G00 Z10;	*Z* 向快速移动
N20 G01 Z2 F50;	*Z* 向直线插补到工件上表面 2 mm
N25 G00 X10 Y0;	快速移动到“X10 Y0”点
N30 Z0.2;	下刀到距工件上表面 0.2 处
N35 M98 P1100	调子程序
N40 G00 Z50;	抬刀到 Z50
N45 M05;	主轴停转
N50 M00;	程序暂停
N55 M03 S2500;	主轴正转, 2500 r/min
N60 G00 Z10;	

表 2.10（续）

程序	说明
N65 G01 Z0 F50；	
N70 M98 P1100；	调子程序
N75 G00 Z100；	抬刀
N80 M05；	主轴停转
N85 M30；	程序结束
O1100	子程序名
N5 G91 G01 X-30 Z-2 F200；	增量编程，直线插补 *XZ* 向拉刀
N10 G90 X10；	直线插补
N15 G03 X10 Y20 R10；	圆弧插补
N20 X-20；	直线插补
N25 Y-20	直线插补
N30 X10；	直线插补
N35 G03 X10 Y0 R10；	圆弧插补
N40 G01 Z10 F100；	抬刀
N45 M99；	子程序结束，返回主程序

2.2.3.2 任务实施

1）实施方案

（1）根据 S 凹槽零件图尺寸公差和表面粗糙度要求，初步确定数控加工工序。

（2）确定 S 凹槽加工走刀路线。

（3）选用刀具，确定刀具切削参数，填写刀具卡，详见表 F.1。

（4）确定装夹方案、定位基准。

（5）拟定并填写数控加工工序卡、绘制走刀路线图、编制加工程序，详见表 F.2 至表 F.4。

（6）S 凹槽零件的仿真加工步骤同“任务 2.1”中图 2.12。

（7）S 凹槽零件的工件加工步骤同“任务 2.1”中图 2.13。

操作安全提示：①零件加工前空运行检验正误；②循环启动前按“自动”键的同时也要按“单段”键，一定将进给倍率调至零位，运行中再逐渐调大；③程序运行中应特别注意 *Z* 坐标的运动趋势，发现问题或不安全情况时，要按急停开关暂停循环。

2）实施步骤

（1）根据图样要求确定加工工艺。

①加工方式。此零件的主要加工部位是 S 凹槽，所以应采用立铣方式加工。

②加工设备。FANUC 0*i* 数控系统的数控铣床或立式加工中心。

③毛坯材料。材料为 45 钢，规格为 70 mm×70 mm×10 mm。

④加工刀具。根据零件的外形和加工要求，选择刀具为 T1 号 $\phi6$ 平底立铣刀。

⑤夹具选择。虎钳装夹。

(2)加工工艺方案。S 凹槽零件加工工艺方案见表 2.11。

表 2.11　S 凹槽零件加工工艺方案

工步号	工步内容	刀具号	刀具规格	主轴转速/(r·min^{-1})	进给速度/(mm·min^{-1})	背吃刀量/mm	备注
1	粗加工宽 6 的槽	1	$\phi6$	1000	80	1.5	加工到要求公差，留 0.50 mm 精加工余量
2	精加工宽 6 的槽	1	$\phi6$	1200	60	0.5	加工到要求尺寸

(3)参考程序。

表 2.12　S 凹槽零件参考程序

O0001	程序名
G54 G90 G40;	
M03 S800;	主轴正转
G00 X20 Y10;	
Z10;	
G01 Z0 F100;	
G03 X10 Y20 R10 Z-1.5;	螺旋下刀
G02 X20 Y10 R10;	
G03 X10 Y20 R10;	
G01 X-10 Y20;	
G03 X-10 Y0 R10;	
G01 X10 Y0;	
G02 X10 Y-20 R10;	
G01 X-10;	
G03 X-20 Y-10 R10;	

表 2.12（续）

O0001	程序名
G01 Z10；	
G00 X20 Y10；	
S1200；	
G01 Z0 F60；	
G03 X10 Y20 R10 Z-2.0；	螺旋下刀
G02 X20.0 Y10.0 R10.0；	
G03 X10 Y20 R10；	
G01 X-10 Y20；	
G03 X-10 Y0 R10；	
G01 X10 Y0；	
G02 X10 Y-20 R10；	
G01 X-10；	
G03 X-20 Y-10 R10；	
G01 Z10；	
G0 Z100；	
M05；	主轴停转
M30；	程序结束

2.2.3.3　考核评价

1）专业能力训练过程考核与评价

对学生进行工件加工全过程专业能力考核，包括工艺准备、任务实施、工件质量、误差分析各环节。加工结束后，师生共同填写专业能力过程考核评分表（见表2.13）。

2）综合能力考核与评价

对每名学生的专业能力、社会能力、方法能力进行综合考核、客观评价。师生共同填写综合能力考核及评价表（见表 F.5）。

表 2.13　专业能力过程考核评分表(任务 2.2)

任务名称		S 凹槽编程与加工				成绩		
操作者(或小组)				设备名称	FANUC 0*i* 数控铣床	完成工时		
序号	考核内容			配分	评分标准(扣完为止)	自评	组评	师评
1	工艺准备	详见表 1.21 此项内容		20	详见表 1.21 此项扣分标准			
2	任务实施	详见表 1.21 此项内容		40	详见表 1.21 此项扣分标准			
3	工件质量(30 分)	外轮廓	70±0.05	6	超差 0.01 不扣分，0.01～0.09 扣 4 分，0.1 以上无分			
		槽宽	6±0.05	6				
		深度	$2^{+0.03}_{0}$	6	超差 0.1 内不扣分，以上无分			
			10±0.05	6	超差 0.1 内不扣分，以上无分			
		*Ra*3.2(5 处)		6	每降 1 级扣 2 分			
4	误差分析	详见表 1.21 此项内容		10	详见表 1.21 此项扣分标准			
合计				100	自评 10%、组评 20%、师评 70%			

误差分析及反思(学生个人填)：

考核得分及评价(教师填)：

第　　组	学生签字		组长签字		教师签字		年　月　日

2.2.4　训练与考核

2.2.4.1　训练任务

凹槽零件编程与加工训练任务见表 2.14。

表 2.14　凹槽零件编程与加工训练任务

任务描述	完成如图 2.31 所示双圆沟零件图的数控加工工艺方案拟定，编制加工程序，并进行仿真或数控铣床(加工中心)加工 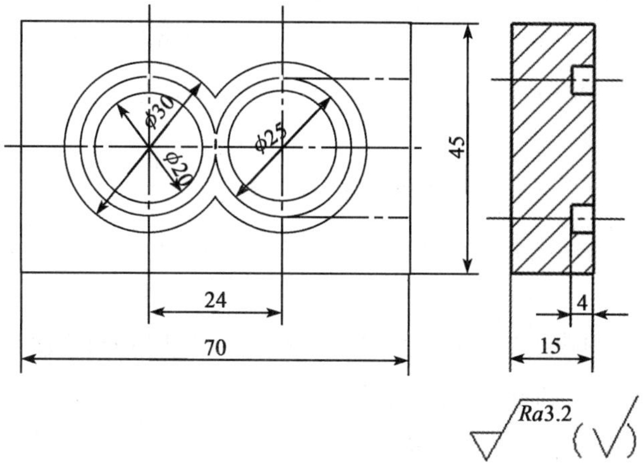 **图 2.31　双圆沟槽零件图**
工艺条件	工艺条件参照“2.2.1　工作任务”中提供的工艺条件配置
加工要求	严格遵守安全操作规程，零件加工质量达到图样要求

2.2.4.2　考核评价

进行加工工艺分析和方案设计，并完成相应的工艺文件后，对工作过程进行总结评议，填写专业能力训练过程考核评分表，参照表 2.13。

复习题

1)填空题

(1)铣削半封闭或封闭直槽或圆弧槽时，常用的铣刀是______和______。

(2)在数控铣床上加工整圆时，为避免工件表面产生刀痕，刀具从起始点沿圆弧表面的______进入，整圆加工完毕退刀时，顺着圆弧表面的______退出。

2)选择题

(1)程序段“G02 X20 Y20 R-10 F100;”所加工的一般是(　　)。

A.整圆　　B.夹角不大于 180°的圆弧

C.夹角为 180°~360°的圆弧　　D.90°圆弧

(2)G00 指令与下列的(　　)指令不是同一组的。

A.G01　　B.G02

C.G04　　D.G03

(3)各几何元素间的联结点称为(　　)。

A.基点　　B.节点

C.交点　　D.零点

(4)圆弧插补指令“G03 X __ Y __ R __;”中，*X*，*Y* 后的值表示圆弧的(　　)。

A.起点坐标值　　B.终点坐标值

C.圆心坐标相对于起点的坐标值　　D.圆心坐标相对于终点坐标值

3)判断题

(1)G00，G03，G04，G90 均属于模态 G 指令。(　　)

(2)数控铣削槽类零件编制加工程序时，一般应选用 *XZ* 向(或 *YZ* 向)拉刀或螺旋进刀。(　　)

(3)在数控铣床的编程指令中，G02 指令表示逆时针圆弧插补。(　　)

(4)数控铣床中的指令 G17 表示 *XZ* 平面。(　　)

(5)圆弧插补用半径编程时，当圆弧所对应的圆心角大于 180° 时半径取负值。(　　)

(6)加工圆弧时，刀具半径补偿值可大于被加工零件的最小圆弧半径。(　　)

4)编程题

如图 2.32 所示凹槽零件，材料为 45 钢，毛坯尺寸为 100 mm×70 mm×20 mm，编制零件的加工程序，完成零件的加工。

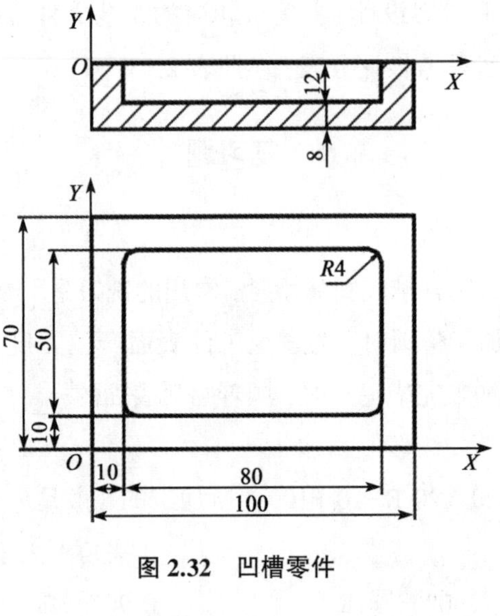

图 2.32　凹槽零件

项目 3　外轮廓类零件编程与加工

【项目导学】

外轮廓类零件的编程与加工是数控铣削加工中常见的工作任务，体现了数控铣削加工的优势。本项目包括“圆弧外轮廓零件编程与加工”和“开放轮廓零件编程与加工”两个任务，通过对这两个任务的学习和实施，学会外轮廓零件数控加工的基本工艺分析和设计，学会编写带有刀具半径补偿的轮廓程序，能在仿真和数控铣床上进行轮廓加工技能训练，完成工件加工。

【知识目标】

(1)掌握外轮廓加工切削刀具种类及选用。

(2)掌握外轮廓加工下刀方法、走刀路线、切削用量等工艺设计。

(3)掌握 G41/G42/G40/G68/G69/G52 等指令功能、格式和编程方法。

(4)了解 SIEMENS 802D 系统数控铣床相应的指令格式和编程指令。

【技能目标】

(1)能独立完成外轮廓类零件数控加工工艺、工装准备。

(2)能手工编制较简单的外轮廓类零件的程序。

(3)能进行仿真程序调试和加工。

(4)能利用数控铣床进行外轮廓件的程序调试，并加工出合格产品。

(5)能正确使用游标卡尺。

任务 3.1　圆弧外轮廓零件编程与加工

3.1.1　工作任务

圆弧外轮廓零件加工工作任务如表 3.1 所列。

表 3.1　圆弧外轮廓零件加工工作任务

<table>
<tr><td>任务描述</td><td>完成如图 3.1 所示圆弧外轮廓零件的加工工艺设计、编制加工程序、仿真调试后，使用数控铣床(加工中心)完成零件加工
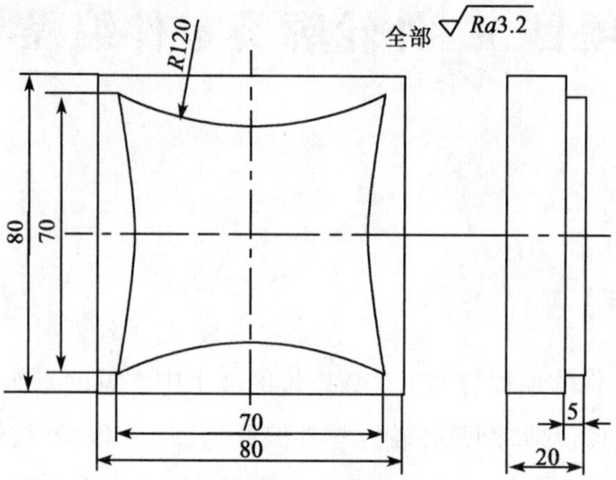

图 3.1　圆弧外轮廓零件</td></tr>
<tr><td>知识点
与技能点</td><td>知识点：◇ 外轮廓铣削加工路线的确定
◇ G41/G42/G40 指令功能、格式和用法
技能点：◇ 绘制外轮廓加工路线图
◇ 用刀具补偿编程
◇ 调试程序</td></tr>
<tr><td>工艺条件</td><td>◎数控铣床(加工中心)：配置 FANUC 0i 系统
◎毛坯：尺寸为 80 mm×80 mm×22 mm(80 mm×80 mm 四侧面已加工到尺寸)，材料为 45 钢，单件生产
◎刀具、量具及其他：
<table>
<tr><th>名称</th><th>规格</th><th>数量</th></tr>
<tr><td>ϕ125 端铣刀</td><td>硬质合金</td><td>1</td></tr>
<tr><td>ϕ16 立铣刀</td><td>硬质合金</td><td>1</td></tr>
<tr><td>游标卡尺</td><td>0~150,0.02</td><td>1</td></tr>
<tr><td>百分表</td><td>0~10,0.01</td><td>1</td></tr>
<tr><td>磁性表座</td><td></td><td>1</td></tr>
<tr><td>垫块</td><td>各种尺寸规格</td><td>若干</td></tr>
</table></td></tr>
<tr><td>任务分析</td><td>由于该零件包括平面、圆弧外轮廓的加工，尺寸为自由公差，表面粗糙度全部为 3.2 μm，没有形位公差项目的要求，所以整体加工要求一般。实现该任务目标的关键点是加工工序如何安排、走刀路线如何设计、如何解决程序按轮廓轨迹编程方便而机床按刀心轨迹走刀方便之间的矛盾，从而引入刀具半径补偿，简化基点计算工作量。该零件的加工尽量选在轮廓的基点或沿着轮廓的切向进行</td></tr>
</table>

3.1.2　相关知识

3.1.2.1　外轮廓铣削走刀路线

对于连续铣削轮廓，特别是加工圆弧时，要注意刀具的切入、切出，要尽量避免交接处重复加工，否则会出现明显的界线痕迹。如图 3.2 所示，用圆弧插补方式铣削外整圆时，要安排刀具从切向进入圆周铣削加工，当整圆加工完毕后，不要在切点处直接退刀，而要让刀具沿切向切出一段距离，以免取消刀具补偿时刀具与工件表面相碰撞，导致工件报废。

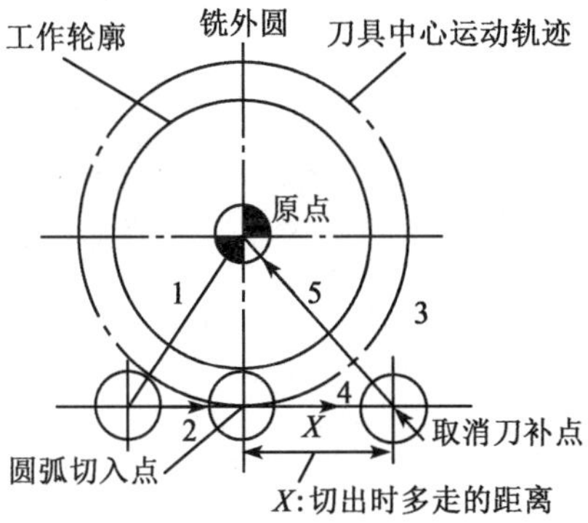

图 3.2　铣削外圆进给路线

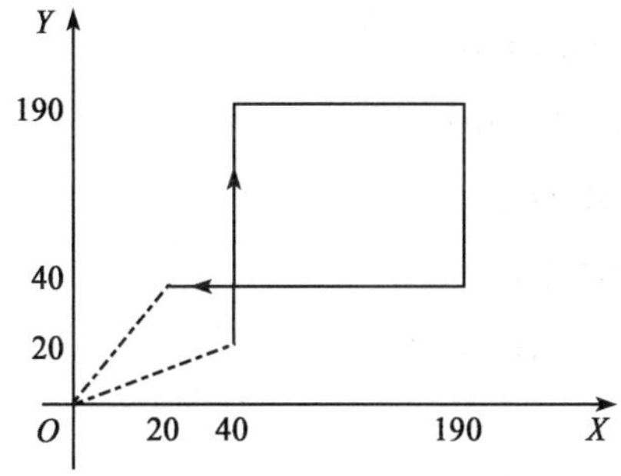

图 3.3　外轮廓加工走刀路线

应用实例 1：如图 3.3 所示的外轮廓加工走刀路线，其程序如下：

```
O1;(G41)
G17 G90 G54 G00 X0 Y0 S800 M03;
Z100 M08;
Z5;
G41 G00 X40 Y20 D01;
G01 Z-2.5 F50;
Y190 F100;
X190;
X40;
G00 Z100;
G40 G00 X0 Y0;
M30;
```

远离工件的地方进退刀，刀具 Z 向进给时速度应慢，因为侧刀与底刃同时切削。进、退刀时(X, Y)与 Z 应分两行书写程序，避免三轴联动走空间斜线而引起的刀具与夹角的干涉。

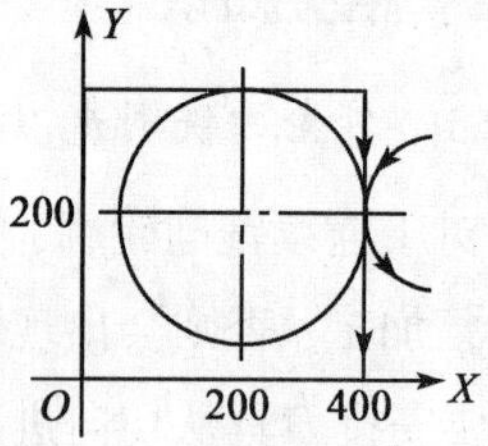

图 3.4　直线和圆弧切入切出图

应用实例 2：如图 3.4 所示外轮廓加工，切削深度 10 mm，刀具直径 20 mm，材料为 45 钢。其程序如下。

直线切线切入：

```
G17 G90 G54 G00 X415 Y400;
S800 M03;
Z100 M08;
Z5;
Z-10;
G41 G01 X400 D01 F50;
Y200 F100;
G02 I-150;
G01 Y0;
G00 Z100;
G40 G01 X0 Y0;
M30;
```

圆弧切入：

```
G17 G90 G54 G00 X450 Y200;
S800 M03;
Z100 M08;
Z5;
Z-10;
G41 G01 Y250 D01;
G03 X400 Y200 R50;
G02 I-150 F100;
G03 X450 Y150 R50;
G00 Z100;
G40 G00 X0 Y0;
M30;
```

3.1.2.2　刀具半径补偿(G41/G42/G40)

1)刀具半径补偿功能

在数控铣床上进行轮廓的铣削加工时，由于刀具半径的存在，刀具中心轨迹和工件轮廓不重合。如果系统没有半径补偿功能，则只能按刀心轨迹进行编程，即在编程时事先加上或减去刀具半径。其计算相当复杂，计算量大，尤其当刀具磨损、重磨或换新刀后，即刀具半径发生变化时，必须重新计算刀心轨迹，修改程序，既烦琐，又不利于保证加工精度。当数控系统具备刀具半径补偿功能时，数控编程只需按照工件轮廓进行，数控系统会自动计算刀心轨迹，使刀具偏离工件轮廓一个刀具半径值，即进行刀具半径补偿。

2)刀具半径补偿指令格式

指令格式：G17 G41/G42 G00\G01 X __ Y __ D01；

G18 G41/G42 G00\G01 X __ Z __ D01；

G19 G41/G42 G00\G01 Y __ Z __ D01；

G17 G40 G00/G01 X __ Y __；

指令说明如下：

(1)G41:左刀补(在刀具前进方向左侧补偿)，如图3.5(a)所示。

(2)G42:右刀补(在刀具前进方向右侧补偿)，如图3.5(b)所示。

(3)G17:刀具半径补偿平面为 *XY* 平面，该平面为默认平面，可不写G17。

(4)G18:刀具半径补偿平面为 *ZX* 平面。

(5)G19:刀具半径补偿平面为 *YZ* 平面。

(6)G40:取消刀具半径补偿。

(7)*X*，*Y*，*Z*：G00/G01 的参数，即刀补建立或取消的终点坐标(注:投影到补偿平面上的刀具轨迹受到补偿)。

(8)D:G41/G42 的参数，即刀补号(D00~D99)，它代表了刀补表中对应的半径补偿值。G40，G41，G42 都是模态代码，可相互注销。

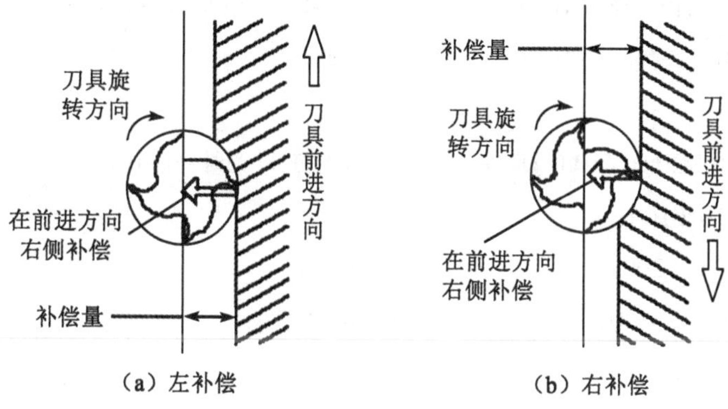

图3.5　刀具半径补偿

3)刀具补偿注意问题

(1)刀补的建立应在切入所需轮廓之前，刀补的取消应在切出所需轮廓之后，否则有可能发生过切或欠切的情况。

(2)刀具半径补偿指令 G41，G42，G40 必须结合 G00，G01 使用，不能使用在 G02，

G03 程序段中。例如程序语句："G02 G40 X10 Y10 R10 F100;" 为错误程序语句；"G01 G41 X100 Y100 D01 F100;" 为正确程序语句。

(3)刀具半径补偿建立后，在其作用范围内，不能连续出现两段或两段以上的非补偿平面内的移动指令或其他指令(如 M 代码和 Z 向移动等)。

当考虑刀具半径补偿编程时，如图 3.6 所示的有刀补的编程轨迹中，铣削工件外形轮廓 ABCD，起点为坐标系原点，加工时铣刀为左偏，按照轨迹 $O \to O_1 \to B \to C \to D \to O_2 \to O$ 编程。要求建立如图 3.6 所示的工件坐标系，按箭头所指示的路径进行加工，设加工开始时刀具距离工件上表面 50 mm，切削深度为 10 mm。

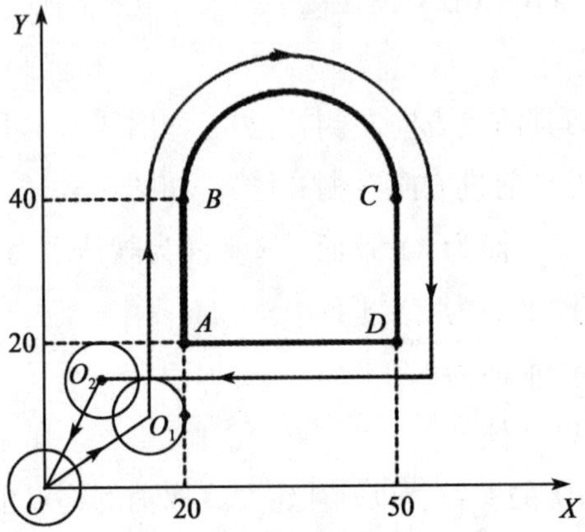

图 3.6 有刀补的编程轨迹

零件程序如下：

```
O1008;
N10 G54 G90 G17 G00 X0 Y0;          G17 指定刀补平面(XY 平面))
N15 M03 S600;                       主轴正转
N20 G00 Z5.0;
N25 G00 G41 X20.0 Y10.0 D01;        建立刀补(刀补号为 01)
N30 G01 Z-10 F100;
N35 G01 Y40.0 F200;                 O1→B
N40 G02 X50.0 R15.0;                B→C
N50 G01 Y20.0;                      C→D
N60 X10.0;                          D→O2
N70 G00 G40 X0 Y0;                  取消刀补
N75 M05;
N80 M30;
```

3.1.2.3　整圆加工

在实际加工中，往往要求在工件上加工出一个整圆轮廓。而整圆的起点和终点重合，用 R 编程无法定义，所以只能用圆心坐标编程，如图 3.7 所示，从起点开始顺时针切削，整圆程序段如下：

G90 G17 G02 X80 Y50 I-35 J0 F120;

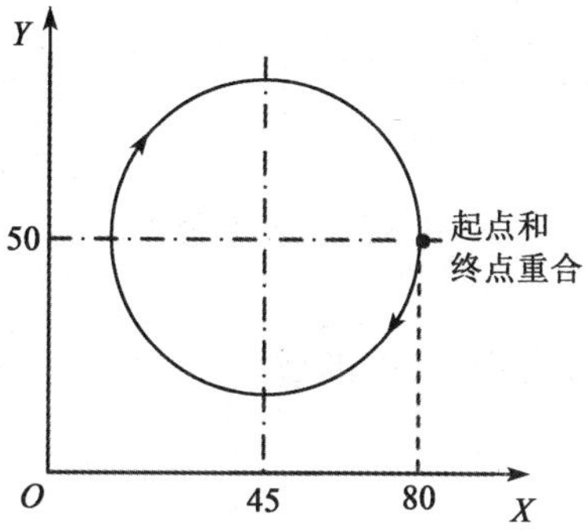

图 3.7　整圆编程

3.1.2.4　SIEMENS 802D 系统刀具半径补偿(G41/G42/G40)

指令格式：G41/G42 G0/G1 X __ Y __(F __) D01;

G40 G0/G1 X __ Y __(F __) D01;

SIEMENS 802D 系统的刀具半径补偿编程指令与 FANUC 0*i* 系统相同。它们的不同之处有以下几点。

(1) 在 SIEMENS 802D 系统中，一个刀具可以匹配 1~9 个不同补偿的数据组(用于多个切削刃)，用 D 及其相应的序号可以编程一个专门的切削刃。若没有编写 D 指令，则 D1 自动生效；若编写 D0，则刀具补偿值无效。

(2) 可以在补偿运行过程中变换补偿号 D，补偿号变换后，在新补偿号程序段的起始点处，新刀具半径就已经生效，但整个变化需等到程序段的结束才能发生，这些修改值由整个程序段连续执行，圆弧插补时也一样。

(3) 补偿方向指令 G41 和 G42 可以互相变换，无须在其中再写入 G40 指令。原补偿方向的程序段在其轨迹终点处按照补偿矢量的正常状态结束，然后在新的补偿方向开始进行补偿。

3.1.3　任务实施

3.1.3.1　典型案例

按照图 3.8 所示要求完成凸模板零件的加工工艺设计、编程、仿真及实际加工。材料为 45 钢，毛坯尺寸为 100 mm×100 mm×30 mm (已加工到尺寸)。

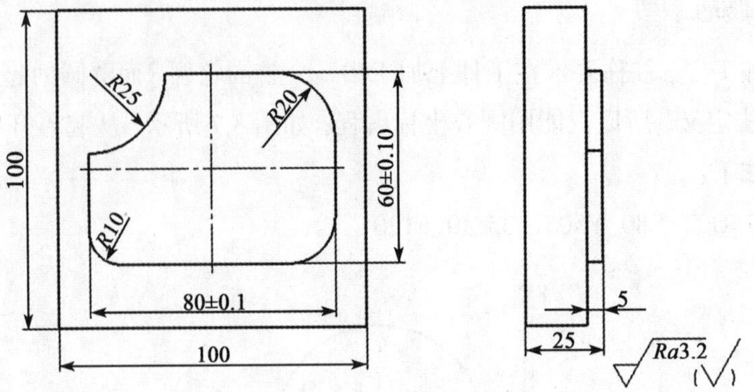

图 3.8　凸模板零件

1) 工艺分析

根据零件图的尺寸精度和表面粗糙的要求，选择进行一次装夹下完成粗加工、精加工。

2) 走刀路线

凸模板走刀路线如图 3.9 所示。

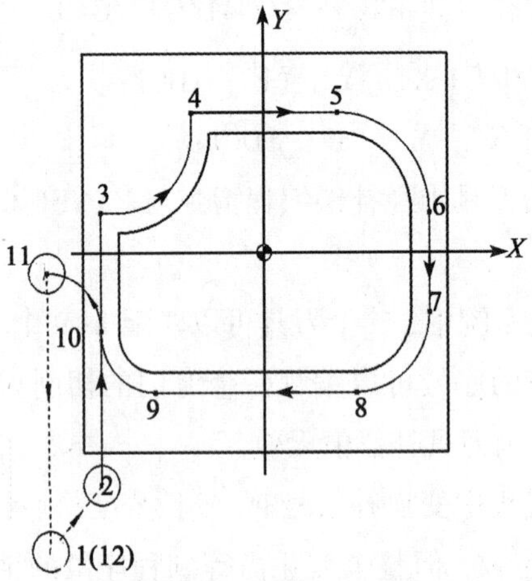

图 3.9　凸模板走刀路线图

3) 刀具选择

选择刀具为 ϕ16 硬质合金立铣刀。

4) 夹具选择

选用平口虎钳装夹零件，伸出钳口 8 mm 左右。

5) 数控加工工序

凸模板数控加工工序卡片见表 3.2。

表 3.2　凸模板数控加工工序卡

单位名称	数控加工工序卡片		产品名称或代号		零件名称		零件图号
					凸模板		B0301
工序号	程序编号		夹具名称		使用设备		车间
			平口虎钳		FANUC 0i 数控铣床		
工步号	工步内容	刀具号	刀具规格	主轴转速 /(r·min^{-1})	进给速度 /(mm·min^{-1})	背吃刀量 /mm	备注
1	粗加工外轮廓	1	ϕ16	800	100	2.0	留 0.2 mm 加工余量
2	精加工各外轮廓	1	ϕ16	1200	100	0.2	加工到要求尺寸
编制		审 核		批 准	年 月 日	共 页	第 页

6)参考程序

凸模板加工参考程序见表 3.3。

表 3.3　凸模板加工参考程序

主程序	说　明
N5 O0301;	程序
N10 G54 G90 G00 X0 Y0 Z100;	设置编程零件
N15 M03 S800/S1200;	主轴正转，800 r/min，1200 r/min(粗、精)
N20 G00 X-60 Y-70 Z2;	快速运转到工件左下角下刀点上
N25 G01 Z-2 F50;	到达切深
N30 G41 G01 X-40 Y-60 F100 D01;	建立刀具半径补偿（刀补粗、精两次输入）
N35 Y5;	直线插补
N40 G03 X-15 Y30 R25;	圆弧插补
N45 G01 X20;	直线插补
N50 G02 X40 Y10 R20;	圆弧插补
N55 Y-10;	直线插补
N60 G02 X20 Y-40 R20;	圆弧插补
N65 G01 X-30;	直线插补
N70 G02 X-40 Y-20 R10;	圆弧插补
N75 G03 X-60 Y0 R20;	圆弧插补
N80 G00 Z100;	取消刀具半径补偿
N85 G40 X-60 Y-70;	抬刀到起始平面
N90 M05;	主轴停转
N95 M30;	程序结束

3.1.3.2 任务实施

1)实施方案

(1)根据圆弧外轮廓零件图尺寸公差和表面粗糙度要求，初步确定数控加工工序。

(2)确定圆弧外轮廓零件的加工走刀路线。

(3)选用刀具，确定刀具切削参数，填写刀具卡，详见表 F.1。

(4)确定装夹方案、定位基准。

(5)拟定并填写数控加工工序卡，绘制走刀路线图，编制加工程序，详见表 F.2 至表 F.4。

(6)圆弧外轮廓零件的仿真加工步骤如图 3.10 所示。

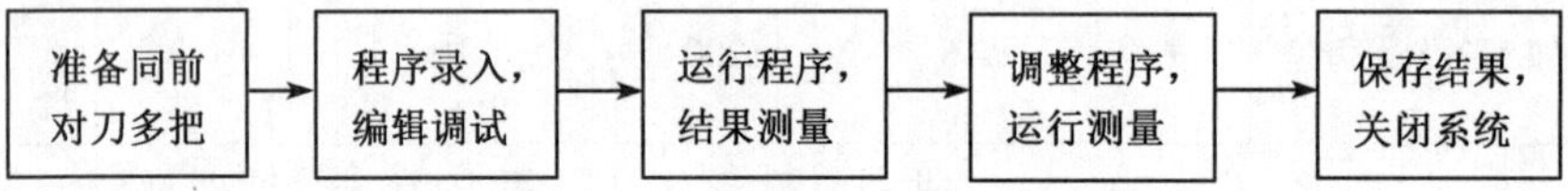

图 3.10 圆弧外轮廓零件的仿真加工步骤

(7)圆弧外轮廓零件的工件加工步骤如图 3.11 所示。

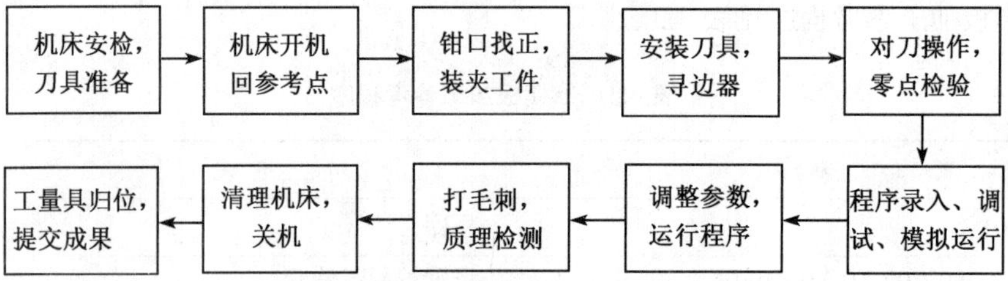

图 3.11 圆弧外轮廓零件的工件加工步骤

2)实施步骤

(1)根据图样要求确定加工工艺。

①加工方式。根据图样加工要求，上表面的加工方案采用端铣刀粗铣→精铣完成，外轮廓采用立铣刀粗铣→精铣完成。

②加工设备。FANUC 0*i* 数控系统的数控铣床(加工中心)。

③毛坯材料。材料为 45 钢，规格为 80 mm×80 mm×22 mm。

④刀具选择。根据零件外形和加工的要求，选择刀具 T1 号刀为 ϕ125 端铣刀，T2 号刀为 ϕ16 立铣刀。

⑤夹具选择。选用平口虎钳装夹零件。

(2)加工工序卡片。圆弧外轮廓零件加工工序卡片见表 3.4。

表 3.4　圆弧外轮廓零件加工工序卡片

工步号	工步内容	刀具号	刀具规格	主轴转速/(r·min^{-1})	进给速度/(mm·min^{-1})	背吃刀量/mm	备注
1	粗加工上表面	01	ϕ125	250	300	1.5	加工到要求尺寸，留 0.50 mm 精加工余量
2	精加工上表面	01	ϕ125	400	160	0.5	加工到要求尺寸
3	粗加工圆弧外轮廓	02	ϕ16	350	100	4.5	加工到要求尺寸，留 0.5 mm 精加工余量
4	精加工圆弧外轮廓	02	ϕ16	450	80	0.5	加工到要求尺寸

(3)参考加工程序。圆弧外轮廓零件的参考加工程序见表 3.5。

表 3.5　圆弧外轮廓零件的参考加工程序

程序	说明
O0040	程序名
N10 G17 G21 G40 G54 G90;	设置初始状态
N20 G00 Z100.0;	安全高度
N30 M03 S500;	启动主轴
N40 X-35.0 Y-60.0	快速移动至下刀点上方
N50 Z10.0	
N60 G01 Z-5.0 F70 M08;	下刀，冷却液开
N70 G00 G41 X-35.0 Y-50.0 D01;	建立刀具半径补偿
N80 G01 Y-35 F150;	直线加工到圆弧起点
N90 G03 Y35 R120;	加工第一段圆弧
N100 G03 X35 R120;	加工第二段圆弧
N110 G03Y-35 R120;	加工第三段圆弧
N120 G03 X-35 R120;	加工第四段圆弧
N130 G01 X-40;	直线切出工件
N140 G40 G01 X-50;	取消刀具半径补偿
N150 Z10;	
N160 G00 Z100;	抬刀
N170 M30;	程序结束

3.1.3.3 考核评价

1) 专业能力训练过程考核与评价

对学生进行工件加工全过程专业能力考核，包括工艺准备、任务实施、工件质量、误差分析各环节。加工结束后，师生共同填写专业能力训练过程考核评分表(见表3.6)。

表 3.6 专业能力训练过程考核评分表(任务 3.1)

任务名称		圆弧外轮廓编程与加工				成绩		
操作者(或小组)				设备名称	FANUC 0*i* 数控铣床	完成工时		
序号	考核内容			配分	评分标准(扣完为止)	自评	组评	师评
1	工艺准备	详见表 1.21 此项		20	详见表 1.21 此项扣分标准			
2	任务实施	详见表 1.21 此项		40	详见表 1.21 此项扣分标准			
3	工件质量(30 分)	外轮廓	70	8	超差 0.01 不扣分，0.01~0.09 扣 2 分，0.1 以上无分			
			*R*120	8				
		深度	5	8	超差 0.1 内不扣分，以上无分			
		*Ra*3.2		6	每降 1 级扣 2 分			
4	误差分析	详见表 1.21 此项内容		10	详见表 1.21 此项扣分标准			
合计				100	自评 10%、组评 20%、师评 70%			

误差分析及反思(学生个人填)：

考核得分及评价(教师填)：

第　组	学生签字		组长签字		教师签字	年　月　日

2) 综合能力考核与评价

对每名学生的专业能力、社会能力、方法能力进行综合考核、客观评价。师生共同填写综合能力考核及评价表(见表 F.5)。

3.1.4 训练与考核

3.1.4.1 训练任务

圆弧外轮廓零件编程与加工训练任务见表 3.7。

表 3.7 圆弧外轮廓零件编程与加工训练任务

任务描述	完成图 3.12 所示凸模板零件数控加工工艺分析及方案拟定，并编制程序 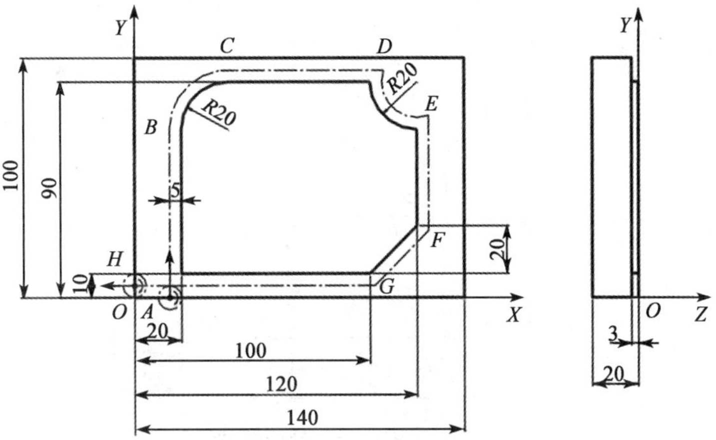 **图 3.12 凸模板零件**
工艺条件	工艺条件参照“3.1.1 工作任务”中提供的工艺条件配置
加工要求	严格遵守安全操作规程，零件加工质量达到图样要求

3.1.4.2 考核评价

进行加工工艺分析和方案设计，并完成相应的工艺文件后，对工作过程进行总结评议，参照表 3.6 填写专业能力训练过程考核评分表。

复习题

1) 填空题

(1) 撤销刀具半径补偿指令是________。

(2) 为了提高零件的加工精度，对刀点应尽量选在零件的______基准或工艺基准上。

(3) 在数控铣床上加工整圆时，为避免工件表面产生刀痕，刀具从起始点沿圆弧表面的______进入，整圆加工完毕退刀时，顺着圆弧表面的______退出。

2) 判断题

(1) 在可能情况下，铣削平面宜尽量采用较大直径铣刀。(　　)

(2) 数控机床在手动和自动运行中，一旦发现异常情况，应立即使用紧急停止按钮。(　　)

(3) 根据数控系统的不同，程序段的顺序号在某些系统中是可以省略的。(　　)

(4) 刀具补偿寄存器内不允许存入正值。(　　)

(5) 数控机床中 CCW 代表顺时针方向旋转，CW 代表逆时针方向旋转。(　　)

3）编程题

如图 3.13 所示外轮廓零件，材料为 45 钢，毛坯尺寸为 80 mm×80 mm×22 mm，编制零件的加工程序，完成零件的加工。

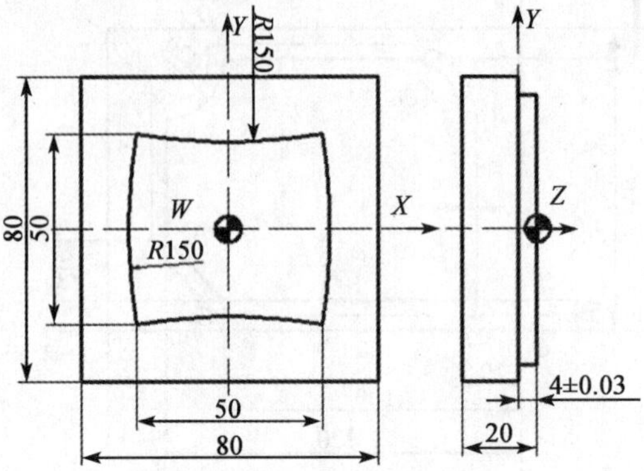

图 3.13　外轮廓零件

任务 3.2　开放轮廓零件编程与加工

3.2.1　工作任务

开放轮廓零件编程与加工工作任务如表 3.8 所列。

表 3.8　开放轮廓零件编程与加工工作任务

任务描述	完成图 3.14 所示开放轮廓零件加工工艺设计、编制加工程序、仿真调试，并使用数控铣床（加工中心）完成零件加工 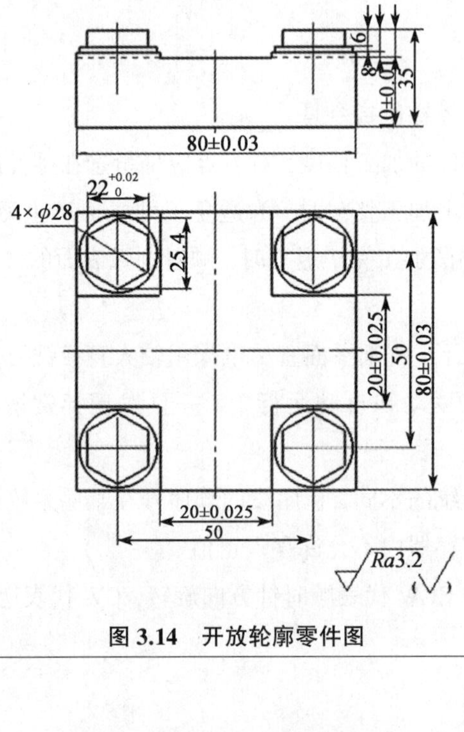 图 3.14　开放轮廓零件图

表 3.8(续)

<table>
<tr><td>知识点
与技能点</td><td colspan="3">知识点：◇ 开放轮廓加工路线的确定
◇ G68/G69 指令功能、格式和用法
◇ G52 坐标设定
技能点：◇ 绘制开放轮廓加工路线图
◇ G68/G69 编程
◇ 调试程序</td></tr>
<tr><td rowspan="7">工艺条件</td><td colspan="3">◎数控铣床(加工中心)：配置 FANUC 0i 系统
◎毛坯：尺寸为 80 mm×80 mm×35 mm(80 mm×80 mm 四侧面已加工到尺寸)，材料为 45 钢，单件生产
◎刀具、量具及其他：</td></tr>
<tr><td>名称</td><td>规格</td><td>数量</td></tr>
<tr><td>ϕ20 立铣刀</td><td>高速钢</td><td>1</td></tr>
<tr><td>游标卡尺</td><td>0~150,0.02</td><td>1</td></tr>
<tr><td>百分表</td><td>0~10,0.01</td><td>1</td></tr>
<tr><td>磁性表座</td><td></td><td>1</td></tr>
<tr><td>垫块</td><td>各种尺寸规格</td><td>若干</td></tr>
<tr><td>任务分析</td><td colspan="3">本任务零件开放槽加工和外轮廓加工并存，加工工序可从减小切削热变形对尺寸精度影响入手，可考虑先槽后轮廓。该零件图中有 4 个外轮廓形状完全相同的部分，可考虑用子程序编程，子程序中需注意增量编程的使用。根据零件图的尺寸精度($22^{+0.02}_{0}$，20±0.025，10±0.01)及表面粗糙度(Ra 为 3.2 μm)要求，工艺方案应为“粗加工→精加工”</td></tr>
</table>

3.2.2 相关知识

3.2.2.1 旋转坐标指令(G68/G69)

旋转变换指令包括 G68 和 G69。G68 为坐标旋转功能指令，G69 为取消坐标旋转功能指令。应用旋转变换指令时要指定坐标平面，系统默认值为 G17，即在 *XY* 平面上。

指令格式：

```
G68 X __ Y __ R __(或 P __);
        ⋮
G69;
```

指令说明如下。

(1)该指令独占一个程序段。

(2)X，Y 旋转中心的坐标值：当“X __”“Y __”省略时，G68 指令认为当前的位置即旋转中心。

(3)R(或 P)为旋转角度，单位为度(°)，逆时针旋转定义为“+”，反之为“-”。旋转角度范围：-360°~+360°，当 R 省略时，按照系统参数确定。

(4)绝对旋转、增量旋转由系统参数选择，加工程序指令 G91，G90 对其没有意义。

G68 坐标旋转图解如图 3.15 所示。编程时，将图形旋转摆放到合适位置，使坐标计算变得简单，再在程序中利用 G68 以相同旋转中心、转动一相反的角度(恢复图样到原位置)即可。

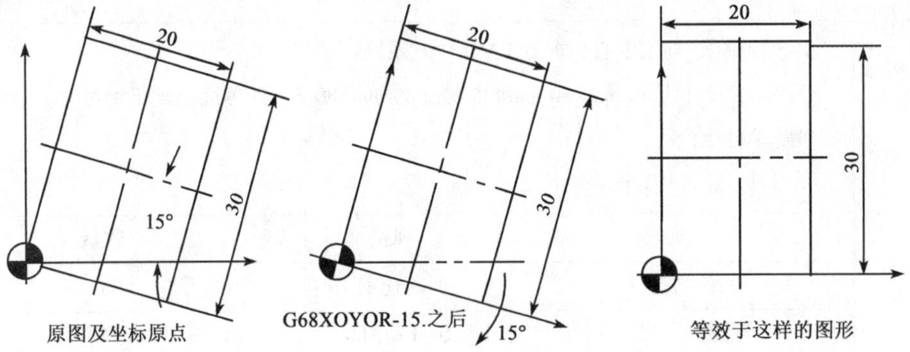

图 3.15　G68 坐标旋转图解

(5)在坐标系旋转取消指令(G69)以后的第一个移动指令必须用绝对值指令。如果采用增量值指令，则不执行正确的移动。

(6)CNC 数据处理的顺序：程序镜像—比例缩放—坐标系旋转—刀具半径补偿 C 方式。所以在指定这些指令时，应按顺序指定；取消时，则按照相反顺序。如果坐标系旋转指令前有比例缩放指令，则在比例缩放过程中不缩放旋转角度。

(7)在坐标系旋转方式中，不能指定返回参考点的 G 代码(G27~G30)，也不能指定坐标系的 G 代码(G52~G59，G92)。若一定要指令这些 G 代码，应在取消坐标系旋转功能后指定。

(8)注意事项：①G68 虽然可以自由设定旋转中心，但是为了使编程坐标便于表述(计算)，建议采用坐标系原点作为旋转中心；②如果旋转中心与坐标系原点不重合，建议采用 G91 编程，否则可能得不到理想的道路轨迹；③G68 在执行时，机床有动作，因此必须提高到安全高度后再执行该指令；G69 同理。

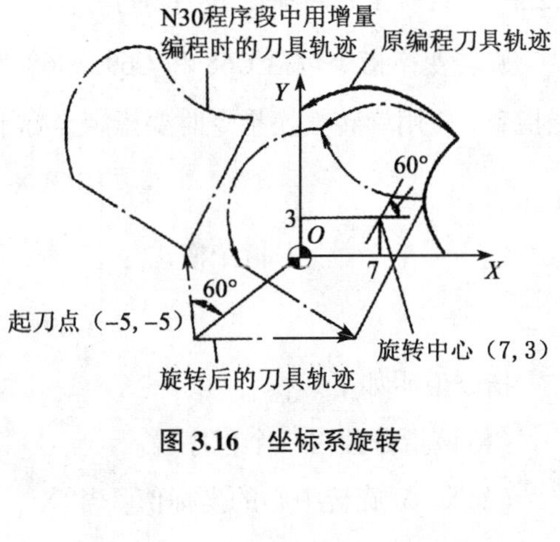

图 3.16　坐标系旋转

以图 3.16 所示坐标系旋转为例，应用旋转指令编写的程序为：

N10 G54 G00 X-5 Y-5;

N20 G68 G90 X7 Y3 R60;

N30 G90 G01 X0 Y0 F200;

(G91 X5 Y5);

N40 G91 X10;

N50 G02 Y10 R10;

N60 G03 X-10 I-5 J-5;

N70 G01 Y-10;

N80 G69 G90 X-5 Y-5;

N90 M02;

坐标系旋转功能与其他功能的旋转平面一定要处于刀具半径补偿平面内，即旋转平面必须与刀具补偿所在的平面一致。例如：

N10 G90 X0 Y0;

N20 G68 R-30.0;

N30 G42 G90 X10.0 Y10.0 F100 D01;

3.2.2.2 局部坐标设定指令(G52)

局部坐标设定指令为G52，属于非模态指令，仅在本程序段中有效。

指令格式："G52 X __ Y __ Z __;"

其中，X，Y，Z为局部坐标系原点在工件坐标系中的有向距离。

G52指令可以在G54~G59指定的工件坐标系中设定局部坐标系。局部坐标系建立以后，绝对值方式编程的移动指令就是在该局部坐标系中的坐标值。

3.2.2.3 SIEMENS 802D 系统可编程零点旋转指令(ROT/AROT)

指令格式："ROT X __ Y __ Z __; ROT RPL=__; "

"AROT X __ Y __ Z __; AROT RPL=__; "

其中，每个指令必须在单独一程序段内编程。

命令及参数的意义和功能如下：

(1)ROT为相对于目前通过G54~G59所建立的工件坐标系的零点绝对旋转；

(2)AROT为相对目前有效的设置或可编程的零点的相对镜像；

(3)X，Y，Z为空间的旋转所绕的几何轴；

(4)RPL为平面内的旋转，坐标系旋转过的角度。

功能:ROT/AROT可以围绕几何轴(X, Y, Z)中的一个坐标轴旋转，以在给定的平面旋转一定的角度得到旋转后的坐标系，这使倾斜的表面或几个工件在一次设置中被加工出来。

3.2.2.4　SIEMENS 802D 系统可编程的零点偏移指令(TRANS/ATEANS)

指令格式："TRANS/ATRANS X __ Y __ Z __；"

指令说明如下所述。

(1)对于有多个相同轮廓的工件进行加工时，可以将该工件的轮廓加工程序存储在子程序中，采用先设定这些工件零点的变换，然后再调用子程序的方法实现这些工件的加工。

(2)X，Y，Z 为所规定的坐标轴上的偏移值。

(3)TRANS 为绝对指令，参照当前的工件原点(G54 ~ G59)进行工件原点的绝对平移。

(4)ATRANS 为增量指令，参照现行有效的工件原点或当前已经进行过坐标系变换的原点，再次进行增量变换。

(5)该指令要求在单独程序段编写。

(6)不带坐标轴参数的 TRANS 指令可以撤销已经生效的全部坐标系变换。

编程举例：用坐标系变换加工相同轮廓工件，如图 3.17 所示。

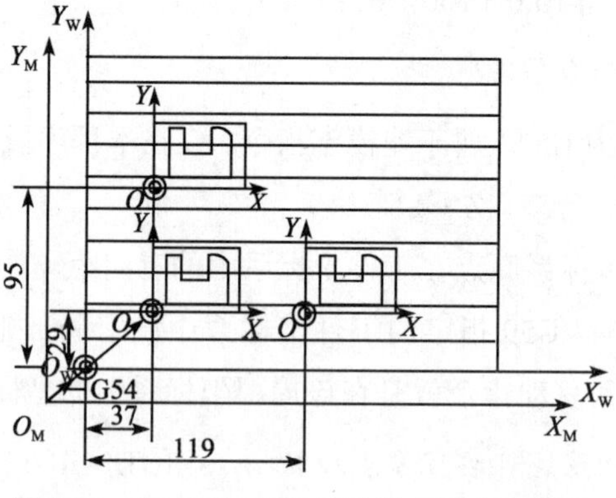

图 3.17　TRANS/ATRANS 零点偏移示意图

O0001

N10 G54 M3 S800;　　设工件原点，主轴正转，转速 800 r/min

N20 G0 X0 Y0 Z2.;　　接近起始点

N30 TRANS X37. Y29.;　　绝对平移

N40 L10;　　调用子程序

N50 TRANS X119. Y29.;　　绝对平移

N60 L10;　　调用子程序

N70 TRANS X37. Y95.;　　绝对平移

N80 L10;　　调用子程序

N90 TRANS;　　取消可编程平移坐标指令，回到 G54 功能

N100 G00 Z100;

N110 X100 Y100;

N120 M30;

3.2.3 任务实施

3.2.3.1 典型案例

完成如图3.18所示的八角凸模板加工工艺设计、编程、仿真及数控铣床(加工中心)零件加工。材料为45钢，毛坯尺寸为60 mm×60 mm×22 mm(已加工到尺寸)，单件生产。

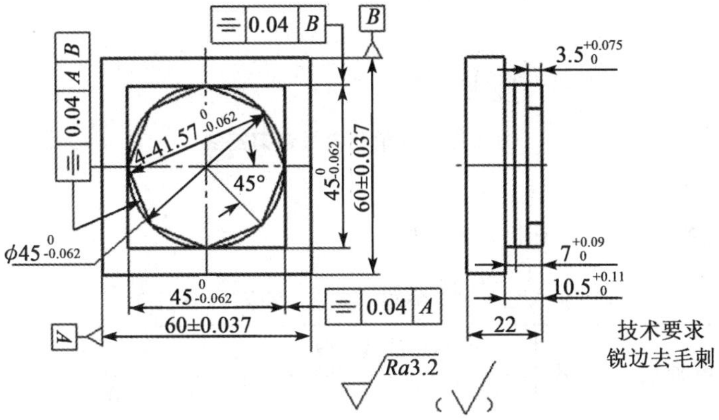

图3.18 八角凸模板

1)工艺分析

该八角凸模板形状规整，尺寸精度要求较高，*Ra* 全部为3.2 μm。

(1)粗铣正方形外轮廓。分两层粗铣45 mm×45 mm×10.5 mm外轮廓，留0.50 mm单边余量。

(2)粗铣八角形凸台。粗铣，留0.50 mm单边余量。

(3)粗铣圆柱体。粗铣，留0.50 mm单边余量。

(4)半精铣八角形凸台、圆柱体和正方形外轮廓。

①安装 $\phi20$ mm精立铣刀并对刀，设定刀具参数，半精铣八角形凸台和圆柱体，留0.10 mm单边余量；

②半精铣正方形外轮廓，留0.10 mm单边余量。

(5)精铣八角形凸台、圆柱体和正方形外轮廓。

①实测工件尺寸，调整刀具参数，精铣八角形凸台和圆柱体至要求尺寸。

②实测工件尺寸，调整刀具参数，精铣正方形外轮廓至要求尺寸。

2)刀具选择

选用 $\phi20$ 高速钢立铣刀进行粗加工、精加工。

3)走刀路线

八角凸模板走刀路线如图 3.19 所示。

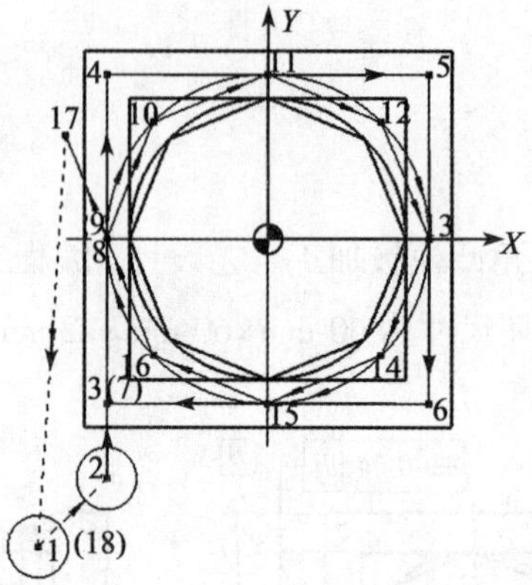

图 3.19　八角凸模板走刀路线

4)数控加工工艺

八角凸模板数控加工工序卡见表 3.9。

表 3.9　八角凸模板数控加工工序卡片(任务 3.2)

单位名称	数控加工工序卡片	产品名称或代号	零件名称	零件图号
			八角凸模板	
工序号	程序编号	夹具名称	使用设备	车间
		平口虎钳	FANUC 0*i* 数控铣床	

工步号	工步内容	刀具号	刀具规格	主轴转速 /(r·min^{-1})	进给速度 /(mm·min^{-1})	背吃刀量 /mm	备注
1	粗铣 45 mm×45 mm×10.5 mm 正方形外轮廓	1	ϕ20 高速钢立铣刀	280	30	2	留 0.50 mm 单边余量
2	粗铣 $\phi\ 41.57_{-0.062}^{\ 0}$ 八角凸台	1	ϕ20 高速钢立铣刀	280	40	2	留 0.50 mm 单边余量
3	粗铣 $\phi\ 45_{-0.062}^{\ 0}$ 圆柱体	1	ϕ20 高速钢立铣刀	280	40	2	留 0.50 mm 单边余量
4	半精铣 45 mm×45 mm×10.5 mm 正方形外轮廓	2	ϕ20 高速钢立铣刀	300	30	1	留 0.10 mm 单边余量
5	半精铣 $\phi\ 41.57_{-0.062}^{\ 0}$ 八角凸台	2	ϕ20 高速钢立铣刀	300	30	1	留 0.10 mm 单边余量
6	半精铣 $\phi\ 45_{-0.062}^{\ 0}$ 圆柱体	2	ϕ20 高速钢立铣刀	300	30	1	留 0.10 mm 单边余量
7	精铣 45 mm×45 mm×10.5 mm 正方形外轮廓	2	ϕ20 高速钢立铣刀	300	30	0.1	加工到要求尺寸

表 3.9（续）

工步号	工步内容	刀具号	刀具规格	主轴转速 /(r·min^{-1})	进给速度 /(mm·min^{-1})	背吃刀量 /mm	备注
8	精铣八角凸台	2	ϕ20 高速钢立铣刀	300	30	0.1	加工到要求尺寸
9	精铣 $\phi\ 45_{-0.062}^{\ 0}$ 圆柱体	2	ϕ20 高速钢立铣刀	300	30	0.1	加工到要求尺寸
编制		审核		批准	年 月 日	共 页	第 页

5）参考程序

粗铣、半精铣和精铣使用同一个加工程序，只需调整刀补参数值 3 次，调用下面的程序进行加工即可。精加工时换 ϕ20 精立铣刀。

表 3.10 八角凸模板加工参考程序

程序内容	程序内容
O0001	N110 G01 Z-3.5 F200;
N5 G54 G90 G17 G21 G94 G49 G40;	N115 G41 G01 X-22.5 Y0 D01;
N10 S280 M03;	N120 X-15.908 Y15.908 F40;
N15 G0 Z30;	N125 X0 Y22.5;
N20 G00 X-45 Y-60;	N130 X15.908 Y15.908;
N25 Z1;	N135 X22.5 Y0;
N30 G01 Z-5.25 F200;	N140 X15.908 Y-15.908;
N35 G41 G01 X-22.5 Y-42 D01 F30;	N145 X0 Y-22.5;
N40 Y22.5 F30;	N150 X-15.908 Y-15.908;
N45 X22.5;	N155 X-22.5 Y0;
N50 Y-22.5;	N160 G0 Z10
N55 X-25;	N165 G40 X-33 Y-42;
N60 G40 X-33 Y-42; F200	N170 Z1
N65 Z-10.5;	N175 G01 Z-7 F200;
N70 G41 D1 X-22.5 F30;	N180 G41 D1 X-22.5 F40;
N75 Y22.5;	N185 Y0;
N80 X22.5;	N190 G2 I22.5;
N85 Y-22.5;	N195 G1 Y22.5 F200
N90 X-25;	N200 G0 Z10;
N95 G0 Z10;	N205 G40 G00 X-33 Y-42;
N100 G40 X-33 Y-42;	N210 G00 Z100 M05;
N105 Z1;	N215 M30;

6)加工准备

(1)用平口虎钳装夹工件，伸出钳口 12 mm 左右。

(2)安装寻边器，确定工件零点为坯料上表面的中心，设定零点偏置。

(3)安装 ϕ20 mm 粗立铣刀并对刀，设定刀具参数，选择自动加工方式。

3.2.3.2　任务实施

1)实施方案

(1)根据开放轮廓零件零件图尺寸公差和表面粗糙度要求，初步确定数控加工工序。

(2)确定开放轮廓零件加工走刀路线。

(3)选用刀具，确定刀具切削参数，填写刀具卡，详见表 F.1。

(4)确定装夹方案、定位基准。

(5)拟定并填写数控加工工序卡，绘制走刀路线图，编制加工程序，详见表 F.2 至表 F.4。

(6)开放轮廓零件的仿真加工步骤同“任务 3.1”的图 3.10 所示步骤。

(7)开放轮廓零件的工件加工步骤同“任务 3.1”的图 3.11 所示步骤。

安全提示:①加工前一定要进行空运行检验；②循环启动前按“自动”键的同时也要按“单段”键，一定将进给倍率调至零位；③程序运行中特别注意 Z 坐标的运动趋势，发现问题马上暂停循环或按急停。

2)实施步骤

(1)根据图样要求确定加工工艺。

①加工方式。此零件的主要加工部位是十字槽和外轮廓，应采用立铣方式加工。

②加工设备。FANUC 0i 数控系统的数控铣床(立式加工)中心。

③毛坯材料。材料为 45 钢，规格为 80 mm×80 mm×35 mm。

④加工刀具。根据零件的外形和加工要求，选择刀具为 T1 号 ϕ16 合金刀。

⑤夹具选择。虎钳装夹。

(2)加工工序方案。开放轮廓零件数控加工工序方案见表 3.11。

表 3.11　开放轮廓零件数控加工工序方案

工步号	工步内容	刀具号	刀具规格	主轴转速 /(r·min^{-1})	进给速度 /(mm·min^{-1})	背吃刀量 /mm	备注
1	粗加工宽 20±0.025、深 10±0.01 的十字槽	1	ϕ16	800	80	2.45	留 0.20 mm 加工余量
2	精加工宽 20±0.025、深 10±0.01 的十字槽	1	ϕ16	1200	60	0.2	加工到要求尺寸

表 3.11（续）

工步号	工步内容	刀具号	刀具规格	主轴转速 /(r·min^{-1})	进给速度 /(mm·min^{-1})	背吃刀量 /mm	备注
3	粗加工 ϕ28 的圆台	1	ϕ16	800	80	1.9	留 0.40 mm 加工余量
4	粗加工六角	1	ϕ16	800	80	1.4	留 0.40 mm 加工余量
5	精加工 ϕ28 的圆台	1	ϕ16	1200	60	0.4	加工到要求尺寸
6	精加工六角	1	ϕ16	1200	60	0.4	加工到要求尺寸

（3）参考程序。开放轮廓零件加工参考程序见表 3.12。

表 3.12　开放轮廓零件加工参考程序

O0001;	主程序
G54 G90 G49 G40;	
T0101;	
M03 S800;	主轴正转
G00 X0 Y0;	
Z0;	
M98 P041002;	调 4 次子程序 1002
G90 G01 Z0;	
G01X-50;	
M98 P041002;	调 4 次子程序 1002
G90 G01 Z0;	
G01Y-50;	
M98 P041002;	调 4 次子程序 1002
G90 G01 Z0;	
G01 X0;	
M98 P041002;	调 4 次子程序 1002
G90 G00 X0 Y0;	
G01 Z0;	
M98 P042002;	调 4 次六角子程序
G90 G01 Z0;	

表 3.12（续）

G01X-50；	
M98 P042002	调 4 次六角子程序
G90 G01 Z0；	
G01 Y-50；	
M98 P042002；	调 4 次六角子程序
G90 G01 Z0；	
G01X0；	
M98P042002；	调 4 次六角子程序
G90 G01 Z5；	
G00 X100 Y100；	
Z100；	
M05；	
M30；	
O1002	加工 ϕ28 的圆台子程序
G91 G01 Z-1.9 F80；	增量编程
G41 G01 X11 Y8 D01；	加左刀补
G01 Y17；	
G02 X0 Y0 I14；	
G01 Y17；	
G40 G01 X-11 Y8；	取消刀补
G01 Y-50；	
M99；	子程序结束，返回主程序
O2002	铣六角的子程序
G91 G01 Z-1.4 F80；	增量编程
G41 G01 X14 Y8 D01；	加左刀补
G01 Y23.35；	
X11 Y6.35；	
X11 Y-6.35；	
Y-12.7；	
X-11 Y-6.35；	
X-11 Y-6.35；	
Y23.35；	
G40 G01 X14 Y8；	取消刀补
G01 Y-50；	
M99；	子程序结束，返回主程序

3.2.3.3　考核评价

1）专业能力训练过程的考核与评价

对学生进行工件加工全过程专业能力考核，包括工艺准备、任务实施、工件质量、误差分析各环节。加工结束后，师生共同填写专业能力训练过程考核评分表（见表3.13）。

表 3.13　专业能力训练过程考核评分表（任务 3.2）

<table>
<tr><td colspan="3">任务名称</td><td colspan="4">开放轮廓零件编程与加工</td><td colspan="2">成绩</td><td></td></tr>
<tr><td colspan="3">操作者（或小组）</td><td colspan="2"></td><td>设备名称</td><td>FANUC 0i 数控铣床</td><td colspan="2">完成工时</td><td></td></tr>
<tr><td>序号</td><td colspan="3">考核内容</td><td>配分</td><td colspan="2">评分标准（扣完为止）</td><td>自评</td><td>组评</td><td>师评</td></tr>
<tr><td>1</td><td>工艺准备</td><td colspan="2">详见表 1.21 此项</td><td>20</td><td colspan="2">详见表 1.21 此项扣分标准</td><td></td><td></td><td></td></tr>
<tr><td>2</td><td>任务实施</td><td colspan="2">详见表 1.21 此项</td><td>40</td><td colspan="2">详见表 1.21 此项扣分标准</td><td></td><td></td><td></td></tr>
<tr><td rowspan="7">3</td><td rowspan="7">工件质量（30 分）</td><td rowspan="6">外轮廓</td><td>20±0.025</td><td>4</td><td colspan="2">超差 0.01 不扣分，0.01～0.09 扣 2 分，0.1 以上无分</td><td></td><td></td><td></td></tr>
<tr><td>80±0.03</td><td>5</td><td colspan="2">超差 0.1 内不扣分，以上无分</td><td></td><td></td><td></td></tr>
<tr><td>$22^{+0.02}_{0}$</td><td>4</td><td colspan="2">每超差 0.05 扣 2 分，超差 0.2 以上不得分</td><td></td><td></td><td></td></tr>
<tr><td>4×ϕ28</td><td>5</td><td colspan="2">超差 0.1 内不扣分，以上无分</td><td></td><td></td><td></td></tr>
<tr><td>10±0.01</td><td>4</td><td colspan="2">超差 0.1 内不扣分，以上无分</td><td></td><td></td><td></td></tr>
<tr><td>35</td><td>4</td><td colspan="2">超差 0.1 内不扣分，以上无分</td><td></td><td></td><td></td></tr>
<tr><td colspan="2">Ra3.2</td><td>4</td><td colspan="2">超差 0.1 内不扣分，以上无分</td><td></td><td></td><td></td></tr>
<tr><td>4</td><td>误差分析</td><td colspan="2">详见表 1.21 此项</td><td>10</td><td colspan="2">详见表 1.21 此项扣分标准</td><td></td><td></td><td></td></tr>
<tr><td colspan="4">合计</td><td>100</td><td colspan="2">自评 10%、组评 20%、师评 70%</td><td></td><td></td><td></td></tr>
<tr><td colspan="10">误差分析及反思（学生个人填）：</td></tr>
<tr><td colspan="10">考核得分及评价（教师填）：</td></tr>
</table>

第　　组	学生签字		组长签字		教师签字		年　月　日

2）综合能力考核与评价

对每名学生的专业能力、社会能力、方法能力进行综合考核、客观评价。师生共同填写综合能力考核及评价表（见表 F.5）。

3.2.4 训练与考核

3.2.4.1 训练任务

开放轮廓零件编程与加工训练任务见表 3.14。

表 3.14 开放轮廓零件编程与加工训练任务

任务描述	完成如图 3.20 所示外轮廓零件数控加工工艺分析及方案拟定，并编制程序 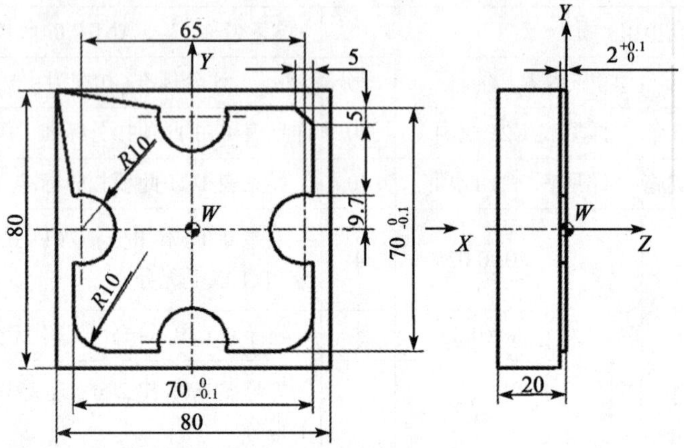 **图 3.20 外轮廓零件图**
工艺条件	工艺条件参照“3.2.1 工作任务”中提供的工艺条件配置
加工要求	严格遵守安全操作规程，零件加工质量达到图样要求

3.2.4.2 考核评价

进行加工工艺分析和方案设计，并完成相应的工艺文件后，对工作过程进行总结评议，参照表 3.13 填写专业能力训练过程考核评分表。

复习题

1）填空题

（1）逼近直线段和圆弧小段轮廓曲线的交点和切点是________。

（2）数控系统输出一个脉冲，机床移动部件的移动量称为________。

2）判断题

（1）数控机床中 MDI 是机床诊断智能化的英文缩写。(　　)

（2）Ra 越大，表示表面粗糙度要求越高；Ra 越小，表示表面粗糙度要求越低。(　　)

（3）数控机床编程有绝对值和增量值编程，使用时不能将它们放在同一程序段中。(　　)

(4) 不同结构布局的数控机床有不同的运动方式，但无论何种形式，编程时都认为工件相对于刀具运动。(　　)

3) 编程题

(1) 完成如图 3.21 所示定位板零件数控加工工艺方案拟定，编制加工程序，并使用数控铣床(加工中心)加工。

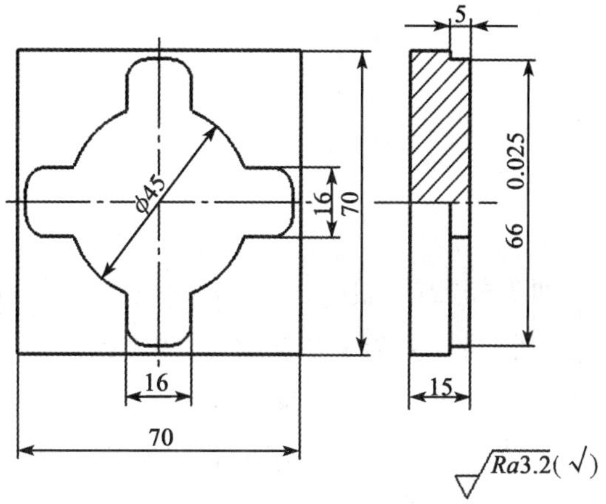

图 3.21　定位板零件图

(2) 完成如图 3.22 所示外轮廓零件数控加工工艺方案拟定，编制加工程序，并使用数控铣床(加工中心)加工。

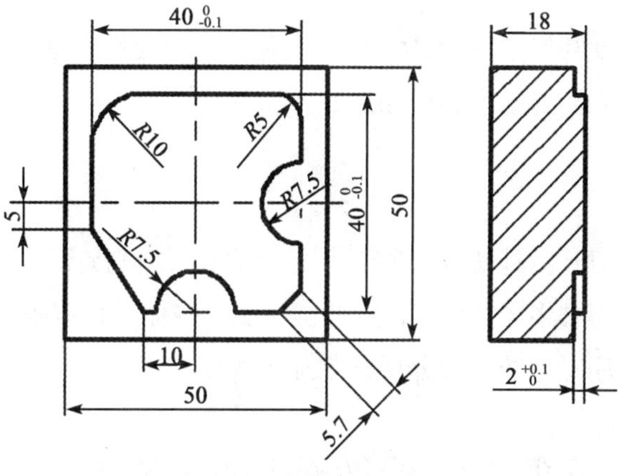

图 3.22　外轮廓零件图

项目 4　腔体类零件编程与加工

【项目导学】

腔体类零件编程与加工是数控铣削加工中常见的工作任务，体现了数控铣削加工的优势。本项目包括“凸凹模零件编程与加工”和“腔体零件编程与加工”两个任务。通过对这两个任务的学习和实施，帮助学生学会轮廓及腔体零件数控加工的基本工艺分析和设计，学会带有刀具长度补偿的程序编制，并在仿真和数控铣床上完成工件加工。

【知识目标】

(1)掌握腔体加工工艺知识。

(2)掌握刀具长度补偿 G43，G44，G49 编程格式和编程方法。

(3)掌握加工中心换刀基本编程知识。

【技能目标】

(1)能设置多把刀长度补偿量、多把刀换刀程序，能进行多把刀换刀操作。

(2)能灵活使用刀具半径补偿、长度补偿功能对腔体进行编程和加工。

(3)能使用子程序对型腔编制分层铣削加工程序。

任务 4.1　凸凹模零件编程与加工

4.1.1　工作任务

凸凹模零件编程与加工工作任务如表 4.1 所列。

表 4.1　凸凹模零件编程与加工工作任务

任务描述

完成图 4.1 所示六角凸凹模加工工艺设计、加工程序编制、仿真调试，并使用数控铣床(加工中心)完成零件加工

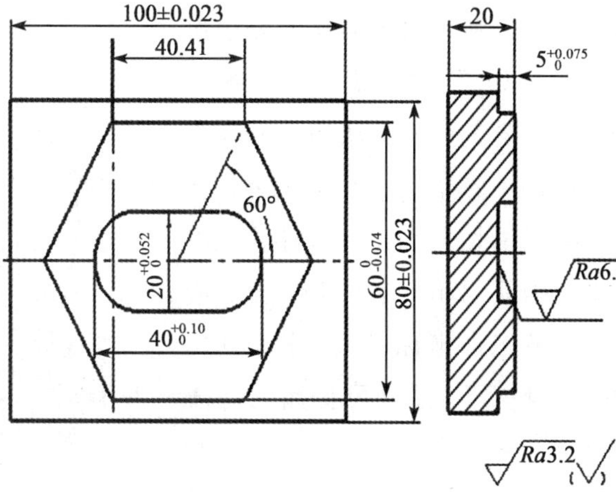

图 4.1　六角凸凹模零件图

知识点与技能点

知识点：◇ 凸凹模铣削加工路线的确定

◇ G43/G44/G49 指令功能、格式和用法

◇ G28/G30 指令功能、格式和用法

技能点：◇ 绘制凸凹模加工路线图

◇ 用子程序编程

◇ 调试程序

工艺条件

◎数控铣床(加工中心)：配置 FANUC 0*i* 系统

◎毛坯：尺寸为 100 mm×100 mm×25 mm(100 mm×100 mm 四侧面已加工到尺寸)，材料为 45 钢，单件生产

◎刀具、量具及其他：

名称	规格	数量
ϕ10 立铣刀	硬质合金	1
游标卡尺	0~150,0.02	1
百分表	0~10,0.01	1
磁性表座		1
垫块	各种尺寸规格	若干

任务分析

本任务零件内、外轮廓同时存在，首先应考虑如何安排加工工序，以满足精度和生产效率要求。设计中可先粗后精，即粗铣时先外轮廓后内轮廓，精加工时先内轮廓后外轮廓。加工程序中应注意刀具半径补偿和长度补偿的引用，并及时取消刀具补偿。对刀操作时应注意多把刀对刀方法和参数设置

4.1.2 相关知识

4.1.2.1 型腔加工工艺

对于连续铣削内轮廓，特别是加工圆弧时，要注意安排好刀具的切入、切出，要尽量避免交接处重复加工，否则会出现明显的界线痕迹。铣削内圆加工路线如图 4.2 所示。用圆弧插补方式铣削内整圆时，要安排刀具从切向进入圆周铣削加工。当整圆加工完毕后，不要在切点处直接退刀，而要让刀具沿切向切出一段距离，以免取消刀具补偿时，刀具与工件表面相碰撞，造成工件报废。若刀具从工件坐标原点出发，其加工路线为“1—2—3—4—5”，这样可提高内孔表面的加工精度和质量。

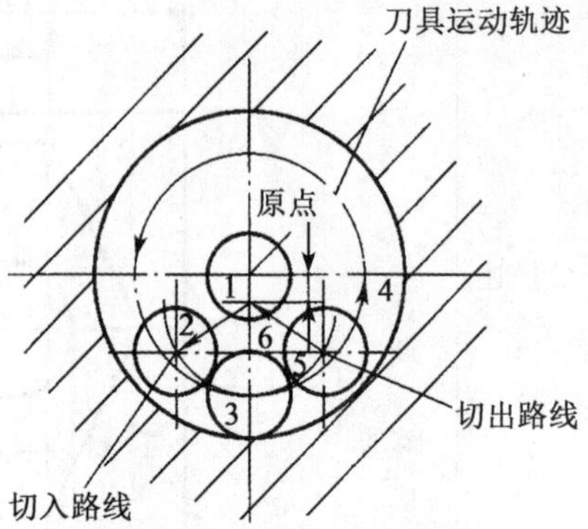

图 4.2 铣削内圆加工路线

4.1.2.2 加工中心自动换刀

自动换刀数控机床多采用刀库式自动换刀装置。带刀库的自动换刀系统由刀库和刀具交换机构组成，它是多工序数控机床上应用最广泛的换刀方法。

换刀过程较为复杂。首先把加工过程中需要使用的全部刀具分别安装在标准的刀柄上，在机外进行尺寸预调整之后，按照一定的方式放入刀库。换刀时先在刀库中进行选刀，并由刀具交换装置从刀库和主轴上取出刀具。在进行刀具交换之后，将新刀具装入主轴，把旧刀具放回刀库。存放刀具的刀库具有较大的容量，它既可安装在主轴箱的侧面或上方，也可作为单独部件安装到机床以外。

1) 刀库种类

刀库用于存放刀具，它是自动换刀装置中的主要部件之一。根据刀库存放刀具的数目和取刀方式，刀库可设计成不同类型。常见的刀库的形式为圆盘刀库，杭州友嘉 VM-40SA 加工中心刀库照片如图 4.3 所示。

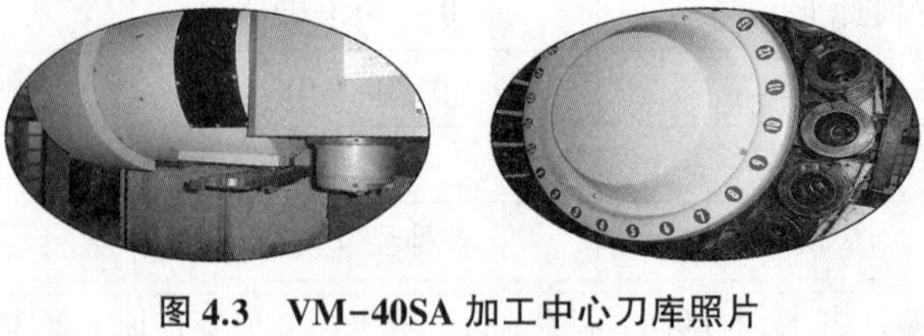
图 4.3 VM-40SA 加工中心刀库照片

2) 主轴准停

主轴准停也叫主轴定向。在加工中心等数控机床上，由于有机械手自动换刀，要求刀柄上的键槽对准主轴的端面键，因此主轴每次必须停在一个固定准确的位置上，以利于机械手换刀。主轴准停装置有机械式和电气式两种。

3)换刀程序

对于不同的加工中心，因使用的数控系统不同，其换刀程序的编程方法也是不同的。从加工中心的整个换刀过程来看，通常可分为选刀和换刀两个过程。换刀动作应在主轴停转下进行，而选刀可与机床加工重合起来，即利用切削时间进行选刀。

多数加工中心都规定了换刀点位置，即定距换刀，主轴只有定到这个位置，机械手才能执行换刀动作。一般立式加工中心规定换刀点的位置在机床的Z0处(即机床Z轴零点处)。由于选刀和换刀是分开的，因此换刀程序可采用以下两种方法设计。

(1)利用第一参考点换刀(G28)。

方法一：N100 G91 G28 Z0 T02;

　　　　N200 M06;

方法二：N100 G01 Z30 T02;

　　　　…………

　　　　N200 G91 G28 Z0;

　　　　N205 M06;

　　　　N210 G01 Z30 T05;

　　　　…………

N200程序段换上N100程序段后选出T02号刀具；在换刀后，紧接着选出下次要用的T05号刀具。在N100程序段和N210程序段执行选刀时，不占用机动时间，所以这种方法较好。

(2)利用第二参考点多把刀换刀(G30)。

方法一：

N05 G54 G90 G40 G49 T01;

…………

N100 G43 G01 Z50 H01;

…………

N150 G49 G100. Z50;

N155 M05 M09;

N160 G91 G30 Z0;

N165 T02;

N170 M06;

…………

N200 G43 G01 Z50. H02;

…………

```
N100 G49 G00 Z50.;
N100 M05 M09;
N100 G91 G30 Z0.;
N100 T03;
N100 M06;
…………
N100 M05;
N100 M30;
```

方法二:

```
N10 G01 Z __ T02;          在切削加工的同时选 T02 号刀
…………
N100 G91 G30 Z0;           返回第二参考点
N105 M06;                  主轴换上 T02 号刀
N110 G01 Z __ T03;         在切削加工的同时选 T03 号刀
…………
```

换刀子程序 1:

```
08999(ATC);                换刀子程序, 8999 为程序号
M05;                       主轴停
M09;                       切削液停
G80;                       取消固定循环
G91 G28 Z0;                Z 轴回原点
G49 M06;                   取消长度补偿, 换刀
M99;                       回主程序
```

换刀子程序 2:

```
08999(ATC);
M05;
M09;
G80;
G91 G28 GZ0;               Z 轴回原点
G91 G30 X0 Y0;             回到换刀原点(第二参考点)
G49 M06;
M99;
```

主程序调用时, 只需用指令"T __ M98 P8999;"即可。

4）多把刀对刀操作

多把刀对刀其实只需对每把刀的 Z 轴（X，Y 轴只需对第一把刀就可以，其他刀相应零点不变，只需改相应刀具半径补偿值）第二把刀进行对刀，具体对刀步骤如图 4.4 所示：

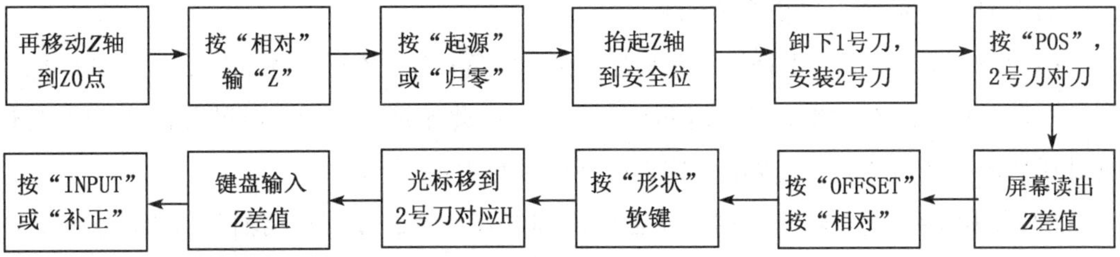

图 4.4　第二把刀对刀步骤

其他刀对刀方法同上，只要把第一把刀当作基准刀，后面的多把刀依次都在加工前一次性对刀，把每把刀与基准刀的长度差值补偿到 OFFSET 界面上的各对应刀号下的 H 值里，正负值按照实际读数输入即可。只要在程序段中调用“G43H02”就可实现刀具的长度补偿。

4.1.2.3　刀具长度补偿（G43/G44/G49）

1）长度补偿功能

通常，数控镗（铣）床、加工中心的刀具装在主轴上。由于多把刀具长度各不相同，装刀后刀尖所在位置也不同，即使是同一把刀具，由于磨损、重磨变短，重装后刀尖位置也会发生变化。如用不同的刀具加工同一工件，确定刀尖位置就十分重要。为了解决这一问题，就把刀尖位置都设在同一基准上，一般刀尖基准是刀柄测量线（或是装在主轴上的刀具使用主轴前端面）。编程时不用考虑实际刀具的长度偏差，只以这个基准进行编程，而刀尖的实际位置由 G43（刀具正补偿）、G44（刀具负补偿）来修正，如图 4.5 所示。

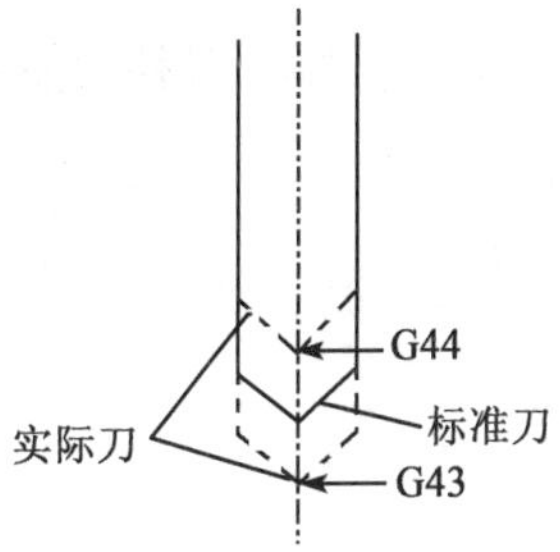

图 4.5　长度补偿

2）长度补偿指令格式

指令格式：

$$
H\_\_;\begin{cases} \text{G17　G43/G44　G00/G01　Z}\_\_\ \text{H}\_\_; \\ \cdots\cdots\cdots\cdots \\ \text{G49　G00/G01　Z}\_\_\ \text{(H00)}; \end{cases}
$$

其中，G17 ——刀具长度补偿轴为 Z 轴；

G43 ——正向偏置（补偿轴终点加上偏置值）；

G44 ——负向偏置（补偿轴终点减去偏置值）；

X，Y，Z——G00/G01 的参数，即刀补建立或取消的终点；

H——G43/G44 的参数，即刀具长度补偿偏置号(H00~H99)，它代表了刀具表中对应的长度补偿值；

G49——取消刀具长度补偿，H00 可省略，即仅用 G49 取消刀具长度补偿。

3)刀具长度偏置补偿指令说明

(1)G43 为刀具长度正补偿，G44 为刀具长度负补偿。Z 指令欲定位至 *Z* 轴的坐标位置。H 为刀具长度补偿地址码，以两位数字表示。此地址是指刀具补偿号码中的刀具长度补偿号码。例如“H01”，表示刀具长度补偿号码为 01 号。

(2)使用 G43 或 G44 指令时，只能有 *Z* 轴的移动量，若有其他轴向的移动，则会出现警示画面。

(3)G43，G44 为模态代码，如欲取消刀具长度补偿，则用 G49 或 H00 指令取消。(G49 为刀长补偿取消，H00 表示补长值为零)。

(4)刀具实际位移=程序设定值±补偿值。

(5)度量刀具长度的方法如下：

① 把工件放在工作台面上；

② 调整基准刀具轴线，使它接近工件表面，将相对坐标清零；

③ 换上要度量的刀具，把该刀具的前端调整到工件表面上；

④ 此时 *Z* 轴的相对坐标系的坐标作为刀具偏置值输入内存。

4)刀具长度补偿的应用

刀具长度偏置补偿如图 4.6 所示。图中设 H00=00 mm，H01=20 mm，H02=15 mm。

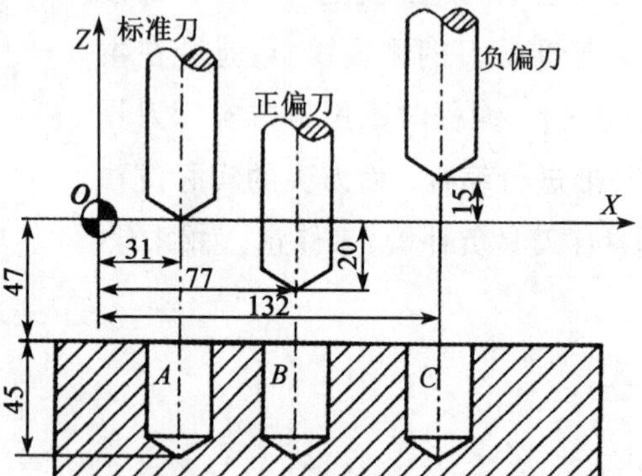

图 4.6　刀具长度偏置补偿

铣 *A* 孔，用标准刀，其参考程序如下：

O4210

G92 X31 Y0 Z0;　　　　　选 G92 作为工件的坐标系

M035 S1000;

```
G00 X31 Y0Z0;               将标准刀移到A孔中心线上
G01 Z-92 F100;              铣A孔至孔底
Z-47;                       以切削速度退至工件表面
G00 Z0;                     快速退至Z=0平面
M05 M30;
```

铣 *B* 孔，用正偏置刀，其参考程序如下：

```
O4211
G92 X77 Y0 Z0;              选G92作为工件的坐标系
M035 S1000;
G00 G43 X77 Y0 Z0 H01;      将正偏刀移到B孔中心线上
G01 Z-92 F100;              铣B孔至孔底，编程坐标不变
Z-47;                       以切削速度退至工件表面
G00 G49 Z0;
G00 G49 Z0;                 取消刀补，快速退至Z=0平面
M05 M30;
```

铣 *C* 孔，用负偏置刀，其参考程序如下：

```
O4212
G92 X132 Y0 Z0;             选G92作为工件的坐标系
M035 S1000;
G00 G44 X132 Y0 Z0 H02;     将负偏刀移到B孔中心线上
G01 Z-92 F100;              铣C孔至孔底，编程坐标不变
Z-47;                       以切削速度退至工件表面
G00 G49 Z0;
G00 G49 Z0;                 取消刀补，快速退至Z=0平面
M05 M30;
```

SIEMENS 802D 系统相应指令格式及应用同上。

4.1.3　任务实施

4.1.3.1　典型案例

完成图4.7所示方腔模板零件的加工工艺设计、加工程序编制、仿真调试后，使用数控铣床（加工中心）加工零件。材料为 45 钢，毛坯尺寸为 70 mm×70 mm×25 mm（已加工到尺寸），单件生产。

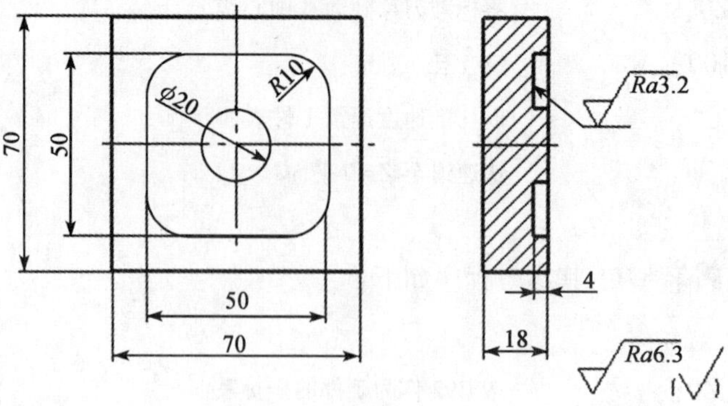

图 4.7　方腔模板

1）零件图分析

该方腔模板形状规整，尺寸为自由公差，腔体表面粗糙度为 3.2 μm，其余表面粗糙度为 6.3 μm。毛坯尺寸为 70 mm×70 mm×25 mm，零件图尺寸齐全，属尺寸精度不高但粗糙度较高的零件。

2）加工工序设计

（1）粗铣方腔。安装 ϕ14 mm 粗立铣刀并对刀，设定刀具参数，粗铣方腔，留 0.50 mm 单边余量。

（2）精铣方腔。

①安装 ϕ16 mm 精加工用立铣刀并对刀，设定刀具参数，精铣方腔，留 0.10 mm 单边余量。

②实测工件尺寸，调整刀具参数，精铣方腔至要求尺寸。

3）刀具选择

选用两把 ϕ16 mm 合金立铣刀分别进行粗加工、精加工。

4）走刀路线

精加工走刀路线设计成顺铣，利于提高表面精度，如图 4.8 所示。

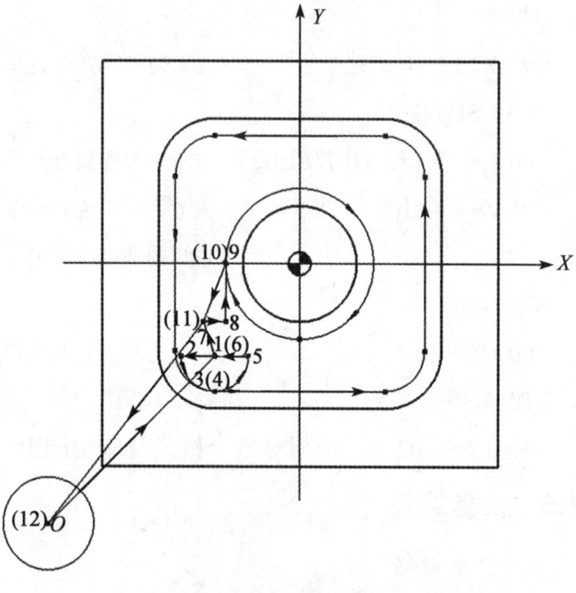

图 4.8　方腔模板走刀路线

5）编制数控加工工序

方腔模板数控加工工序卡片见表 4.2。

表 4.2　方腔模板数控加工工序卡片

<table>
<tr><td colspan="2">单位名称</td><td rowspan="2">数控加工工序卡片</td><td colspan="2">产品名称或代号</td><td colspan="2">零件名称</td><td>零件图号</td></tr>
<tr><td colspan="2"></td><td colspan="2"></td><td colspan="2">方腔模板</td><td>B0401</td></tr>
<tr><td colspan="2">工序号</td><td>程序编号</td><td colspan="2">夹具名称</td><td colspan="2">使用设备</td><td>车间</td></tr>
<tr><td colspan="2"></td><td></td><td colspan="2">平口虎钳</td><td colspan="2">FANUC 0i 数控铣床</td><td></td></tr>
<tr><td>工步号</td><td>工步内容</td><td>刀具号</td><td>刀具规格</td><td>主轴转速 /(r · min⁻¹)</td><td>进给速度 /(mm · min⁻¹)</td><td>背吃刀量 /mm</td><td>备注</td></tr>
<tr><td>1</td><td>粗加工内轮廓</td><td>1</td><td>φ10 合金立铣刀</td><td>1500</td><td>300</td><td>1</td><td>留 0.20 mm 单边余量</td></tr>
<tr><td>2</td><td>精加工内轮廓</td><td>2</td><td>φ10 合金立铣刀</td><td>2000</td><td>200</td><td>0.2</td><td>加工到尺寸</td></tr>
<tr><td>编制</td><td></td><td>审核</td><td></td><td>批准</td><td>年　月　日</td><td>共　页</td><td>第　页</td></tr>
</table>

6）参考程序

方腔模板加工参考程序如表 4.3 所列。

表 4.3　方腔模板加工参考程序

主程序	子程序
O0001(粗加工主程序)	O1001
N5 G54 G90 G40	N05 G1 G91 Z-1 F50;
N10 G00 X-50 Y-50;	N10 G90 G01 G41 D1 X-23 F300;
N15 Z30 S1500 M03;	N15 G3 X-15 Y-25 R8;
N12 X-15 Y-17;	N20 G01 X15;
N14 Z1;	N25 G03 X25 Y-15 R10;
N20 G01 Z0 F50;	N30 G01 Y15;
N25 M98 P41002;	N35 G03 X15 Y25 R10;
N30 G0 Z10;	N40 G01 X-15;
N35 G40 X-17 Y-5;	N45 G03 X-25 Y15 R10;
N40 Z1;	N50 G01 Y-15
N45 G1 Z0 F50;	N55 G03 X-15 Y-25 R10;
N50 M98 P41002;	N60 G03 X-7 Y-17 R8;
N55 G0Z10;	N65 G01 G40 X-15 Y-17;
N60 X-50 Y-50;	N70 M99
N70 Z100 M05;	
N75 M30;	O1002(粗加工)

表 4.3(续)

主程序	子程序
O0002(精加工主程序)	N120 G01 G91 Z-1 F50;
N160 G54 G90 G40 G00;	N125 G90 G1 G41 D1 X-10 F300;
N165 X-50 Y-50 ;	N130 Y0;
N170 Z30 S2000 M3;	N135 G02 I10;
N175 X-15 Y-17;	N140 G1 Y5;
N180 Z1;	N145 G40 X-17 Y-5;
N185 G01 Z-3 F100;	N150 M99;
N190 M98 P1001;	
N195 G0 Z10;	
N200 G40 X-17 Y-5;	
N205 Z1;	
N210 G1 Z-3 F100;	
N215 M98 P1002;	
N220 G0 Z10;	
N225 X-50 Y-50;	
N230 Z100 M5;	
N235 M30;	

4.1.3.2 任务实施

1)实施方案

(1)根据六角凸凹模零件图尺寸公差和表面粗糙度要求，初步确定数控加工工序。

(2)确定六角凸凹模零件加工走刀路线。

(3)选用刀具，确定刀具切削参数，填写刀具卡，详见表 F.1。

(4)确定装夹方案、定位基准。

(5)拟定并填写数控加工工序卡，绘制走刀路线图，编制加工程序，详见表 F.2 至表 F.4。

(6)六角凸凹模零件的仿真加工步骤如图 4.9 所示。

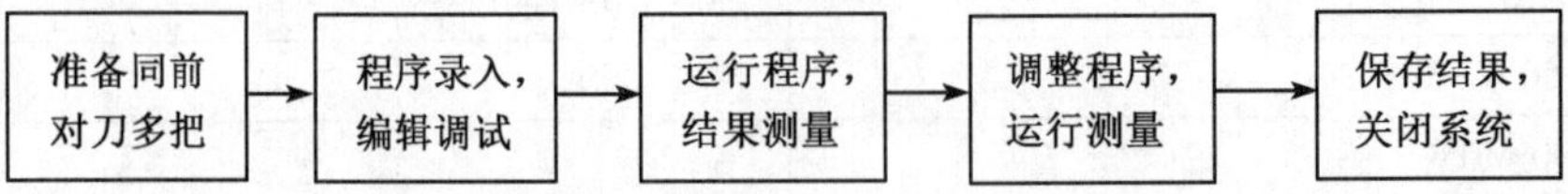

图 4.9 六角凸凹模零件的仿真加工步骤

(7)六角凸凹模零件的工件加工步骤如图 4.10 所示。

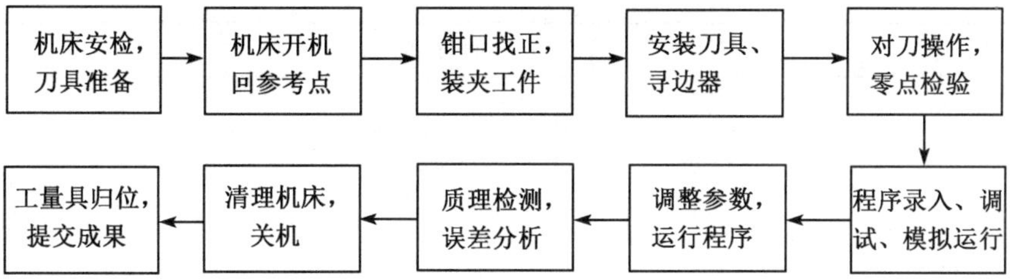

图 4.10 六角凸凹模零件的工件加工步骤

2)实施步骤

(1)根据图样要求确定加工工艺。

①加工方式。此零件的主要加工部位是内、外轮廓，应采用立铣方式加工。

②加工设备。FANUC 0*i* 数控系统的数控铣床或立式加工中心。

③毛坯材料。材料为 45 钢，规格为 100 mm×80 mm×20 mm。

④加工刀具。根据零件的外形和加工要求，选择刀具为 T1 号 ϕ20 合金刀、T2 号 ϕ10 合金刀、T3 号 ϕ16 合金刀、T4 号 ϕ12 合金刀。

⑤夹具选择。选用平口虎钳装夹零件。

(2)加工工艺方案。六角凸凹模零件数控加工工艺方案见表 4.4。

表 4.4 六角凸凹模零件数控加工工艺方案

工步号	工步内容	刀具号	刀具规格	主轴转速 /($r \cdot min^{-1}$)	进给速度 /($mm \cdot min^{-1}$)	背吃刀量 /mm	备注
1	粗加工六角凸台	1	ϕ20	1000	150	1.6	侧壁、深度方向均留 0.20 mm 精加工余量
2	精加工六角凸台	2	ϕ10	2000	500		加工到要求公差
3	粗加工 40×20 槽	3	ϕ16	1600	400	0.5	留 0.10 mm 加工余量
4	精加工 40×20 槽	4	ϕ12	1200	80	0.5	加工到要求公差

(3)参考程序。六角凸凹模零件加工参考程序如表 4.5 所列。

表 4.5　六角凸凹模零件加工参考程序

O0001	程序名
G54 G90 G49 G40;	
T0101;	
M03 S800;	
G00 X45.0 Y-50.0;	
Z2.0;	
G01 Z0. F80;	
M98 P00020002;	调 0002 子程序 2 次
G90 G01 Z2.0;	
S1200;	
G01 Z-5.0 F60;	
Y-40.0;	
X53.0 Y0.;	
X45.0 Y40.0;	
X33.0;	
X53.0 Y0.;	
X33.0 Y-40.0;	
Y-50.0;	
X-45.0;	
Y-40.0;	
X-53.0 Y0.;	
X-45.0 Y40.0;	
X-33.0;	
X-53.0 Y0.;	
X-33.0 Y-40.0;	
Y-50.0;	
X-70.0;	
G42 G01 X-55.0 Y-35.0 D01;	加右补偿
X20.0;	
X40.0 Y0.;	
X20.0 Y35.0;	
X-20.0;	
X-40.0 Y0.;	

表 4.5(续)

X-20.0 Y-35.0;	
X55.0;	
G40 X70.0 Y-50.0;	取消半径补偿
G00 Z100.0;	
M00;	程序暂停
S800;	
G00 X-19.5 Y0.;	
G43 G00 Z25.0 H01;	加长度补偿
G01 Z0. F80;	
M98 P00020003;	调 0003 子程序 2 次
G90 G01 Z2.0;	
S1200;	
G01 Z-4.8 F60.0;	
X19.5 Z-5.0;	
X-19.5;	
X7.5;	
G03 X0. Y7.5 R7.5;	
G01 X-12.5;	
G03 X-12.5 Y-7.5 R7.5;	
G01 X0.;	
G03 X-7.5 Y0. R7.5;	
G01 X0.;	
Z2.0;	
G49 G00 Z25.0;	取消长度补偿
G00 Z100.0;	
X100.0 Y100.0;	
M05;	
M30;	主程序结束
O0002	子程序
G91 G01 Z-2.4;	增量编程
Y10.0;	
X8.0 Y40.0;	

表 4.5(续)

X-8.0 Y40.0;	
X-12.0;	
X20.0 Y-40.0;	
X-20.0 Y-40.0;	
Y-10.0;	
X-78.0;	
Y10.0;	
X-8.0 Y40.0;	
X8.0 Y40.0;	
X12.0;	
X-20.0 Y-40.0;	
X20.0 Y-40.0;	
Y-10.0;	
X-37.0;	
G42 G01 X15.0 Y15.0 D02;	加右补偿
X75.0;	
X20.0 Y35.0;	
X-20.0 Y35.0;	
X-40.0;	
X-20.0 Y-35.0;	
X20.0 Y-35.0;	
X75.0;	
G40 G01 X15.0 Y-15.0;	取消半径补偿
X-25.0;	
M99;	子程序结束,返回主程序
O0003	子程序
G91 G01 X39. Z-2.4;	
X-39.0;	
X26.5	
G03 X-7.0 Y7.0 R7.0;	
G01 X-12.5;	
G03 X0. Y-14.0 R7.0;	

表 4.5(续)

G01 X25.0;	
G03 X0. Y14.0 R7.0;	
G01 X-12.5;	
G03 X-7.0 Y-7.0 R7.0;	
G01 X-12.5;	
M99;	

4.1.3.3 考核评价

1) 专业能力训练过程考核与评价

对学生进行工件加工全过程专业能力考核，包括工艺准备、任务实施、工件质量、误差分析各环节。加工结束后，师生共同填写专业能力训练过程考核评分表(见表4.6)。

表 4.6 专业能力训练过程考核评分表(任务 4.1)

<table>
<tr><td colspan="3">任务名称</td><td colspan="3">六角凸凹模编程与加工</td><td colspan="2">成绩</td><td></td></tr>
<tr><td colspan="3">操作者(或小组)</td><td colspan="2"></td><td>设备名称　FANUC 0i 数控铣床</td><td colspan="2">完成工时</td><td></td></tr>
<tr><td>序号</td><td colspan="3">考核内容</td><td>配分</td><td>评分标准(扣完为止)</td><td>自评</td><td>组评</td><td>师评</td></tr>
<tr><td>1</td><td>工艺准备</td><td colspan="2">详见表 1.21 此项</td><td>20</td><td>详见表 1.21 此项扣分标准</td><td></td><td></td><td></td></tr>
<tr><td>2</td><td>任务实施</td><td colspan="2">详见表 1.21 此项</td><td>40</td><td>详见表 1.21 此项扣分标准</td><td></td><td></td><td></td></tr>
<tr><td rowspan="7">3</td><td rowspan="7">工件质量(30 分)</td><td rowspan="3">外轮廓</td><td>100±0.023</td><td rowspan="2">4</td><td rowspan="2">超差 0.01 不扣分，0.01～0.09 扣 2 分，0.1 以上无分</td><td rowspan="2"></td><td rowspan="2"></td><td rowspan="2"></td></tr>
<tr><td>$60_{-0.074}^{0}$</td></tr>
<tr><td>80±0.023</td><td>4</td><td>超差 0.1 内不扣分，以上无分</td><td></td><td></td><td></td></tr>
<tr><td>槽宽</td><td>$20_{0}^{+0.067}$</td><td>4</td><td>超差 0.1 内不扣分，以上无分</td><td></td><td></td><td></td></tr>
<tr><td>槽深</td><td>$5_{0}^{+0.075}$</td><td>5</td><td>每超差 0.05 扣 2 分，超差 0.2 以上不得分</td><td></td><td></td><td></td></tr>
<tr><td colspan="2">Ra3.2</td><td>5</td><td>每降 1 级扣 2 分</td><td></td><td></td><td></td></tr>
<tr><td colspan="2">Ra6.3(1 处)</td><td>4</td><td>每降 1 级扣 2 分</td><td></td><td></td><td></td></tr>
<tr><td>4</td><td>误差分析</td><td colspan="2">详见表 1.21 此项</td><td>10</td><td>详见表 1.21 此项扣分标准</td><td></td><td></td><td></td></tr>
<tr><td colspan="4">合计</td><td>100</td><td>自评 10%、组评 20%、师评 70%</td><td></td><td></td><td></td></tr>
<tr><td colspan="9">误差分析及反思(学生个人填)：</td></tr>
<tr><td colspan="9">考核得分及评价(教师填)：</td></tr>
</table>

第　组	学生签字		组长签字		教师签字		年　月　日

2)综合能力考核与评价

对每名学生的专业能力、社会能力、方法能力进行综合考核、客观评价。师生共同填写综合能力考核及评价表(见表 F.5)。

4.1.4 训练与考核

4.1.4.1 训练任务

凸凹模零件编程与加工训练任务见表 4.7。

表 4.7 凸凹模零件编程与加工训练任务

任务描述	完成图 4.11 所示凹模零件数控加工工艺分析及方案拟定,并编制程序 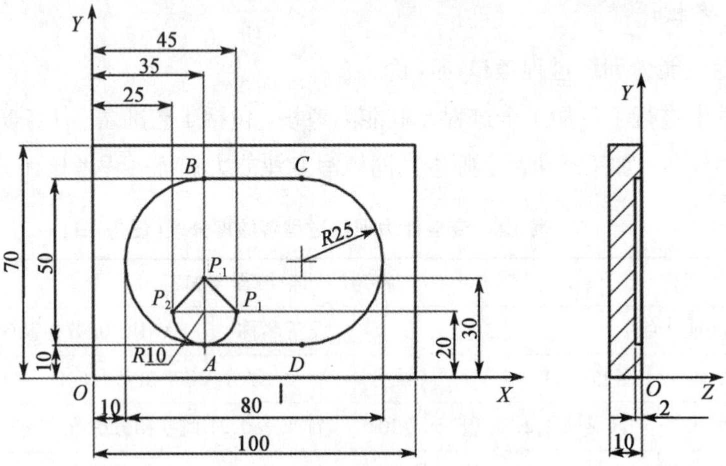 图 4.11 凹模零件图
工艺条件	工艺条件参照“4.1.1 工作任务”中提供的工艺条件配置
加工要求	严格遵守安全操作规程,零件加工质量达到图样要求

4.1.4.2 考核评价

进行加工工艺分析和方案设计,并完成相应的工艺文件后,对工作过程进行总结评议,参照表 4.6 填写专业能力训练过程考核评分表。

复习题

1)填空题

(1)模态指令一旦在程序中作用,便一直______。

(2)在轮廓控制中,为了保证一定的精度和编程方便,通常需要有刀具______补偿和______补偿功能。

(3)执行程序段“G91 X60.0 Y60.0 Z40.0;”时,刀具移动了 X60.0,Y______,Z______。

2)判断题

(1)刀具补偿功能字 H12(D12)表示使用第 12 号刀。( )

(2) G43 在编程时只可作为长度补偿使用，不可作他用。(　　)

(3) 主程序与子程序的内容不同，但两者的程序格式应相同。(　　)

(4) M98 指令含义是调用子程序。(　　)

(5) 子程序一般用相对坐标编程，用 G90 会使程序在同一位置重复加工。(　　)

3) 编程题

(1) 完成如图 4.12 所示的心形连接板零件的数控加工工艺方案拟定，编制加工程序，并使用数控铣床(加工中心)加工。

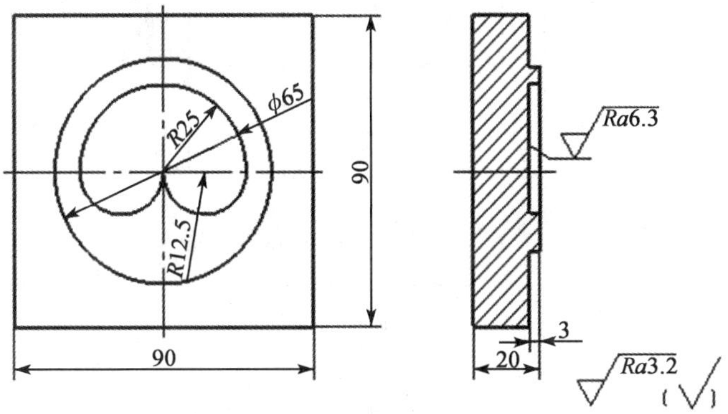

图 4.12　心形连接板零件图

(2) 完成如图 4.13 所示的凸凹模零件的数控加工工艺方案拟定，编制加工程序，并使数控铣床(加工中心)加工。

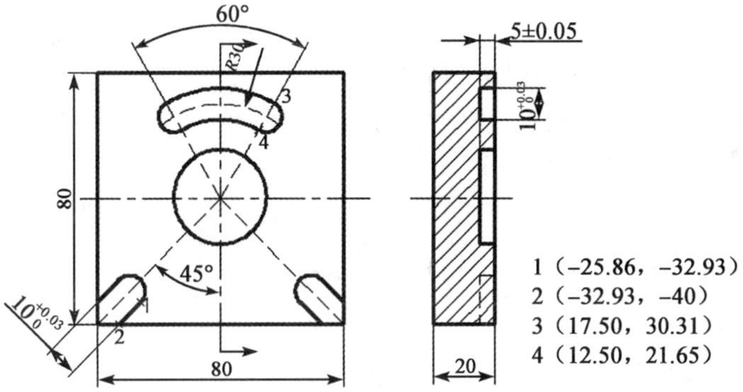

图 4.13　凸凹模零件图

任务 4.2　腔体零件编程与加工

4.2.1　工作任务

腔体零件编程与加工工作任务如表 4.8 所列。

表 4.8　腔体零件编程与加工工作任务

<table>
<tr><td>任务描述</td><td>
完成图 4.14 所示腔体零件加工工艺设计、加工程序编制、仿真调试后，使用数控铣床(加工中心)完成零件加工

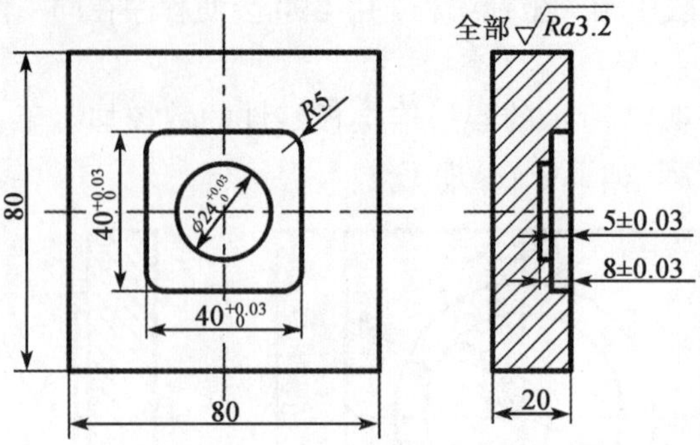

图 4.14　腔体零件图
</td></tr>
<tr><td>知识点
与技能点</td><td>
知识点：◇ 型腔铣削加工路线的确定
◇ G43/G44/G49 指令功能、格式和用法
◇ 子程序 M98/M99 指令功能、格式和用法
技能点：◇ 绘制型腔加工路线图
◇ 用子程序编程
◇ 调试程序
</td></tr>
<tr><td>工艺条件</td><td>
◎数控铣床(加工中心)：配置 FANUC 0i 系统
◎毛坯：毛坯尺寸为 80 mm×80 mm×20 mm，(80 mm×80 mm 上表面和四侧面已加工到尺寸)，材料为 45 钢，单件生产
◎刀具、量具及其他：
<table>
<tr><th>名称</th><th>规格</th><th>数量</th></tr>
<tr><td>ϕ10 麻花钻</td><td>高速钢</td><td>1</td></tr>
<tr><td>ϕ8 立铣刀</td><td>硬质合金</td><td>1</td></tr>
<tr><td>游标卡尺</td><td>0~150，0.02</td><td>1</td></tr>
<tr><td>百分表</td><td>0~10，0.01</td><td>1</td></tr>
<tr><td>磁性表座</td><td></td><td>1</td></tr>
<tr><td>垫块</td><td>各种尺寸规格</td><td>若干</td></tr>
</table>
</td></tr>
<tr><td>任务分析</td><td>
该任务零件型腔为圆弧型腔，需从内边界线确定一个封闭区域，并去除边界线内材料，编程时应考虑两个因素：①刀具切入和切出的加工方法；②常见的型腔粗加工方法，如 ZX 或 ZY 向下刀(拉刀)和螺旋下刀(拉刀)，考虑使用环切法
</td></tr>
</table>

4.2.2 相关知识

1)型腔加工铣刀选择

型腔是指以封闭曲线为边界的平底或曲底凹坑。加工平底型腔时一律用平底立铣刀，且刀具边缘部分的圆角半径应符合型腔的图样要求。

2)型腔铣削方法

型腔的切削分两步，第一步切内腔，第二步切轮廓。切轮廓通常又分为粗加工和精加工两步。在切削内腔区域时，常用环切法和行切法。两种进给路线的共同点是都要切净内腔区域的全部面积，不留死角，不伤轮廓，同时尽量减少重复进给的搭接量。

3)走刀路线

如图 4.15(a)和图 4.15(b)所示为行切法和环切法加工内腔的走刀路线。行切法走刀能切除内腔中的全部余量，不留死角，不伤轮廓。但行切法将在两次走刀的起点和终点间留下残留高度，而达不到要求的表面粗糙度。环切法到位点的计算稍微复杂，需要一次次向外(内)放大或收缩轮廓线，特别是腔内岛屿就更难计算。如采用如图 4.15(c)所示的走刀路线，先用行切法，最后沿周向环切一刀，光整轮廓表面，能获得较好的效果。三种法案中，图 4.15(a)方案效果最差，图 4.15(c)方案效果最好。

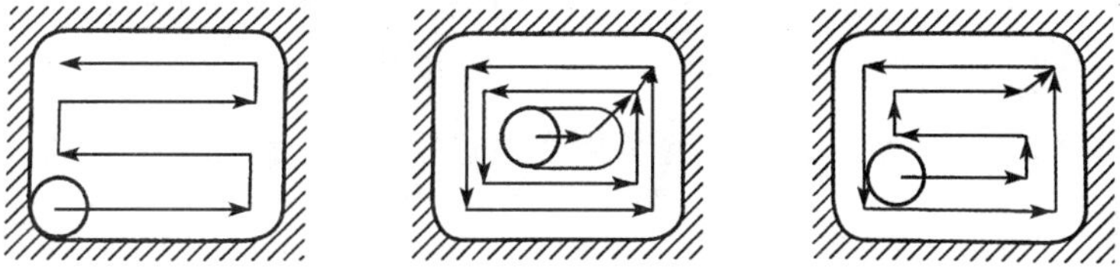

(a) (b) (c)

图 4.15 内轮廓铣削走刀路线

4)内腔分层走刀

铣削深内腔时，因背吃刀量不能太大，无法实现沿平面走刀路线一次完成铣削，因此必须采用分层铣削，即分层进行铣削加工。

其主要方法有以下两种。

(1)深腔体可反复调用子程序逐层铣削。编程时注意子程序应采用增量编程，回到主程序时，根据编程的具体情况决定是否调回绝对编程。

(2)不太深的腔体可以不用子程序直接分层铣削，每次铣削深度尽量平均分配。

4.2.3 任务实施

4.2.3.1 典型案例

完成图 4.16 所示压板零件的加工工艺设计、加工程序编制，并完成零件加工。其材料为 45 钢，毛坯尺寸为 100 mm×100 mm×25 mm(100 mm×100 mm 四侧面已加工完毕)，单件生产。

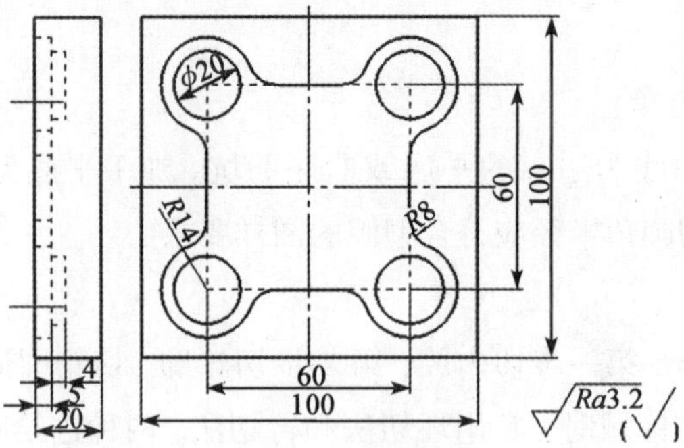

图 4.16　压板零件图

1) 零件图分析

从结构形状、尺寸及技术要求、定位基准及毛坯等方面对零件图进行零件分析。该零件的加工表面由平面、圆弧成型槽及 4 个 $\phi20$ 的沉孔组成；尺寸标注完整，几何条件充分；各尺寸均未标注有公差，所有表面的表面粗糙度均为 6.3 μm，尺寸精度和表面质量要求均不高；材料为 45 钢，无热处理要求。

2) 加工方案

该零件结构形状简单，精度要求也不高，除内凹成型面需数控铣床加工外，其余均用普通铣床加工。但为了减少工艺装备、提高功效，4 个 $\phi20$ 的沉孔可在数控铣床上顺带加工完成，因此，普通机床只需加工 6 个面。无论是普通机床加工，还是数控铣床加工，由于表面粗糙度均为 6.3 μm，因而都需要通过粗加工、精加工来完成。

3) 确定装夹方案

在普通铣床加工 6 个面时，可采用画线找正的方法定位，用平口钳装夹。在数控铣床上，由底面及相邻两侧面定位，压板压紧即可。

4) 确定加工顺序

按照先面后孔、先粗后精的原则，确定该压板零件的加工顺序为在普通铣床上完成 6 面加工，然后在数控铣床上加工圆弧成型槽，最后在数控铣床上顺带加工完成 4 个 $\phi20$ mm 的沉孔。

5) 确定走刀路线

用环切法切去中间部分余量（坐标点计划简单），再用环切法切出内凹成型面。精铣采用沿内凹成型面轮廓走刀（图 4.17）的方法，切完全部余量。

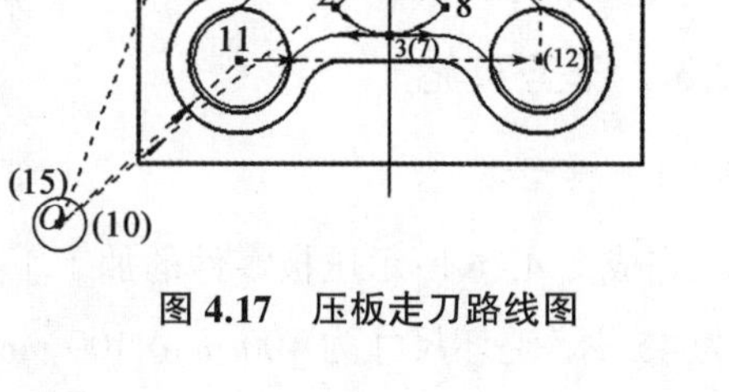

图 4.17　压板走刀路线图

6) 刀具的选择

铣平面时，在粗铣中为降低切削力，铣刀直径应小些，但又不能太小，以免影响加工效率；在精铣中为减小接刀痕迹，铣刀直径应大些。由于该零件的两个大平面为 100 mm×100 mm 的正方形，尺寸不大，因而选择粗、精的铣刀直径大于平面的一半即可，用直径为 ϕ80 mm 的面铣刀；沉孔用 ϕ20 mm 的键槽铣刀。

7) 数控加工工序卡

压板零件数控加工工序卡见表 4.9。

表 4.9　压板零件数控加工工序卡片

单位名称	数控加工工序卡片	产品名称或代号	零件名称	零件图号
			压板	B0402
工序号	程序编号	夹具名称	使用设备	车间
		平口虎钳	FANUC 0*i* 数控铣床	

工步号	工步内容	刀具号	刀具规格	主轴转速 /(r·min^{-1})	进给速度 /(mm·min^{-1})	背吃刀量 /mm	备注
1	粗铣 100×100 大面	1	ϕ20 合金立铣刀	800	800	1	留 0.50 mm 加工余量
2	精铣 100×100 大面	2	ϕ80 合金立铣刀	600	60	0.5	加工到尺寸
3	翻面粗铣 100×100	1	ϕ20 合金立铣刀	800	100	1.5	留 0.50 mm 加工余量
4	精铣 100×100	2	ϕ80 合金立铣刀	1200	100	0.5	加工到尺寸
5	粗铣 60×60×*R*14 内腔	1	ϕ20 合金立铣刀	800	100	1	留 0.20 mm 加工余量
6	精铣 60×60×*R*14 内腔	1	ϕ20 合金立铣刀	800	30	0.2	加工到尺寸
7	插铣 ϕ20 沉孔	1	ϕ20 合金立铣刀(双刃)	800	30	2	留 0.20 mm 加工余量

编制		审核		批准		年 月 日	共 页	第 页

8) 参考程序

压板零件加工参考程序见表 4.10。

表 4.10　压板零件加工参考程序

粗加工主程序内容	
O0001	N15 G0 Z100 M5；
N5 G45 G90 G49 G100 X0 Y0 T01；	
N10 M03 S80；	
N15 G00 Z10	N20 M30；
N5 G1 Z0；	
N10 M98P1001 L5；	
粗加工子程序内容	
O1001	N40 X19.5；
N5 G1 G91 Z-1 F30；	N45 Y19.5；
N10 G90 X10 F100；	N50 X-19.5；
N15 Y10；	N55 Y-19.5；
N20 X-10；	N60 X19.5；
N25 Y-10；	N65 Y0；
N30 X10；	N70 X0 F500；
N35 Y0；	N75 M99；
精加工主程序内容	
O0002	N80 G03 X44 Y30 R14；
N5 G54 G90 G49 G40 G00 X0 Y0 T01；	N85 G03 X16 Y34 R14；
N10 M06；	N90 G02 X12 Y30 R8；
N15 S1200 M03 S2000 T02；	N95 G01 X-12；
N20 G43 G00 Z10 H01；	N100 G02 X-16 Y34 R8；
N25 G01 Z2 F50；	N105 G03 X-34 Y16 R-14；
N30 G1 Z-5 F30；	N110 G02 X-30 Y12 R8；
N35 G41 G01 X-15 Y-15 D01；	N115 G01 Y-12；
N40 G03 X0 Y-30 R15；	N120 G02 X-34 Y-16 R8；
N45 G01 X12；	N125 G03 X-16 Y-34 R-14；
N50 G02 X16 Y-34 R8；	N130 G02 X-12 Y-30 R8；
N55 G03 X30 Y-44 R14；	N135 G01 X0；
N60 G03 X34 Y-16 R14；	N140 G03 X15 Y-15 R15；
N65 G02 X30 Y-12 R8；	N145 G0 Z10；
N70 G01 Y12；	N150 G40 G01 X0 Y0；

表 4.10（续）

N75 G02 X34 Y16 R8;	N155 G91 G30 Z0;
N160 T2;	N220 Z-9 F30;
N165 M06;	N225 G90 G00 X-30 Y30;
N170 M03;	N230 G01 Z-5 F50;
N175 S800;	N235 Z-9 F30;
N180 G54 G90 G49;	N240 G90 G00 X-30 Y-30;
N185 G00;	N245 G01 Z-5 F50;
N190 G43 G90 G00 Z30 H02;	N250 Z-9F30;
N195 G00 X-30 Y-30;	N255 G0 Z10;
N200 G01 Z-5 F50;	N260 G00 X0 Y0
N205 G1 Z-9 F30;	N265 Z100
N210 G90 G00 X30 Y-30;	N270 M05
N215 G01 Z-5 F50;	N275 M30

4.2.3.2　任务实施

1)实施方案

(1)根据腔体零件图尺寸公差和表面粗糙度要求，需加工 24×24 内圆腔及 40×40 方腔，尺寸精度约为 H7 级，表面粗糙度为 3.2 μm；尺寸精度和表面质量要求较高，初步确定数控加工工序，可采用钻孔、粗铣圆腔、精铣圆腔、粗铣方腔、精铣方腔的方式完成；先钻出 ϕ10 mm 的工艺孔；再用立铣刀分别加工出圆腔和方腔。

(2)确定腔体加工走刀路线。

(3)选用刀具，确定刀具切削参数，填写刀具卡，详见表 F.1。

(4)确定装夹方案、定位基准。

(5)拟定并填写数控加工工序卡、绘制走刀路线图、编制加工程序，详见表 F.2 至表 F.4。

(6)腔体零件的仿真加工步骤同“任务 4.1”的图 4.9 所示步骤。

(7)腔体零件的工件加工步骤同“任务 4.1”的图 4.10 所示步骤。

操作安全提示：①零件加工前，一定进行空运行检验正误；②程序运行前，一定将进给倍率调至零位，运行中再逐渐调大；③循环启动前按“自动”键的同时也要按“单段”键，目的是及时观察下一条程序段的走向；④程序运行中特别注意 Z 坐标的运动趋势，发现问题马上暂停循环。

(8)根据图样要求确定加工工艺。

①加工方式。此零件的加工部位主要是内腔轮廓，采用立铣方式。

②加工设备。FANUC 0*i* 数控系统的数控铣床或立式加工中心。

③毛坯材料。材料为 45 钢，规格为 80 mm×80 mm×20 mm。

④刀具选择。根据零件的外形和加工的要求，选择刀具为 T1 号刀为 ϕ10 麻花钻，T2 号刀为 ϕ8 立铣刀。

⑤夹具选择。选用平口虎钳装夹零件。

2)加工工序卡片

腔体零件数控加工工序卡片见表 4.11。

表 4.11 腔体零件数控加工工序卡片

工步号	工步内容	刀具号	刀具规格	主轴转速/($r\cdot min^{-1}$)	进给速度/($mm\cdot min^{-1}$)	背吃刀量/mm	备注
1	钻 ϕ10 孔	1	ϕ10	500	50		
2	粗铣方槽	2	ϕ8	2000	100	0.8	留 0.50 mm 加工余量
3	精铣方槽	2	ϕ8	2000	50	0.5	加工到尺寸
4	粗铣圆槽	2	ϕ8	2000	80	0.2	留 0.50 mm 加工余量
5	精铣圆槽	2	ϕ8	1000	80	0.3	加工到尺寸

3)加工程序

(1)钻孔工艺。其加工程序见表 4.12。

表 4.12 钻孔工艺加工程序

程序段号	程序内容	程序说明
N1	O0201	程序名
N2	G17 G90 G40 G80 G49 G21;	G 代码初始状态
N3	G00 G90 G54 X0 Y0;	工件坐标系设定，刀具快速至 X0，Y0
N4	S500 M03;	主轴正转
N5	G43 Z50 H03;	建立刀具长度补偿，至安全高度
N6	G01 Z10 F100 M08;	下刀，冷却液开
N7	G81 Z-4.5 R3 F50;	加工工艺孔
N8	G80 G0 X0 Y0 Z50;	取消固定循环，刀具回换刀点
N9	M30;	程序结束

(2)铣方腔和圆腔。其加工程序见表 4.13。

表 4.13 铣方腔和圆腔加工程序

程序段号	程序内容	程序说明
N1	00202	程序名
N2	G17 G90 G40 G80 G49 G21;	G 代码初始状态
N3	G00 G90 G54 X0 Y0;	工件坐标系设定，刀具快速至 X0，Y0
N4	S500 M03;	主轴正转
N5	G43 Z50 H03;	建立刀具长度补偿，至安全高度
N6	G01 Z10 F200 M08;	下刀至安全高度，冷却液开
N7	G43 G1 Z-5H1F100;	下刀
N8	G41 G1 X-10 Y-10 D1;	刀具半径补偿
N9	G3 X0 Y-20 R10;	圆弧切入
N10	G01 X20 , R5;	加工至 X20，倒圆角
N11	Y20 R5;	加工至 Y20，倒圆角
N12	X-20 R5;	加工至 X-20，倒圆角
N13	Y-20 R5;	加工至 Y-20，倒圆角
N14	X0;	加工至 X0
N15	G3 X10 Y-10 R10;	圆弧切出
N16	G40 G1 X0 Y0;	取消半径补偿
N17	G41 G1 X-10 Y-2 D1;	建立刀具半径补偿
N18	G3 X0 Y-12 R10;	圆弧切入
N19	J12;	铣整圆
N20	X10 Y-2 R10;	圆弧切出
N21	G40 G1 X0 Y0;	取消半径补偿
N22	G49 G0 Z50;	取消长度补偿
N23	M30;	程序结束

4.2.3.3 考核评价

1) 专业能力训练过程考核与评价

对学生进行工件加工全过程专业能力考核，包括工艺准备、任务实施、工件质量、误差分析各环节。加工结束后，师生共同填写专业能力训练过程考核评分表(见表4.14)。

2)综合能力考核与评价

对每名学生的专业能力、社会能力、方法能力进行综合考核、客观评价。师生共同填写综合能力考核及评价表(见表F.5)。

表4.14　专业能力训练过程考核评分表(任务4.2)

<table>
<tr><td colspan="3">任务名称</td><td colspan="4">腔体零件编程与加工</td><td colspan="2">成绩</td><td></td></tr>
<tr><td colspan="3">操作者(或小组)</td><td colspan="2"></td><td>设备名称</td><td>FANUC 0i数控铣床</td><td colspan="2">完成工时</td><td></td></tr>
<tr><td>序号</td><td colspan="3">考核内容</td><td>配分</td><td colspan="2">评分标准(扣完为止)</td><td>自评</td><td>组评</td><td>师评</td></tr>
<tr><td>1</td><td>工艺准备</td><td colspan="2">详见表1.21此项</td><td>20</td><td colspan="2">详见表1.21此项扣分标准</td><td></td><td></td><td></td></tr>
<tr><td>2</td><td>任务实施</td><td colspan="2">详见表1.21此项</td><td>40</td><td colspan="2">详见表1.21此项扣分标准</td><td></td><td></td><td></td></tr>
<tr><td rowspan="9">3</td><td rowspan="9">工件质量(30分)</td><td rowspan="3">腔</td><td>$\phi45\pm0.03$</td><td>4</td><td colspan="2">超差0.1内不扣分，以上无分</td><td></td><td></td><td></td></tr>
<tr><td>$\phi55\pm0.05$</td><td>4</td><td colspan="2">超差0.1内不扣分，以上无分</td><td></td><td></td><td></td></tr>
<tr><td>$\phi28$</td><td>3</td><td colspan="2">超差0.1内不扣分，以上无分</td><td></td><td></td><td></td></tr>
<tr><td rowspan="2">槽深</td><td>13</td><td>3</td><td colspan="2">每超差0.05扣1分，超0.2以上不得分</td><td></td><td></td><td></td></tr>
<tr><td>$8^{+0.02}_{0}$</td><td>3</td><td colspan="2">超差0.1内不扣分，以上无分</td><td></td><td></td><td></td></tr>
<tr><td rowspan="3">槽宽</td><td>74</td><td>3</td><td colspan="2">超差0.1内不扣分，以上无分</td><td></td><td></td><td></td></tr>
<tr><td>10</td><td>3</td><td colspan="2">超差0.1内不扣分，以上无分</td><td></td><td></td><td></td></tr>
<tr><td>28</td><td>3</td><td colspan="2">超差0.1内不扣分，以上无分</td><td></td><td></td><td></td></tr>
<tr><td colspan="2">Ra3.2</td><td>4</td><td colspan="2">每降1级扣1分</td><td></td><td></td><td></td></tr>
<tr><td>4</td><td>误差分析</td><td colspan="2">详见表1.21此项</td><td>10</td><td colspan="2">详见表1.21此项扣分标准</td><td></td><td></td><td></td></tr>
<tr><td colspan="4">合计</td><td>100</td><td colspan="2">自评10%、组评20%、师评70%</td><td></td><td></td><td></td></tr>
<tr><td colspan="10">误差分析及反思(学生个人填)：</td></tr>
<tr><td colspan="10">考核得分及评价(教师填)：</td></tr>
</table>

第　　组	学生签字		组长签字		教师签字		年　月　日

4.2.4 训练与考核

4.2.4.1 训练任务

腔体零件编程与加工训练任务见表4.15。

表 4.15　腔体零件编程与加工训练任务

任务描述	完成图 4.18 所示 Y 形槽底板零件数控加工工艺分析及方案拟定，并编制程序 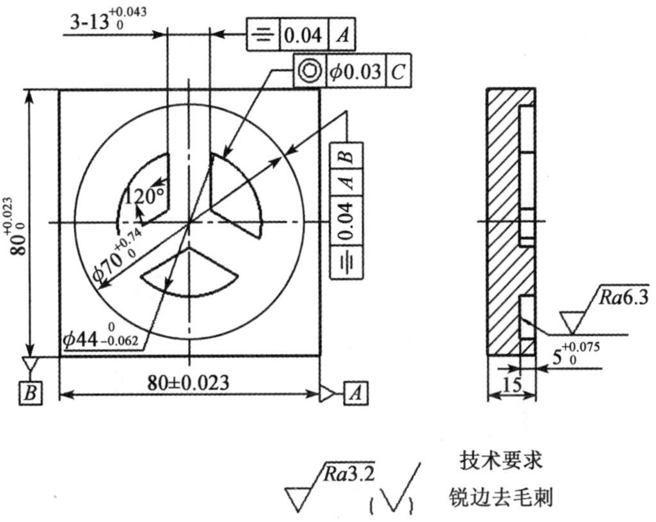 **图 4.18　Y 形槽底板零件**
工艺条件	工艺条件参照“4.2.1　工作任务”中提供的工艺条件配置
加工要求	严格遵守安全操作规程，零件加工质量达到图样要求

4.2.4.2　*考核评价*

进行加工工艺分析和方案设计，并完成相应的工艺文件后，对工作过程进行总结评议，参照表 4.14 填写专业能力训练过程考核评分表。

复习题

1) 填空题

(1) 撤销刀具长度补偿指令是________。

(2) 使用 G43 指令，表明刀具的长度补偿是________。

(3) 使用 G44 指令，表明刀具的长度补偿是________。

2) 判断题

(1) 子程序调用不是数控系统的标准功能，不同的数控系统所用的指令和格式不同。(　　)

(2) 对于同一轮廓零件进行粗加工、精加工时，可采用不同的刀具半径补偿多次调用子程序来实现多工序加工。(　　)

(3) 执行 M99 后，子程序结束，不返回主程序。(　　)

(4) 若子程序内无 M99，则执行程序时，可能会报警或出错。(　　)

(5)一般来说，M98 出现在主程序内，其参数 P 所指定的子程序号应与所要调用的程序号相对应。(　　)

3)编程题

(1)完成图 4.19 所示腔体零件的数控加工工艺方案拟定、加工程序编制，并使用数控铣床(加工中心)加工。

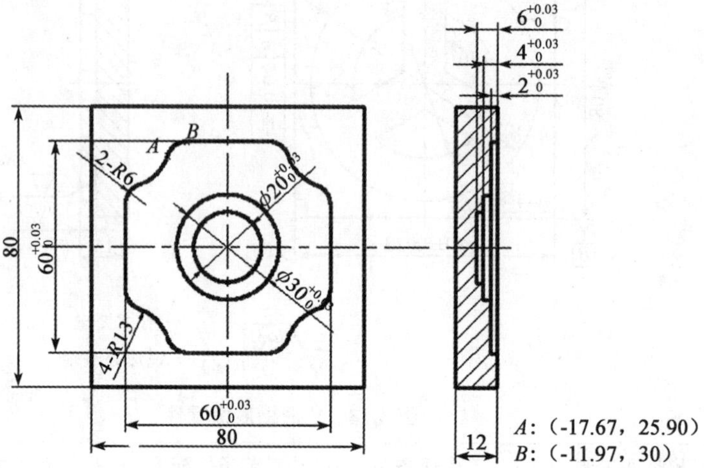

图 4.19　腔体零件

(2)完成图 4.20 所示腔体零件的数控加工工艺方案拟定、加工程序编制，并使用数控铣床(加工中心)加工。

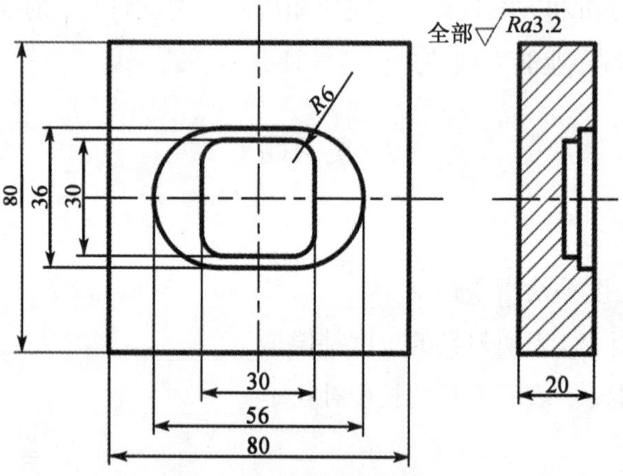

图 4.20　腔体零件

项目 5　孔类零件编程与加工

【项目导学】

孔类零件编程与加工是数控铣削加工中常见的工作任务，体现了数控铣削加工的优势。本项目包括“简单孔系零件编程与加工”、“多孔零件编程与加工”和“复杂孔系零件编程与加工”三个任务，通过对这三个任务的学习和实施，帮助学生学会孔加工工艺和编程知识，学会孔系加工工艺、加工程序编制，并进行钻孔、扩孔、镗孔、攻螺纹等加工技能训练和零件检测，最终能独立完成合格任务零件仿真和实操加工。

【知识目标】

(1)掌握孔加工工艺的基本加工工艺知识。

(2)掌握固定循环指令 G81/G82/G83/G80/G74/G84 的指令功能、格式、编程方法及应用。

(3)了解固定循环指令 G73/G85/G76 的指令功能、格式及编程方法。

(4)初步掌握孔加工零件的检测方法。

【技能目标】

(1)能正确选用孔加工刀具和检测量具。

(2)能正确编制孔加工工艺和加工程序，并完成零件加工和检测。

任务 5.1　简单孔系零件编程与加工

5.1.1　工作任务

简单孔系零件编程与加工工作任务如表 5.1 所列。

表 5.1　简单孔系零件编程与加工工作任务

<table>
<tr><td>任务描述</td><td>完成图 5.1 所示简单孔系零件加工工艺设计、加工程序编制、仿真及调试，并使用数控铣(加工中心)完成零件加工
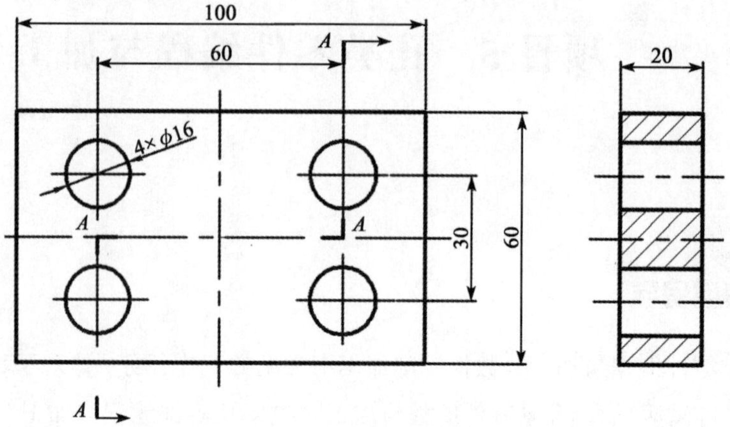

图 5.1　简单孔系零件图</td></tr>
<tr><td>知识点
与技能点</td><td>知识点：◇ 孔系铣削加工路线的确定
◇ G81/G82/G83 的指令功能、格式和用法
◇ G73/G80 指令功能、格式和用法
技能点：◇ 绘制孔系加工路线图
◇ 编程
◇ 调试程序</td></tr>
<tr><td>工艺条件</td><td>◎数控铣床(加工中心)：配置 FANUC 0i 系统
◎毛坯：已加工至 100 mm×60 mm×20 mm，材料为 45 钢，单件生产
◎刀具、量具及其他：
<table>
<tr><th>名称</th><th>规格</th><th>数量</th></tr>
<tr><td>ϕ4 中心钻</td><td>高速钢</td><td>1</td></tr>
<tr><td>ϕ16 麻花钻</td><td>高速钢</td><td>1</td></tr>
<tr><td>游标卡尺</td><td>0~150,0.02</td><td>1</td></tr>
<tr><td>内径百分表</td><td>0~10,0.01</td><td>1</td></tr>
<tr><td>磁性表座</td><td></td><td>1</td></tr>
<tr><td>垫块</td><td>各种尺寸规格</td><td>若干</td></tr>
</table></td></tr>
<tr><td>任务分析</td><td>本任务为钻孔加工。在工件上钻孔可用固定循环指令，需根据孔的加工形式选用相应的固定循环指令。当长径比小于 5 时为浅孔(即孔深与孔径之比 L/D<5)；当长径比大于 5 时为深孔。钻浅孔和中心孔时，一般用 G81 指令；钻深孔时一般用 G83 指令，以利于排屑。
当数控铣床编程需要两把以上刀具时要用手工换刀，换刀时先将切削液关闭(M09)，主轴停止(M05)，并用 M00 指令使程序停止，然后手动换刀。换刀完成后一定注意必须重新指令主轴转动，否则会撞刀</td></tr>
</table>

5.1.2 相关知识

5.1.2.1 孔加工工艺知识

1)孔加工方法

孔加工方法一般有点钻、钻孔、扩孔、铰孔、镗孔及铣孔等。

(1)点钻。由于钻孔时钻头旋转不稳定，因此需要先点钻一凹坑，便于钻头进入时定心。中心钻的直径较小，加工时主轴钻速较高。

(2)钻孔。其精度一般可达 IT11~IT10，*Ra* 为 12.5~50 μm，孔直径为 0.1~100 mm。钻孔广泛用于孔的粗加工，也可作为不重要的最终加工。麻花钻是孔加工中最常用的工具。

(3)扩孔。它是在已有的孔的基础上进行扩大加工。扩孔精度一般可达 IT10~IT9，*Ra* 为 3.2~6.3 μm，扩孔直径为 10~100 mm。扩孔可作为精度要求不高的孔的最终加工或被铰孔前的预加工。麻花钻或扩孔钻是其常用的工具，加工余量为 0.40~0.50 mm。

(4)铰孔。利用铰刀从工件孔壁上切除微量层，以提高其尺寸精度和表面粗糙度。铰孔精度一般可达 IT8~IT7，*Ra* 为 0.8~1.6 μm，适合加工中小直径孔，可作为孔的半精加工。铰孔之前，工件应经过钻孔等加工。铰孔的加工余量与孔的直径有关，如直径小于 8 mm 的孔，铰孔余量为 0.1~0.2 mm；直径为 8~20 mm 的孔，铰孔余量为 0.15~0.25 mm。

(5)镗孔。它是利用镗刀对工件上已有的尺寸较大的孔进行加工，特别适合对加工孔距和位置精度要求比较高的孔系。镗孔精度一般可达 IT7，*Ra* 为 0.8~1.6 μm。

(6)铣孔。在加工某些孔径不常出现的孔时，为节约定型刀具的成本，可利用铣刀进行铣削加工。铣孔也适合加工尺寸较大的孔，在高精度机床上，铣孔可以代替铣削或镗削。

2)孔加工方法的选择原则

在数控铣床上，内孔表面加工方法主要有钻孔、扩孔、铰孔、镗孔和攻螺纹等，相应的加工方法所能达到的加工精度和表面粗糙度如图 5.2 所示。应根据被加工孔的加工要求、尺寸、具体生产条件、批量的大小及毛坯上有无预制孔等情况合理选用。

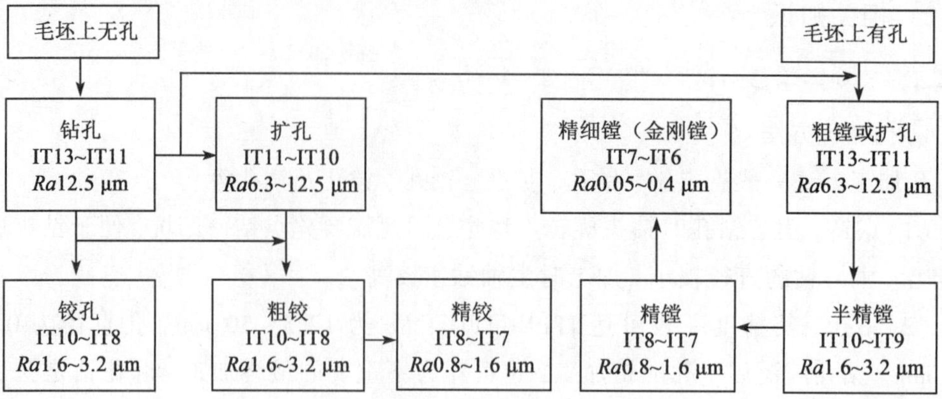

图 5.2　数控铣床加工内孔方案

3）钻孔刀具的选择

孔加工刀具包括钻头、中心钻、扩孔钻、镗刀、铰刀和内表面拉刀等，其中钻头结构如图 5.3 所示，中心钻结构如图 5.4 所示。数控钻孔一般无钻模，钻孔刚度差，应使钻头直径 D 满足 $L/D\leqslant 5$（L 为钻孔深度）。钻大孔时可采用刚度较大的硬质合金扁钻；钻浅孔（即 $L/D\leqslant 2$）时，宜采用硬质合金的浅孔钻，以提高效率和加工质量。

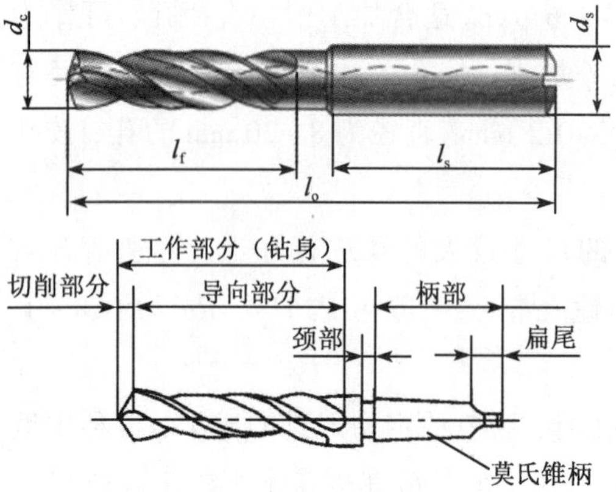

图 5.3　钻头结构

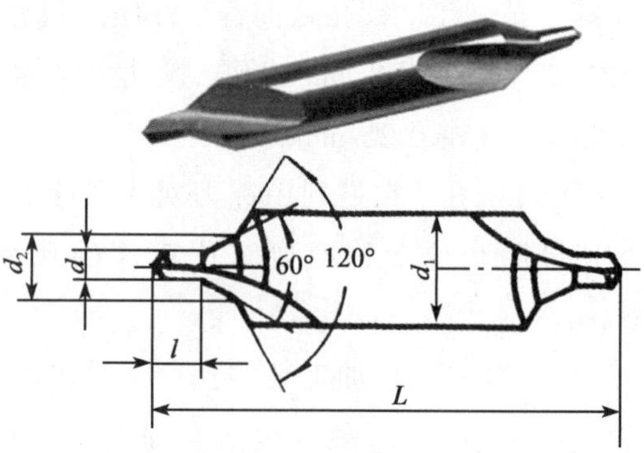

图 5.4　中心钻结构

4）孔加工走刀路线

加工孔时，要求定位精度较高，即将刀具在 XY 平面内快速定位运动到对准孔中心线的位置，因此要按最短空行程安排进给路线，然后刀具再轴向运动（Z 向）进行加工。确定进给路线时要解决好下面几个问题。

走刀路线包括在 XY 平面上的走刀路线和 Z 向的走刀路线，欲使刀具在 XY 平面上的走刀路线最短，必须保证各定位点间的路线的总长最短。如图 5.5（a）所示为孔群加工，先铣外环孔，再铣内环孔；图 5.5（b）所示为外环孔和内环孔交替加工。图 5.5（a）所示铣削路线更短些。

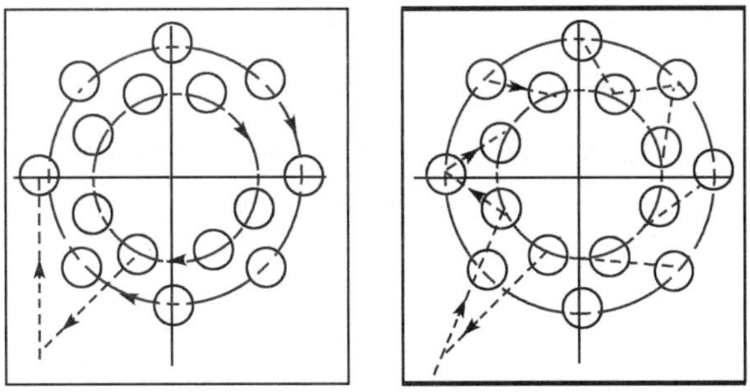

（a）　　（b）

图 5.5　最短走刀路线设计

5）孔加工顺序安排

加工位置精度要求较高的孔系时，应特别注意安排孔的加工顺序。若安排不当，将坐标轴的反向间隙带入，会直接影响位置精度。如图5.6所示，镗削图中零件上6个尺寸相同的孔，有两种进给路线。按“1—2—3—4—5—6”路线加工时，由于5，6孔与1，2，3，4孔定位方向相反，Y向反向间隙会使定位误差增加，从而影响5，6孔与其他孔的位置精度。按“1—2—3—4—p—6—5”路线加工时，加工完4孔后往上多移动一段距离至p点，然后折回来在6，5孔处进行定位加工，这样加工进给方向一致，可避免反向间隙的引入，提高5，6孔与其他孔的位置精度。

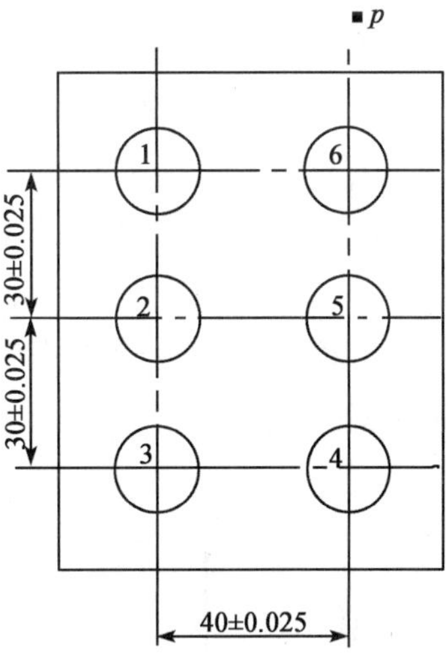

图 5.6　孔系加工位置

6）钻削用量的选择

（1）钻头直径。它由工艺尺寸确定。工件孔径不大时，可将孔一次钻出。工件孔径大于35 mm时，若仍一次钻出孔径，则会受到机床刚度的限制，因此必须大大减小进给量；若两次钻出，可取大的进给量，既不降低生产效率，又能提高孔的加工精度。先钻后扩时，钻孔的钻头直径可取孔径的50%～70%。

（2）进给量。小直径钻头主要受钻头的刚性及强度限制，大直径钻头主要受机床进给机构强度及工艺系统刚性限制。在以上条件允许的情况下，应取较大的进给量，以降低加工成本，提高生产效率。普通麻花钻钻削进给量可按照以下经验公式估算选取：

$$F=(0.01\sim0.02)d_o$$

式中，d_o为孔的直径。加工条件不同时，其进给量可查阅切削用量手册。

（3）钻削速度。钻削的背吃刀量（即钻头半径）、进给量及钻削速度都会对钻头耐用度产生影响，但背吃刀量对钻头耐用度的影响与车削不同。当钻头直径增大时，尽管增大了切削力，但钻头体积也显著增加，因而可使散热条件明显改善。实践证明，钻头直径增大时，切削温度有所下降。因此，钻头直径较大时，可选取较高的钻削速度。一般情况下，钻削速度可参考表5.2选取。

表5.2　普通高速钢钻头钻削速度参考值

工件材料	低碳钢	中、高碳钢	合金钢	铸铁	铝合金	铜合金
钻削速度/($m \cdot min^{-1}$)	25~30	20~25	15~20	20~25	40~70	20~40

5.1.2.2　孔加工编程知识(G81/G82/G83/G73/G80)

孔加工固定循环指令有G73，G74，G76，G80~G89，通常由下述6个动作构成(如图5.7所示)。

动作1：*X*，*Y*轴定位，即孔中心定位。

动作2：定位到*R*点(离工件上表面有一个距离，在已加工表面上*R*取2~5 mm，在毛坯上加工孔*R*取5~10 mm)。

动作3：孔加工，刀具慢速加工到孔底(可一次或分段到孔底)。

动作4：在孔底的动作。

动作5：退回到*R*点(参考点)。

动作6：快速返回到初始点。

固定循环的数据表达形式可以用绝对坐标(G90)和相对坐标(G91)表示，如图5.8所示。其中图5.8(a)是采用G90的坐标表示，图5.8(b)是采用G91的坐标表示。

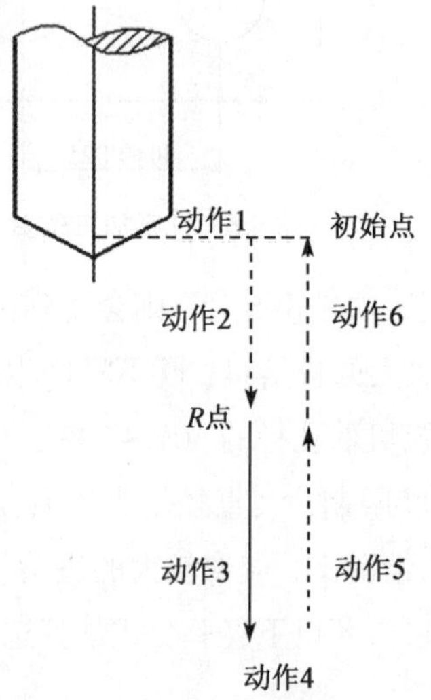

图5.7　固定循环指令动作

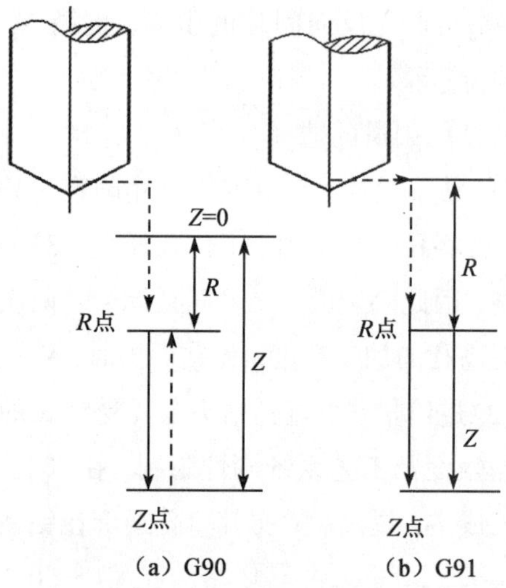

图5.8　固定循环指令动作

固定循环的程序格式包括数据形式、返回点平面、孔加工方式、孔位置数据、孔加工数据和循环次数。数据形式(G90或G91)在程序开始时就已指定，因此，在固定循环程序格式中可不标注出来。固定循环的程序格式如下：

“G98/G99 G __ X __ Y __ Z __ R __ Q __ P __ I __ J __ K __ F __ L __; ”

其中，G98——返回初始平面；

G99 ——返回 *R* 平面；

G __——固定循环代码 G73，G74，G76 和 G81~G89 之一；

X，Y ——加工起点到孔位的距离(G91)或孔位坐标(G90)；

R ——初始点到 *R* 点的距离(G91)或 *R* 点的坐标(G90)；

Z ——*R* 点到孔底的距离(G91)或孔底坐标(G90)；

Q ——每次进给深度(G73/G83)；

I，J ——刀具在轴反向位移增量(G76/G87)；

P ——刀具在孔底的暂停时间，“P1000”表示暂停时间为 2 秒；

F ——切削进给速度；

L ——固定循环的次数。

1)点钻、钻孔循环指令(G81)

点钻、钻孔循环指令适用于定中心孔、钻浅孔或钻薄板上的孔(如图 5.9 所示)，主要用于中心钻加工定位孔和一般孔加工。

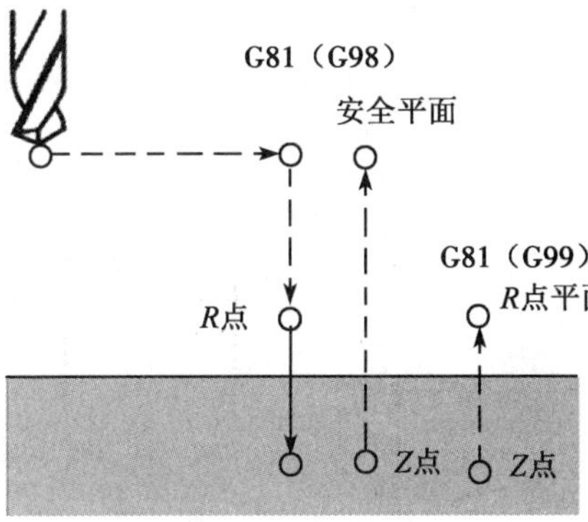

图 5.9　G81 指令动作

钻孔过程:在指定 G81 之前用辅助功能 M 代码使主轴旋转，刀具在安全平面内沿着 *X*，*Y* 轴定位到孔中心上方(初始点)，快速移动到 *R* 点。从 *R* 点到 *Z* 点执行钻孔加工。然后刀具快速移动退回。

指令格式:“G98/G99 G81 X __ Y __ Z __ R __ F __ L __; ”。

例如，对图 1.1 所示孔板进行点钻的编程如下:

```
O0501
G54 G90;
M03 S600;
G00 X0 Y0 Z20;
G99 G81 X20 Y20 Z-3.0 R2.0 F50;
```

X40 Y20;

G00 X0 Y0 Z20;

G80;

M05;

M30;

2)钻盲孔、锪孔(G82)

指令格式:"G98/G99 G82 __X __ Y __ Z __ R __ P __ F __ K __;"。

G82 用于盲孔的加工、锪孔或镗阶梯孔，切削进给执行到孔底后暂停。然后，刀具从孔底快速移动退回。G82 与 G81 动作相似，唯一不同之处是 G82 在孔底增加了暂停，可以提高孔底表面加工精度。

例如:"G99 G82 X0 Y0 Z-5 R2 P2000 F50;" 表示钻盲孔，孔底停留时间 2 秒。

3)排屑式深孔加工循环(G83)

指令格式:"G98/G99 G83 X __ Y __ Z __ R __ Q __ P __ K __ F __ L __;"。

G83 指令动作循环见图 5.10。

例如，任务 1.1 中的图 1.1 孔板钻第 1 个孔的程序形式段为:

G98 G83 X20 Y20 Z-15 Q3 R2 P2000 K3 F50;

注意:Z，K，Q 移动量为零时，该指令不执行。

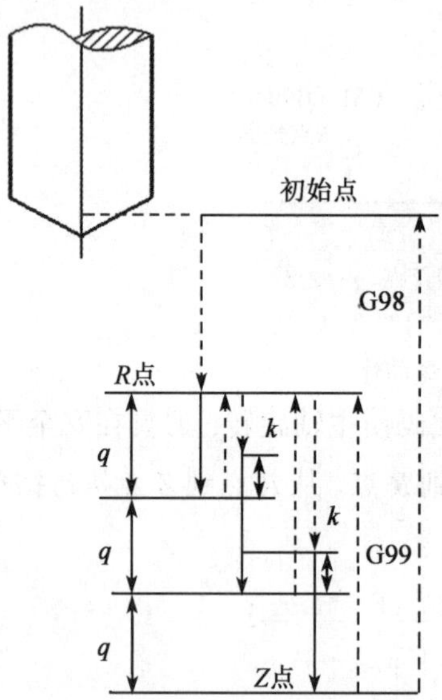

图 5.10 G83 指令动作

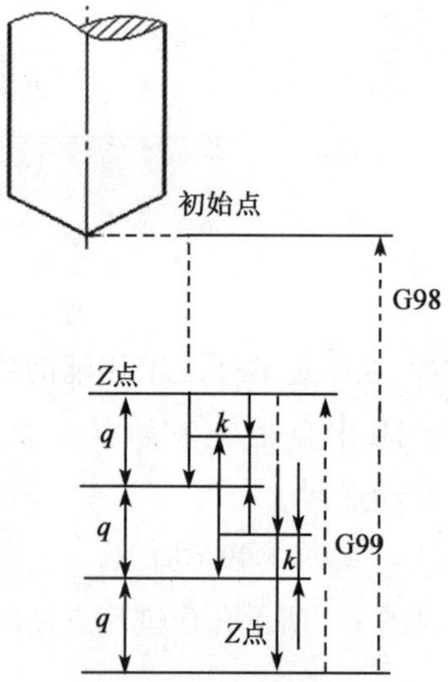

图 5.11 G73 指令动作

4)断屑式高速深孔加工循环(G73)

指令格式:"G98/G99 G73 X __ Y __ Z __ R __ Q __ F __ K __;"。

G73 高速深孔钻循环刀具沿 Z 轴啄式往复间歇进给，这使切屑容易从孔中排出，减少退刀量，提高加工效率。Q 值为每次的进给深度，且退刀需快速，K 值为每次的退刀量。G73 指令动作循环如图 5.11 所示。

注意：如果 Z，K，Q 移动量为零时，该指令不执行。

5）取消固定循环（G80）

取消固定循环指令能取消固定循环，同时 R 点和 Z 点也被取消。

5.1.3　任务实施

5.1.3.1　任务实施

1）工艺分析

（1）以工件上表面对称中心为原点，建立工件坐标系 G54，并分别为两把刀具设置长度补偿。

（2）加工顺序及走刀路线。本任务中的孔为浅孔，可以采用 G81 指令。先用 ϕ4 中心钻定心，最后用 ϕ16 高速钢麻花钻钻孔。用乳化液冷却。

2）走刀路线

确定简单孔系零件加工走刀路线：1—2—3—4，如图 5.12 所示。

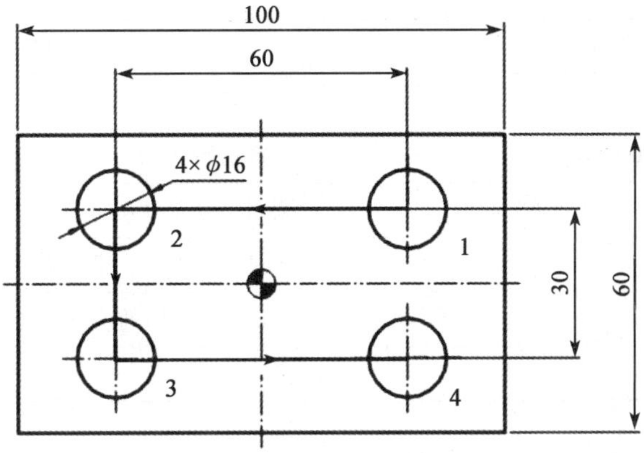

图 5.12　简单孔系零件走刀路线

3）刀具选择

刀具采用 ϕ4 中心钻定心，ϕ16 高速钢麻花钻钻孔，确定刀具切削参数，填写刀具卡，详见表 F.1。

4）夹具选择

工件采用平口钳装夹，用百分表校正钳口，并对工件找正。工件下面用垫铁支承。注意垫铁不要与孔干涉。

5）数控加工工序卡

简单孔系零件数控加工工序卡见表 5.3。

表 5.3　简单孔系零件数控加工工序卡

单位名称	数控加工工序卡片	产品名称或代号			零件名称		零件图号
					简单孔系零件		B0501
工序号	程序编号	夹具名称			使用设备		车间
		平口虎钳			FANUC 0*i* 数控铣床		
工步号	工步内容	刀具号	刀具规格	主轴转速 /(r·min^{-1})	进给速度 /(mm·min^{-1})	背吃刀量 /mm	备注
1	装(卸)工件						
2	钻中心孔	1	ϕ4	1000	100		4 个孔
3	钻孔 ϕ16 mm	2	ϕ16	300	80		4 个孔
编制	审核	批准		年　月　日	共　页		第　页

6)参考程序

简单孔系零件加工参考程序见表 5.4。

表 5.4　简单孔系零件加工参考程序

程序内容	程序说明
O1000	程序名
N05 G17 G40 G49 G80 G90;	设置初始状态
N10 M06 T1;	调用 1 号刀具:ϕ4 中心钻
N15 G90 G54;	绝对方式编程，建立工件坐标系
N20 M03 S1000 M08;	主轴正转，切削液开
N25 G00 X0 Y0;	快速定位
N30 G43 Z30 H01;	长度补偿
N35 G99 G81 X30 Y15 Z-3 R10 F100;	钻孔循环，点钻 1 孔，返回 *R* 平面
N40 X-30 Y15;	点钻 2 孔
N45 X-30 Y-15;	点钻 3 孔
N50 X30 Y-15;	点钻 4 孔
N55 G00 G49 Z100 M09;	提刀，取消长度补偿，切削液关
N60 X0 Y0;	快速定位
N65 M05;	主轴停止
N70 MO1;	选择停止，按下“选择停止”键有效

表5.4（续）

程序内容	程序说明
N75 M06 T2；	调用2号刀具：ϕ16麻花钻
N80 M03 S300 M08 G90 G54；	主轴正转，600 r/min，切削液开
N85 G43 Z30 H02；	长度补偿
N90 G99 G81 X30 Y15 Z-28 R10 F80；	钻孔循环，钻1孔，返回 *R* 平面
N95 X-30 Y15；	钻2孔
N100 X-30 Y-15；	钻3孔
N105 X30 Y-15；	钻4孔
N110 G00 G49 Z100 M09；	提刀，取消长度补偿，切削液关
N115 X0 Y0；	快速定位
N120 G80；	取消固定循环
N125 M05；	主轴停止
N130 M30；	程序结束

5.1.3.2 考核评价

1）专业能力训练过程考核与评价

对学生进行工件加工全过程专业能力考核，包括工艺准备、任务实施、工件质量、误差分析各环节。加工结束后，师生共同填写专业能力训练过程考核评分表（见表5.5）。

表5.5 专业能力训练过程考核评分表（任务5.1）

<table>
<tr><td colspan="2">任务名称</td><td colspan="5">简单孔系编程与加工</td><td colspan="2">成绩</td><td></td></tr>
<tr><td colspan="2">操作者（或小组）</td><td colspan="2"></td><td>设备名称</td><td>FANUC 0i 数控铣床</td><td colspan="2">完成工时</td><td></td></tr>
<tr><td>序号</td><td colspan="3">考核内容</td><td>配分</td><td>评分标准（扣完为止）</td><td>自评</td><td>组评</td><td>师评</td></tr>
<tr><td>1</td><td>工艺准备</td><td colspan="2">详见表1.21此项内容</td><td>20</td><td>详见表1.21此项扣分标准</td><td></td><td></td><td></td></tr>
<tr><td>2</td><td>任务实施</td><td colspan="2">详见表1.21此项内容</td><td>40</td><td>详见表1.21此项扣分标准</td><td></td><td></td><td></td></tr>
<tr><td>3</td><td rowspan="3">工件质量（30分）</td><td>孔</td><td>4×ϕ16</td><td>20</td><td>超差0.1内不扣分，以上无分</td><td></td><td></td><td></td></tr>
<tr><td>4</td><td>孔间距</td><td>60</td><td>5</td><td>每超差0.1扣2分，超差0.2以上不扣分</td><td></td><td></td><td></td></tr>
<tr><td>5</td><td>孔间距</td><td>30</td><td>5</td><td>超差0.1内不扣分，以上无分</td><td></td><td></td><td></td></tr>
<tr><td>6</td><td>误差分析</td><td colspan="2">零件自检</td><td>10</td><td>自检有误，每处扣1分</td><td></td><td></td><td></td></tr>
<tr><td colspan="4">合计</td><td>100</td><td>自评10%、组评20%、师评70%</td><td></td><td></td><td></td></tr>
</table>

表 5.5(续)

误差分析及反思(学生个人填):
考核得分及评价(教师填):

第　组	学生签字		组长签字		教师签字		年　月　日

2)综合能力考核与评价

对每名学生的专业能力、社会能力、方法能力进行综合考核、客观评价。师生共同填写综合能力考核及评价表(见表 F.5)。

5.1.4 训练与考核

5.1.4.1 训练任务

简单孔系零件编程与加工训练任务见表 5.6。

表 5.6 简单孔系零件编程与加工训练任务

任务描述	完成图 5.13 所示带孔零件数控加工工艺分析及方案拟定，并编制程序 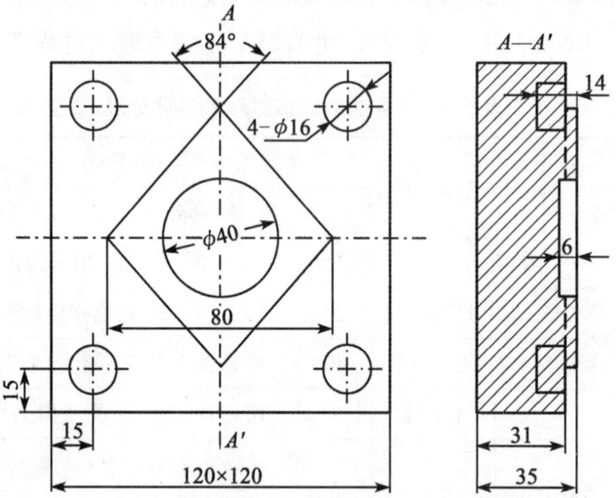 图 5.13 带孔零件图
工艺条件	工艺条件参照“5.1.1 工作任务”中提供的工艺条件配置
加工要求	严格遵守安全操作规程，零件加工质量达到图样要求

5.1.4.2 考核评价

进行加工工艺分析和方案设计，并完成相应的工艺文件后，对工作过程进行总结评议，参照表 5.5 填写专业能力训练过程考核评分表。

复习题

1) 填空题

(1) G80 指令用于钻孔______。

(2) 加工中心能在一次装夹中完成______、______、______、______等工序。

(3) 切削加工时，工件材料抵抗刀具切削所产生的阻力称为______。

(4) 在切削过程中，工件形成 3 个表面：______、______、______。

(5) 加工中心按照主轴在空间所处的状态可以分为______、______和______。

2) 判断题

(1) 固定循环是预先给定一系列操作，用来控制机床的位移或主轴运转。(　　)

(2) 刀具位置偏置补偿可分为刀具形状补偿和刀具磨损补偿两种。(　　)

(3) 数控编程时，刀具半径补偿号必须与刀具号对应。(　　)

(4) 在数控铣床上精铣外轮廓时，应使铣刀沿工件轮廓线的法线方向进刀。(　　)

(5) 在数控铣床中，钻孔循环指令 G98 的含义是返回 *R* 点平面。(　　)

3) 编程题

(1) 完成图 5.14 所示的带孔零件 1 图的数控加工工艺方案拟定，编制加工程序，并仿真或使用数控铣床(加工中心)加工。

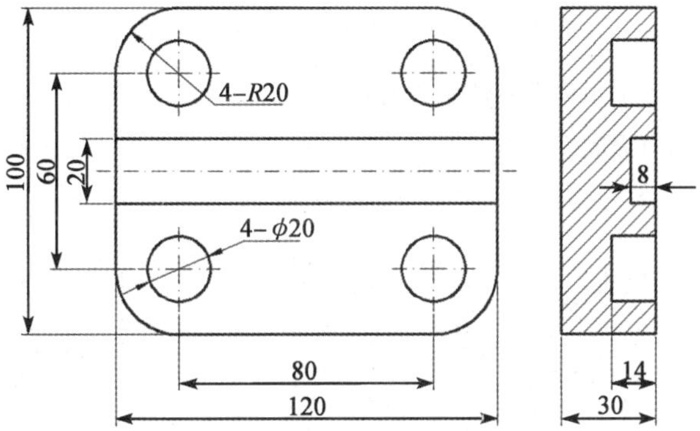

图 5.14　带孔零件 1

(2) 完成图 5.15 所示带孔零件 2 图的数控加工工艺方案拟定，编制加工程序，并仿真或使用数控铣床(加工中心)加工。

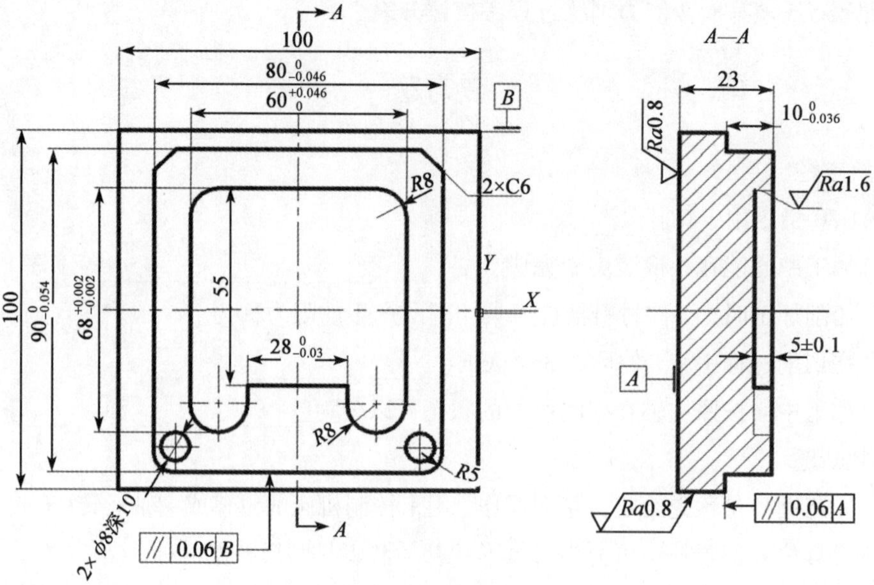

图 5.15　带孔零件 2

任务 5.2　多孔零件编程与加工

5.2.1　工作任务

多孔零件编程与加工工作任务如表 5.7 所列。

表 5.7　多孔零件编程与加工工作任务

任务描述	完成图 5.16 所示多孔零件加工工艺设计、加工程序编制、仿真及调试，并使用数控铣床(加工中心)完成零件加工 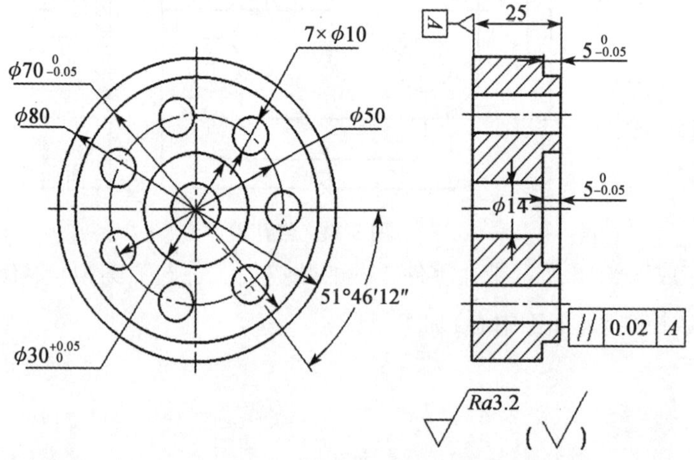 图 5.16　多孔零件图

表 5.7（续）

<table>
<tr><td>知识点
与技能点</td><td>知识点：◇ 内腔及孔系铣削加工路线的确定
◇ G81/G82/G83 的指令功能、格式和用法
◇ G73/G80 的指令功能、格式和用法
技能点：◇ 绘制内腔及孔系加工路线图
◇ 编程
◇ 调试程序</td></tr>
<tr><td>工艺条件</td><td>◎数控铣床（加工中心）：配置 FANUC 0i 系统
◎毛坯：已加工至 ϕ80 mm×25 mm，材料为 45 钢，单件生产
◎刀具、量具及其他：
<table>
<tr><th>名称</th><th>规格</th><th>数量</th></tr>
<tr><td>ϕ10 立铣刀</td><td>高速钢</td><td>1</td></tr>
<tr><td>ϕ4 立铣刀</td><td>高速钢</td><td>1</td></tr>
<tr><td>ϕ10 麻花钻</td><td>高速钢</td><td>1</td></tr>
<tr><td>ϕ14 麻花钻</td><td>高速钢</td><td>1</td></tr>
<tr><td>游标卡尺</td><td>0～150，0.02</td><td>1</td></tr>
<tr><td>内径百分表</td><td>0～10，0.01</td><td>1</td></tr>
<tr><td>磁性表座</td><td></td><td>1</td></tr>
<tr><td>垫块</td><td>各种尺寸规格</td><td>若干</td></tr>
</table></td></tr>
<tr><td>任务分析</td><td>该任务零件除了要完成外轮廓的加工外，还需孔点钻和孔系钻削加工。根据图纸的尺寸精度和位置精度，必须认真思考和确定轮廓和孔系加工的定位基准、装夹方案，以及如何合理安排加工工序、工艺参数和走刀路线。孔加工程序中除了引用孔加工指令外，还需考虑引用坐标轴旋转指令 G68，G69，以简化程序</td></tr>
</table>

5.2.2 相关知识

5.2.2.1 孔加工工艺知识

1）铰孔加工

（1）铰孔是利用铰刀从工件孔壁上切除微量金属层，以提高其尺寸精度和表面粗糙度的加工方法。铰孔往往用于中小孔钻、扩后的精加工，也可以用于磨孔或研孔前的预加工。

（2）铰孔精度可达到 IT9～IT7，Ra 为 0.8～1.6 μm，适用于孔的半精加工及精加工。

（3）直径在 80 mm 以内的孔可以采用铰孔；直径较大的孔多采用精镗加工。对于小于 12 mm 的孔，由于镗孔非常困难，一般先用中心钻定位，然后钻孔（扩孔），最后铰孔，以保证孔的加工精度。

(4)铰孔不能修正孔的直线度和孔的位置度误差，因此铰孔前孔的直线度和孔的位置精度应符合要求。

(5)一般来说，对于IT8精度的孔，只要铰削一次就能达到要求；IT7精度的孔应铰两次，即先用小于孔径0.05~0.20 mm的铰刀粗铰一次，再用符合孔径公差的铰刀精铰一次。

(6)铰一般孔时，采用直齿铰刀即可；铰不连续孔时，则应采用螺旋齿铰刀；铰通孔时，应选用左旋铰刀，切屑向前排出；铰不通孔时，选用右旋铰刀，以使切屑向后排出，但应注意防止"自动进刀"现象引起的振动。

2)铰刀的结构

铰刀是对中小直径孔进行半精加工和精加工的刀具，刀具齿数多，槽底直径大，导向性及刚性好。铰削时，铰刀从工件的孔壁上切除微量的金属层，使被加工孔的精度和表面质量得到提高。根据铰刀结构的不同，可分为圆柱孔铰刀和锥孔铰刀；根据铰刀制造材料的不同，可分为高速钢铰刀和硬质合金铰刀。铰刀的结构如图5.17所示，它由工作部分、颈部和柄部三部分组成，工作部分包括导锥、切削部分和校准部分。

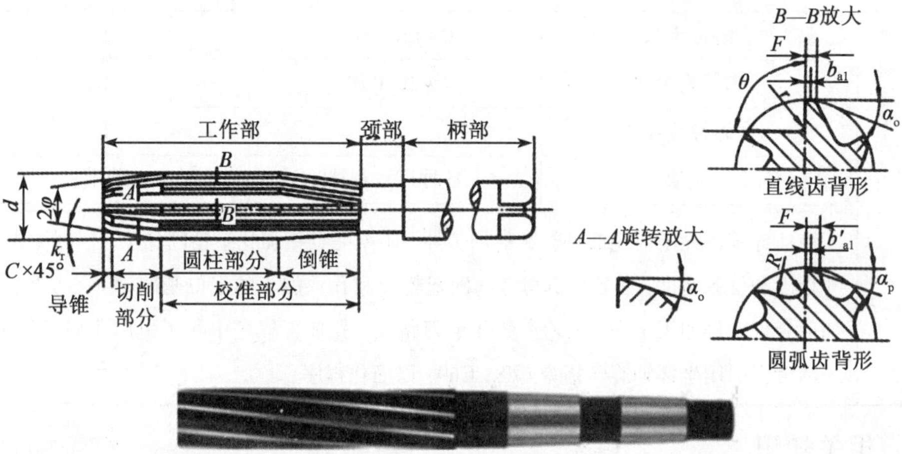

图5.17　铰刀的结构

3）铰刀的装夹

铰削的功能是提高孔的尺寸精度和表面质量，而不能提高孔的直线度和孔的位置精度。

铰孔时要求铰刀与机床主轴有很好的同轴度。采用刚性装夹并不理想，若同轴度误差大，则会出现孔不圆、喇叭口、扩张量大等现象。因此最好采用浮动装夹装置。机床或夹具只传递运动和动力，而依靠铰刀的校准部分自我导向。

4)铰削的工艺特点

(1)因为采用浮动装夹，所以铰孔的精度和表面粗糙度不取决于机床的精度，而是取决于铰刀的精度、安装方式、加工余量、切削用量和切削液等条件。例如在相同的条件下，在钻床上铰孔和在数控铣床上铰孔所获得的精度和表面粗糙度基本一致。

(2)铰刀为定径的精加工刀具，铰孔比精镗孔容易保证尺寸精度和形状精度，生产率也较高，对于小孔和细长孔更是如此。但由于铰削余量小，铰刀常为浮动连接，故不能校正原孔的轴线偏斜，孔与其他表面的位置精度则需由前工序或后工序来保证。

(3)铰孔的适应性较差。一定直径的铰刀只能加工一种直径和尺寸公差等级的孔，如需提高孔径的公差等级，则需对铰刀进行研磨。铰削的孔径一般小于 ϕ80 mm，常用的为 ϕ40 mm 以下。对于阶梯孔和盲孔，则铰削的工艺性较差。

SIEMENS 802D 系统与上述相应的指令及其格式详见表 F.7。

5.2.2.2　内径百分表及其使用

1)内径百分表的结构

内径百分表的结构如图 5.18 所示。

2)内径百分表的校正方法

根据被测工件的孔径尺寸，准备相应的千分尺。千分尺应调整到被测工件的公称尺寸，并紧固。如图 5.19 所示，根据被测工件的公称尺寸在内径百分表的测量杆上换上相应的可换触头，在测量杆上端插入百分表头，使其在 0.2~0.3 mm 内，并紧固。校正时，左手按图 5.19 所示位置握住尺子，右手握住测量杆上的捏手部分，将可换触头放到千分尺的两测量面之间，用食指支承可换触头部分，右手前后摆动为±10°，同时观察表针情况，调整可换触头的距离，使内径百分表的表针指在表盘的零位(或转动表盘，使指针指到零位)，此时可换触头压缩量为0.2~0.3 mm，然后紧固可换触头。可换触头紧固后，应再校对一下内径百分表，看零位是否有变动。校正内径百分表零位时，也可以使用标准环规。用标准环规代替外径千分尺，方法同前。

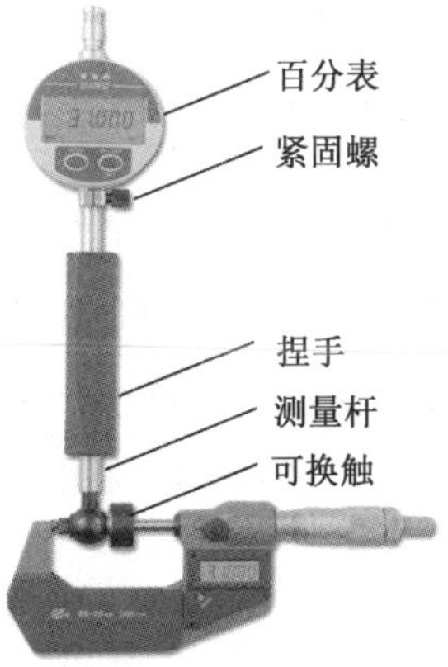

图 5.18　内径百分表的结构

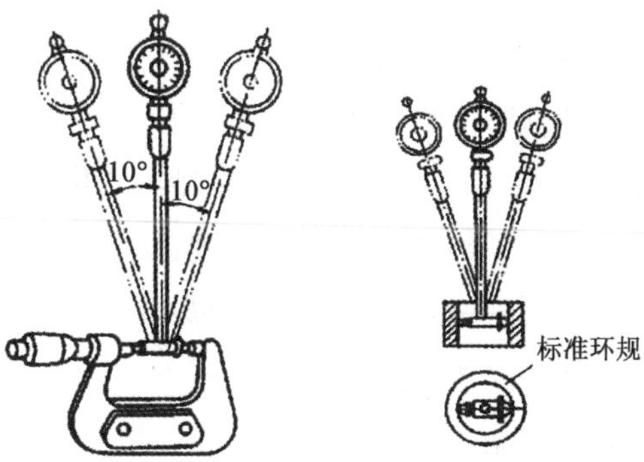

图 5.19　内径百分表校正方法

3) 内径百分表测量工件的方法

左手拿工件，右手握住内径百分表的测量杆，将已调整好零位的内径百分表的可换触头伸到被测孔内，上下或前后摆动内径百分表，摆动幅度一般为±10°(如图 5.19 所示)。找出表针指向的最小值，这个最小值与零位的差值就是被测工件内孔尺寸的实际偏差值。

5.2.3 任务实施

5.2.3.1 典型案例

完成图 5.20 所示基座圆盘零件的加工工艺设计、加工程序编制、仿真及调试，使用数控铣床(加工中心)完成零件加工。材料为 45 钢，毛坯已加工至 $\phi80$ mm×20 mm，单件生产。未注公差的线性尺寸按照“GB/T 1804—m”的要求。

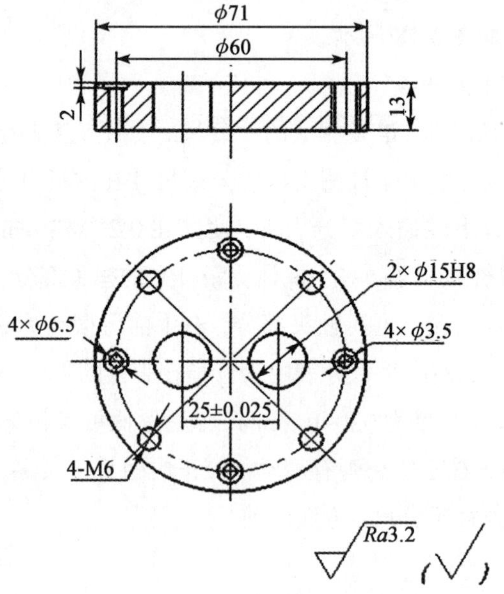

图 5.20　基座圆盘零件图

1) 零件的工艺分析

基座圆盘零件的毛坯已经车削加工成 $\phi71$×13 mm 的半成品，主要加工“4-$\phi3.5$”、“2×$\phi15$H8”和“4-M6”。尺寸精度除中心距较高之外，其余要求一般；“2×$\phi15$H8”表面粗糙度要求较高，Ra 为 1.6 μm。铰削也可满足此要求，但由于其中心距公差小，因此采用“钻—扩—粗镗—精镗”方案；“4×$\phi3.5$”采用“钻中心孔—钻孔”；“4-M6”采用“钻中心孔—钻底孔—攻丝”方案。

2) 装夹方案

由于该零件外形是圆形，而且是经车削加工后的半成品，所以用三爪卡盘以中心线为基准定位、夹紧更为方便。

3）加工顺序及走刀路线

加工顺序：钻各孔的中心孔—钻、扩、粗镗、精镗“ϕ15H8”孔—钻“4×ϕ3.5”孔—钻“4-M6”底孔—倒角—攻丝。

所有孔加工时的走刀路线都按照最短走刀路线加工，详见图5.21。

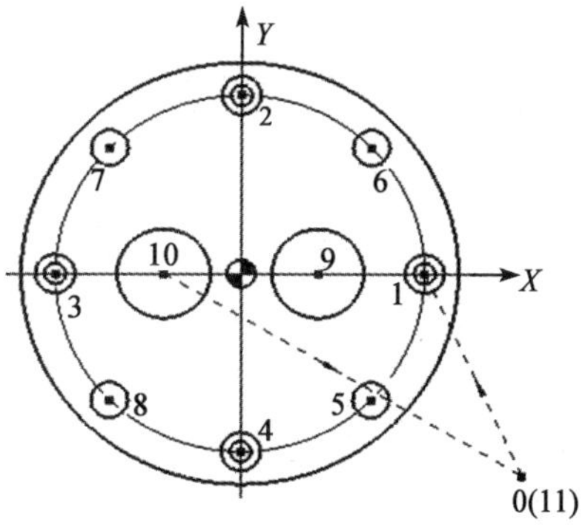

图5.21　基座圆盘走刀路线

4）刀具选择

分别选用ϕ4中心钻；ϕ14，ϕ3.5，ϕ5，ϕ6.5麻花钻；M6螺纹刀；镗刀（镗ϕ15孔）。

5）数控加工工艺

基座圆盘数控加工工序卡见表5.8。

表5.8　基座圆盘数控加工工序卡

单位名称	数控加工工序卡片		产品名称或代号		零件名称		零件图号
					基座圆盘		B0501
工序号	程序编号		夹具名称		使用设备		车间
			平口虎钳		FANUC 0*i* 数控铣床		
工步号	工步内容	刀具号	刀具规格	主轴转速 /(r·min^{-1})	进给速度 /(mm·min^{-1})	背吃刀量 /mm	备注
1	定心孔	1	ϕ4	1500	50	2	点10个中心孔
2	钻ϕ15H8底孔至ϕ14	2	ϕ14	450	50	7	2个孔
3	粗镗ϕ15H8孔至ϕ14.8	3	ϕ14	1500	150	0.8	2个孔
4	精镗ϕ15H8孔	3	ϕ14	1500	120	0.2	2个孔
5	钻4-ϕ3.5孔	4	ϕ3.5	1600	120	2.25	4个孔
6	平锪4-ϕ6.5沉孔	5	ϕ6.5	1000	50	1.5	4个孔
7	钻4-M6底孔	6	ϕ5	1200	100	2.5	4个孔
8	攻4-M6螺纹	7	M6	200	200		4个螺纹
编制		审核		批准	年　月　日	共　页	第　页

6）参考程序

基座圆盘加工参考程序见表5.9。

表 5.9　基座圆盘加工参考程序

程序内容	程序内容
O1000	N155 M6;
N05 G91 G30 Z0;	N160 G54 G90 G80 G49 G00;
N10 T1;(ϕ4 中心钻,定心孔)	N165 G43 H03 X12.5 Y0 Z20 S1500 M3;
N15 M6;	N170 G99 G76 Z-15 R2 Q0.5 F150;
N20 G54 G90 G80 G49 G00;	N175 X-12.5;
N25 G43 H01 X30.0 Y0 Z20 S1500 M3;	N180 G80 M5;
N30 M8;	N185 M00;(暂停、测量、调刀)
N35 G99 G81 X30.0 Y0 Z-2 R2 F50;	N190 G99 G76 X12.5 Y0 Z-15 R2 Q0.5 F120 M3;
N40 X0 Y30.0;	
N45 X-30.0 Y0;	N195 X-12.5;
N50 X0 Y-30.0;	N200 G80 M5;
N55 X42.426 Y-42.426 Z-4;(螺纹孔口倒角)	N205 M00;(暂停、测量、调刀直至尺寸合格)
N60 X42.426;	N210 / G0T0 190(尺寸合格后,按下跳步键,跳过此程序段)
N65 Y42.426;	
N70 X-42.426;	N215 G0 G49 Z0;
N75 X12.5 Y0 Z-2;	N220 G91 G30 Z0;
N80 X -12.5;	N225 T4;(ϕ3.5 麻花钻)
N85 G80 M9;	N230 M6;
N90 G49 G0 Z100 M5;	N235 G54 G90 G80 G49 G00;
N95 G91 G30 Z0;	N240 G43 H04 X30 Y0 Z20 S1600 M3;
N100 T2(ϕ14 麻花钻)	N245 M8;
N105 M6;	N250 G99 G73 Z-15 R2 Q3 F120;
N110 G54 G90 G80 G49 G00;	N255 X0 Y30;
N115 G43 H02 X12.5 Y0 Z20 S450 M3;	N260 X-30 Y0;
N120 M8;	N265 X0 Y-30;
N125 G99 G73 Z-20 R2.0 Q3 F50;	N270 G80 M9;
N130 X-12.5;	N275 G0 G49 Z100 M5;
N135 G80 M9;	N280 G91 G30 Z0;
N140 G49 G0 Z100 M5;	N285 T5;
N145 G91 G30 Z0;	N290 M6;(ϕ6.5 锪钻、锪平 ϕ6.5 沉孔)
N150 T3;(微调镗头,粗、精镗 ϕ15H8 孔)	N295 G54 G90 G80 G49 G00;

表 5.9(续)

程序内容	程序内容
N300 G43 H5 X30 Y0 Z20 S1000 M3;	N385 X42.426;
N305 M8;	N390 G80 M9;
N310 G99 G82 X30 Y0 Z-2 R2 P500 F50;	N395 G0 G49 Z100 M5;
N315 X0 Y30;	N400 G91 G30 Z0;
N320 X-30 Y0;	N405 T7;(M6 丝锥,攻 M6 螺纹 0)
N325 X0 Y-30;	N410 M6;
N330 G80 M9;	N415 G54 G90 G80 G49 G0;
N335 G0 G49 Z0 M5;	N420 G43 H07 X42.426 Y42.426 Z20 M8;
N340 G91 G30 Z0;	N425 M29 S200;(刚性攻)
N345 T6(M6 底孔、ϕ5 麻花钻);	N430 G98 G84 X42.426 Y42.426 Z-18 R5 P1000 F200; (螺距 1 mm)
N350 M6;	
N355 G54 G90 G80 G49 G00;	N435 X-42.426;
N360 G43 H6 X42.426 Y42.426 Z20 S1200 M3;	N440 Y-42.426;
N365 M8;	N445 X42.426;
N370 G99 G73 Z-16 R2 Q3 F100;	N450 G80 M9;
N375 X-42.426;	N455 G49 G0 Z0;
N380 Y-42.426;	N460 M30;

5.2.3.2 任务实施

任务实施方案如下所示。

(1)根据法兰盘零件图尺寸公差和表面粗糙度要求, 初步确定数控加工工序。

(2)确定法兰盘走刀路线。

(3)选用刀具, 确定刀具切削参数, 填写刀具卡, 详见表 F.1。

(4)确定装夹方案、定位基准。

(5)拟定并填写数控加工工序卡, 绘制走刀路线图, 编制加工程序, 详见表 F.2 至表 F.4。

(6)法兰盘零件的仿真加工步骤如图 5.22 所示。

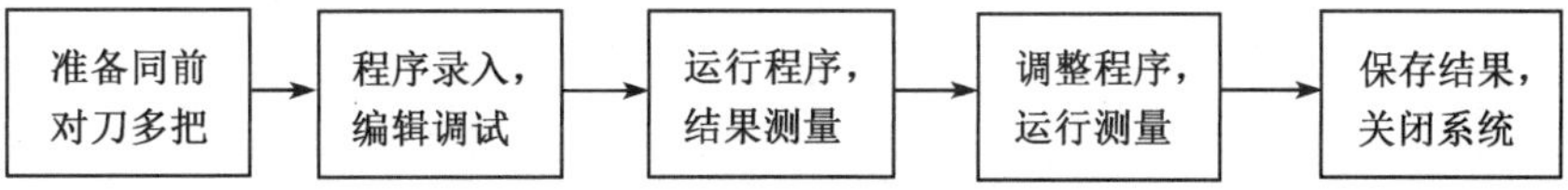

图 5.22 法兰盘零件的仿真加工步骤

(7)法兰盘零件的工件加工步骤如图5.23所示。

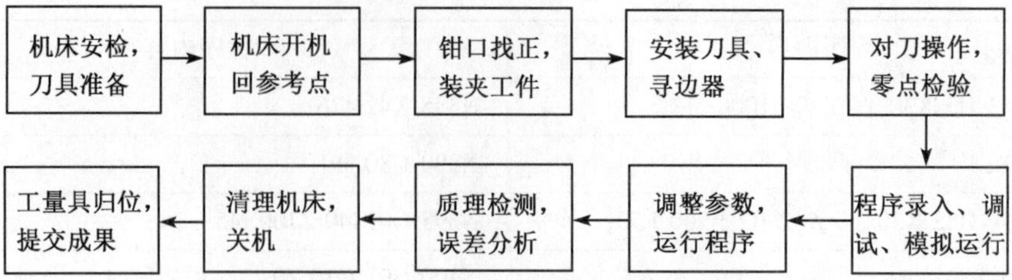

图5.23　法兰盘零件的工件加工步骤

5.2.3.3　考核评价

1)专业能力训练过程考核与评价

对学生进行工件加工全过程专业能力考核，包括工艺准备、任务实施、工件质量、误差分析各环节。加工结束后，师生共同填写专业能力训练过程考核评分表(见表5.10)。

表5.10　专业能力训练过程考核评分表(任务5.2)

任务名称		法兰盘编程与加工					成绩	
操作者(或小组)				设备名称	FANUC 0*i* 数控铣床		完成工时	
序号	考核内容			配分	评分标准(扣完为止)	自评	组评	师评
1	工艺准备	详见表1.21此项内容		20	详见表1.21此项扣分标准			
2	任务实施	详见表1.21此项内容		40	详见表1.21此项扣分标准			
3	工件质量(30分)	外轮廓	$70_{-0.05}^{0}$	3	超差0.01不扣分，0.01~0.09扣2分，0.1以上无分			
4			$\phi80$	4				
5		孔	$\phi\,30_{0}^{-0.05}$	3	超差0.1内不扣分，以上无分			
			$7\times\phi10$	4	超差0.1内不扣分，以上无分			
6			$\phi14$	3	超差0.1内不扣分，以上无分			
		深度	$5_{-0.05}^{0}$	3	每超差0.05扣2分，超差0.2以上不扣分			
			25	3	超差0.1内不扣分，以上无分			
7		平行度	// 0.02 *B*	3	超差0.1内不扣分，以上无分			
8		*Ra*3.2		4	每降1级扣1分			
9	误差分析	零件自检		10	自检有误每处扣1分			
合计				100	自评10%、组评20%、师评70%			

表 5.10（续）

<table>
<tr><td colspan="8">误差分析及反思(学生个人填)：</td></tr>
<tr><td colspan="8">考核得分及评价(教师填)：</td></tr>
<tr><td>第　　组</td><td>学生签字</td><td></td><td>组长签字</td><td></td><td>教师签字</td><td></td><td>年　月　日</td></tr>
</table>

2)综合能力考核与评价

对每名学生的专业能力、社会能力、方法能力进行综合考核、客观评价、师生共同填写综合能力考核及评价表(见表 F.5)。

5.2.4　训练与考核

5.2.4.1　训练任务

多孔零件编程与加工训练任务见表 5.11。

表 5.11　多孔零件编程与加工训练任务

<table>
<tr><td>任务描述</td><td>完成图 5.24 所示孔系零件数控加工工艺分析及方案拟定，并编制程序
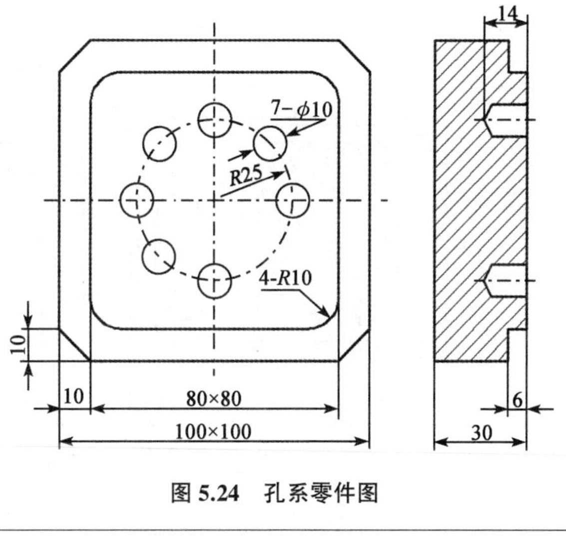

图 5.24　孔系零件图</td></tr>
<tr><td>工艺条件</td><td>工艺条件参照“5.2.1　工作任务”中提供的工艺条件配置</td></tr>
<tr><td>加工要求</td><td>严格遵守安全操作规程，零件加工质量达到图样要求</td></tr>
</table>

5.2.4.2　考核评价

进行加工工艺分析和方案设计，并完成相应的工艺文件后，对工作过程进行总结评议，参照表 5.10 填写专业能力训练过程考核评分表。

复习题

1) 填空题

(1) G80 指令用于钻孔______。

(2) 加工中心能在一次装夹中完成 ______、______、______、______等工序。

(3) 切削加工时，工件材料抵抗刀具切削所产生的阻力称为______。

(4) 在切削过程中，工件形成 3 个表面：______、______、______。

(5) 加工中心按照主轴在空间所处的状态可以分为______、______和______。

2) 判断题

(1) 固定循环是预先给定一系列操作，用来控制机床的位移或主轴运转。(　　)

(2) 刀具位置偏置补偿可分为刀具形状补偿和刀具磨损补偿两种。(　　)

(3) 数控编程时，刀具半径补偿号必须与刀具号对应。(　　)

(4) 在数控铣床上精铣外轮廓时，应使铣刀沿工件轮廓线的法线方向进刀。(　　)

(5) 在数控铣床中，钻孔循环指令 G98 的含义是返回 R 点平面。(　　)

3) 编程题

(1) 完成图 5.25 所示的盖板零件的数控加工工艺方案拟定、加工程序编制，并仿真或使用数控铣床(加工中心)进行加工。

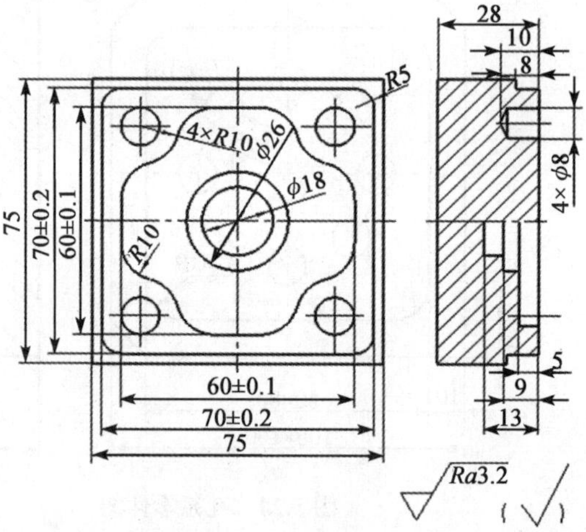

图 5.25　盖板零件图

(2) 完成图 5.26 所示孔系零件的数控加工工艺方案拟定、加工程序编制，并仿真或使用数控铣床(加工中心)进行加工。

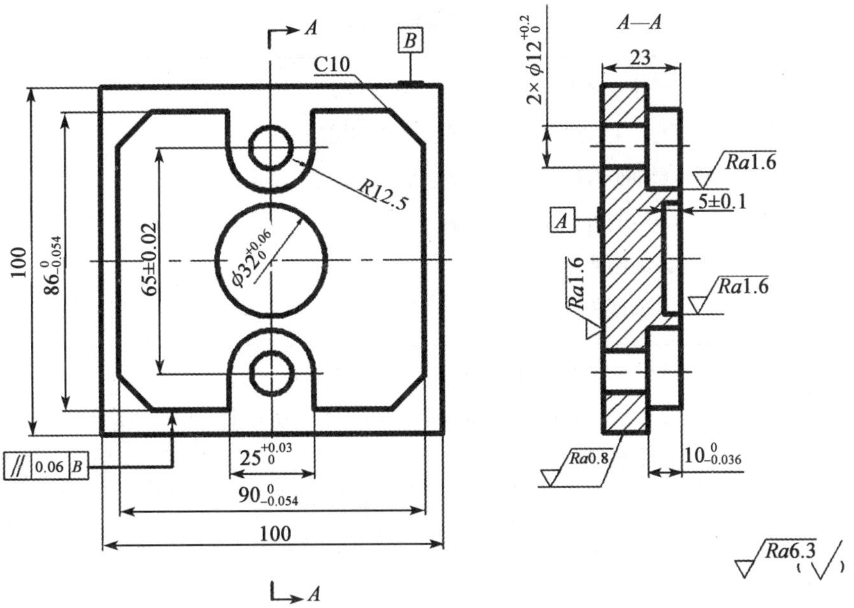

图5.26　孔系零件图

任务5.3　复杂孔系零件编程与加工

5.3.1　工作任务

复杂孔系零件编程与加工工作任务如表5.12所列。

表5.12　复杂孔系零件编程与加工工作任务

任务描述	完成图5.27所示复杂孔系零件的加工工艺设计、加工程序编制、仿真调试，使用数控铣床(加工中心)加工任务零 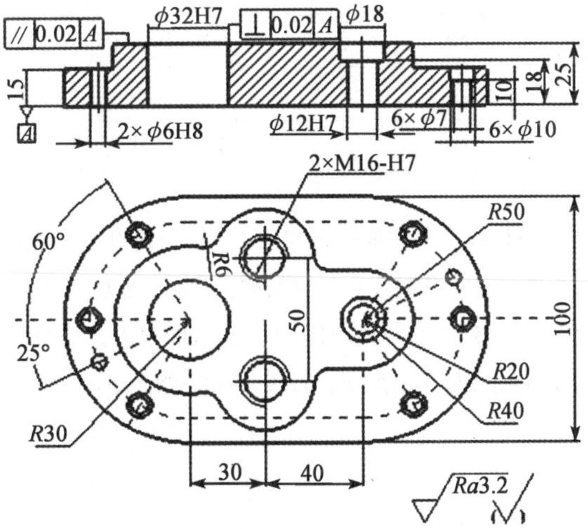 图5.27　复杂孔系零件图

表 5.12（续）

<table>
<tr><td>知识点
与技能点</td><td colspan="3">知识点：◇ 外轮廓和孔系铣削加工路线的确定
◇ G74/G84 的指令功能、格式和用法
◇ G85/G76 的指令功能、格式和用法
技能点：◇ 绘制外轮廓和孔系加工路线图
◇ 编制程序
◇ 调试程序</td></tr>
<tr><td rowspan="16">工艺条件</td><td colspan="3">◎数控铣床（加工中心）：配置 FANUC 0i 系统
◎毛坯：尺寸为 175 mm×110 mm×30 mm，材料为 45 钢，单件生产
◎刀具、量具及其他：</td></tr>
<tr><td>名称</td><td>规格</td><td>数量</td></tr>
<tr><td>ϕ20 立铣刀</td><td>硬质合金</td><td>1</td></tr>
<tr><td>ϕ12 立铣刀</td><td>硬质合金</td><td>1</td></tr>
<tr><td>ϕ10 立铣刀</td><td>硬质合金</td><td>1</td></tr>
<tr><td>ϕ4 中心钻</td><td>高速钢</td><td>1</td></tr>
<tr><td>ϕ6 麻花钻</td><td>高速钢</td><td>1</td></tr>
<tr><td>ϕ7 麻花钻</td><td>高速钢</td><td>1</td></tr>
<tr><td>ϕ30 麻花钻</td><td>高速钢</td><td>1</td></tr>
<tr><td>ϕ32 镗刀</td><td>硬质合金</td><td>1</td></tr>
<tr><td>ϕ14.8 铰刀</td><td>高速钢</td><td>1</td></tr>
<tr><td>M16 丝锥</td><td>高速钢</td><td>1</td></tr>
<tr><td>游标卡尺</td><td>0~150,0.02</td><td>1</td></tr>
<tr><td>百分表</td><td>0~10,0.01</td><td>1</td></tr>
<tr><td>磁性表座</td><td></td><td>1</td></tr>
<tr><td>垫块</td><td>各种尺寸规格</td><td>若干</td></tr>
<tr><td>任务分析</td><td colspan="3">该任务零件除了要完成外轮廓加工外，还需孔点钻、钻孔、扩孔、镗孔和攻螺纹等加工。根据图纸的尺寸精度和位置精度，必须认真思考和确定轮廓和孔系加工的定位基准、装夹方案，以及如何合理安排加工工序、确定工艺参数和走刀路线。孔加工程序中除了引用孔加工指令外，还需学会 G83，G85 等指令的应用</td></tr>
</table>

5.3.2　相关知识

5.3.2.1　孔精加工工艺知识

当孔的加工精度要求较高时，常需要铰孔、镗孔或攻螺纹加工，常见的铰刀、镗刀及螺纹刀的外形结构如图 5.28 所示。

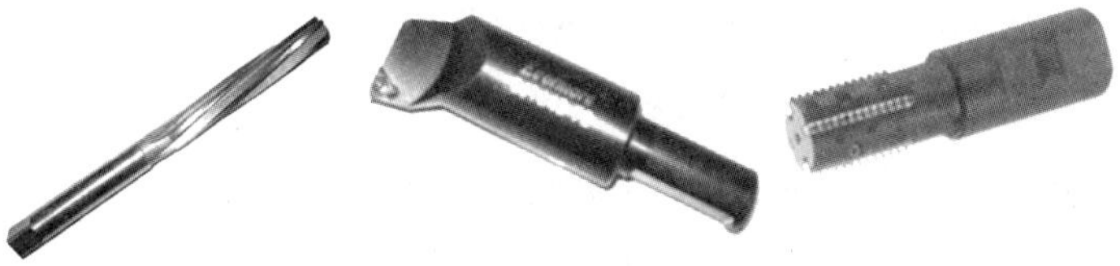

铰刀　　镗刀　　螺纹刀

图 5.28　常见的铰刀、镗刀及螺纹刀的外形结构

1）铰刀的选择

铰刀具有一个或多个刀齿，是用于切除已加工孔表面薄层金属的旋转刀具；铰刀是具有直刃或螺旋刃的旋转精加工刀具，可以用于扩孔或修孔。

在合理的情况下，普通选用标准的高速钢机用铰刀也可以更换为硬质合金铰刀。又因硬质合金刀头的磨削刃没有高速钢的锋利，容易使铰出的孔变大，而铰孔的精度主要取决于铰刀的尺寸，因此，铰刀最好挑选被加工孔公差带半中腰 1/3 左右的尺寸。选用时，深孔加工铰刀刃口务必锋利，且没有崩刃和毛刺。

2）镗刀的选择

所谓镗孔加工，是将工件上原有的孔进行扩大或精化。镗孔是对锻出、铸出或钻出孔的进一步加工。镗孔可扩大孔径，提高精度，减小表面粗糙度，还可以较好地纠正原来孔轴线的偏斜，具有修正形状误差和位置误差的能力。镗孔可分为粗镗（IT13～IT11，*Ra* 为 12.5～50 μm）、半精镗（IT10～IT9，*Ra* 为 3.2～6.3 μm）和精镗（IT8～IT6，*Ra* 为 0.8～1.6 μm）。

（1）粗镗。它是圆柱孔镗削加工的重要工艺过程，它主要是对工件毛坯（铸、锻孔）或对钻、扩后的孔进行预加工，为下一步半精镗、精镗加工奠定基础，并能及时发现毛坯的缺陷（如裂纹、夹砂、砂眼等）。

（2）半精镗和精镗。半精镗是精镗的预备工序，主要解决粗镗时残留下来的余量不均的问题。半精镗后一般留 0.30～0.40 mm 的单边余量用于精镗。对精度要求不高的孔，粗镗后可直接进行精镗，不必设半精镗工序。

精镗是在粗镗和半精镗的基础上，用较高的切削速度、较小的进给量切去粗镗或半精镗留下的较少的余量，最终达到零件的加工要求。

微调镗刀的结构如图 5.29 所示。它的特征是修正下孔的偏心，获得精确的孔的位置，取得高精度的圆度、圆柱度和表面光洁度。

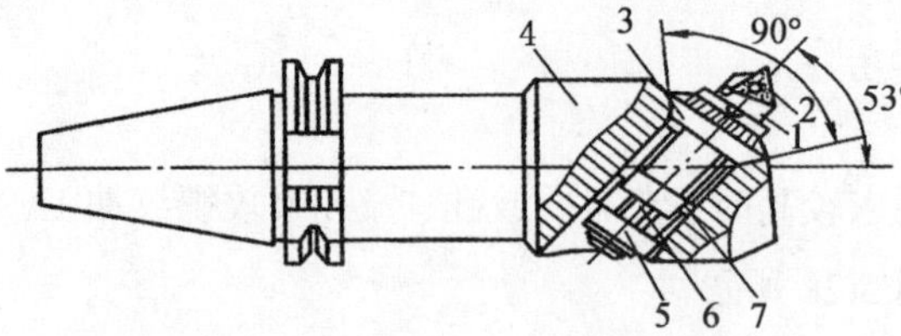

图 5.29　微调镗刀的结构

1—刀体；2—刀片；3—调整螺母；4—刀杆；5—螺母；6—拉紧螺钉；7—导向键

粗镗刀结构简单，用螺钉将镗刀刀头装夹在镗杆上。镗孔时，所镗孔径的大小要靠调整刀头的悬伸长度来保证。这种方法调整麻烦，效率低，大多用于单件小批量生产。

精镗刀目前较多使用的有精镗可调镗刀和精镗微调镗刀。镗刀镗孔是靠调节一枚刀片（或刀片座）而加工出像 H7，H6 这样的微米级的孔。

3）螺纹刀的选择

螺纹铣削是借助数控铣床（加工中心）的三轴联动功能，通过主轴高速旋转并做螺旋插补指令的方式加工螺纹。只要通过改变程序就可以实现不同直径的螺纹、左右螺纹及内外螺纹的加工。

螺纹铣削主要用于加工长度短、螺距小的三角形内外圆柱螺纹和圆锥螺纹。

常用的螺纹铣刀包括整体硬质合金螺纹铣刀和机夹螺纹铣刀。两者外形结构及其特点如图 5.30 和图 5.31 所示。

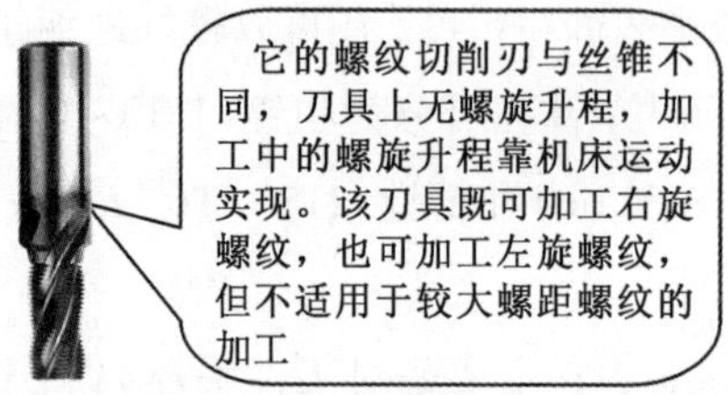

图 5.30　圆柱螺纹铣刀

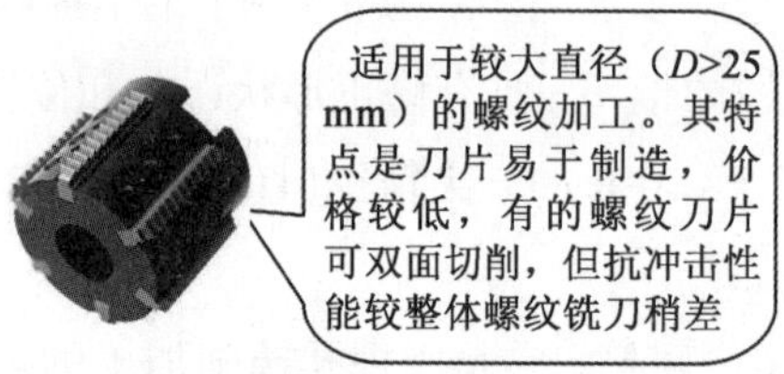

图 5.31　机夹螺纹铣刀

5.3.2.2　*镗刀对刀*

镗刀对刀步骤和方法如图 5.32 所示。

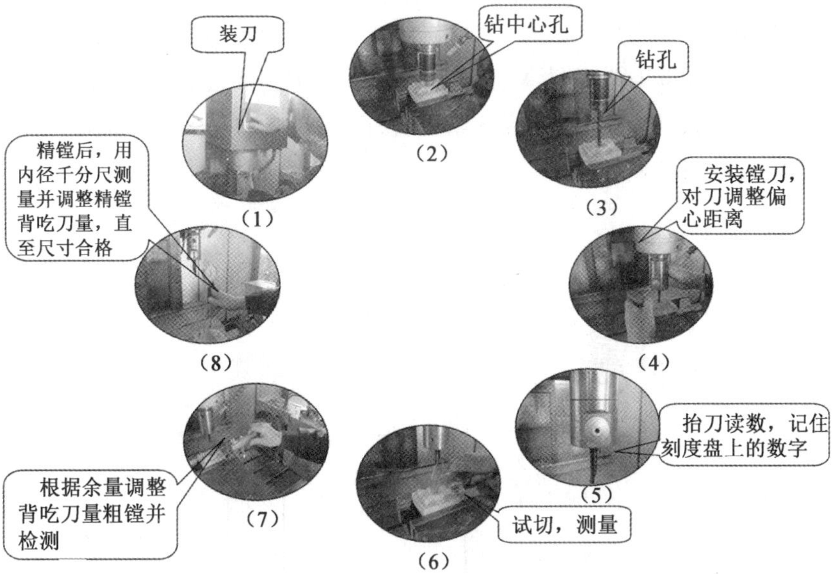

图 5.32　镗刀对刀步骤和方法

5.3.2.3　孔加工编程知识(G74/G84/G85/G76)

1)反攻丝循环指令(G74)

指令格式："G98/G99 G74 X__Y__Z__R__P__F__L__;"。

G74 攻反螺纹时主轴反转，到孔底时主轴正转，然后退回。

G74 指令动作循环见图 5.33。

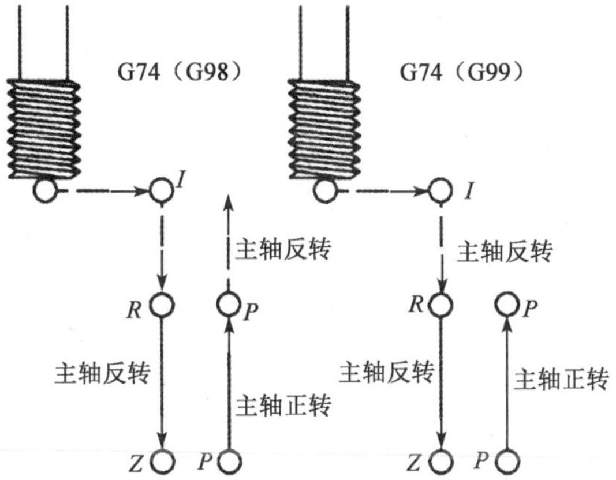

图 5.33　反转攻左旋螺纹 G74

注意：

(1) 攻丝时速度倍率、进给保持均不起作用；

(2) *R* 应选在距工件表面 5 mm 以上的地方；

(3) 如果 *Z* 的移动量为零，该指令不执行；

(4) 实际加工中，一般与 M29 刚性攻丝指令配合使用，在 G84/G74 指令前指出指令

“M29 S×××;”即可。

2)攻丝循环指令(G84)

指令格式:“G98/G99 G84 X __ Y __ Z __ R __ P __ F __ L __;”。

G84 攻螺纹时, 从 R 点到 Z 点主轴正转, 在孔底暂停后, 主轴反转, 然后退回。

G84 指令动作循环见图 5.34。

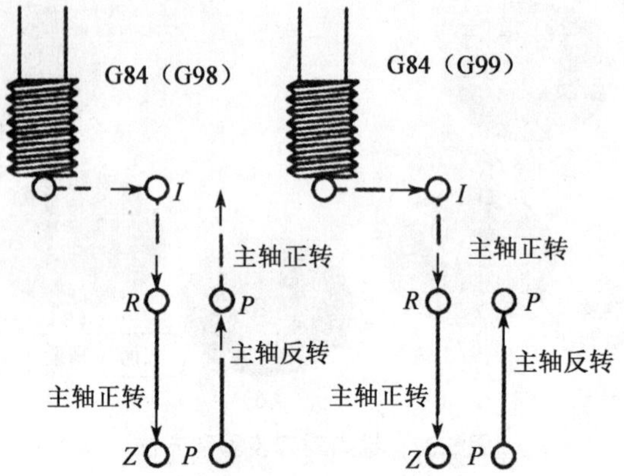

图 5.34　正转攻右旋螺纹 G84

注意:

(1)攻丝时速度倍率、进给保持均不起作用;

(2)R 应选在距工件表面 7 mm 以上的地方;

(3)如果 Z 的移动量为零, 该指令不执行;

螺纹攻丝程序段如下:

M29 S200;

G98 G84 X42.426 Y42.426 Z-18 R5.0 P1000 F200;

X-42.426;

Y-42.426;

G80 M9;

…………

3)镗孔循环指令(G85)

G85 指令与 G84 指令相同, 但在孔底时主轴不反转。

G85 指令动作循环见 5.35。

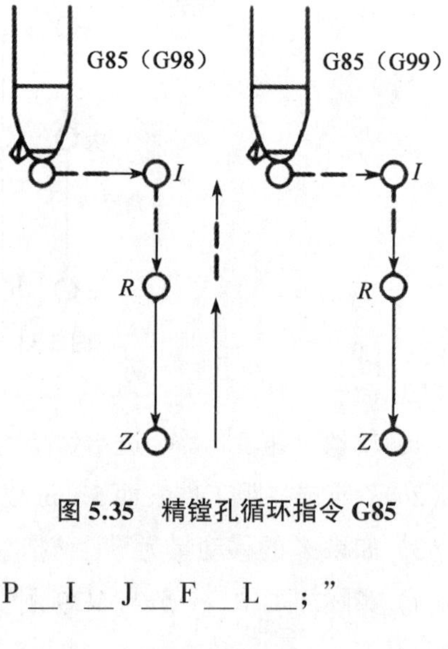

图 5.35　精镗孔循环指令 G85

4)精镗循环指令(G76)

指令格式:“G98/G99 G76 X __ Y __ Z __ R __ P __ I __ J __ F __ L __;”

其中，I——X 轴刀尖反向位移量；

J——Y 轴刀尖反向位移量。

G76 精镗时，主轴在孔底定向停止后向刀尖反方向移动，然后快速退刀。这种带有让刀的退刀不会划伤已加工平面，保证了镗孔精度。

G76 指令动作循环见图 5.36。

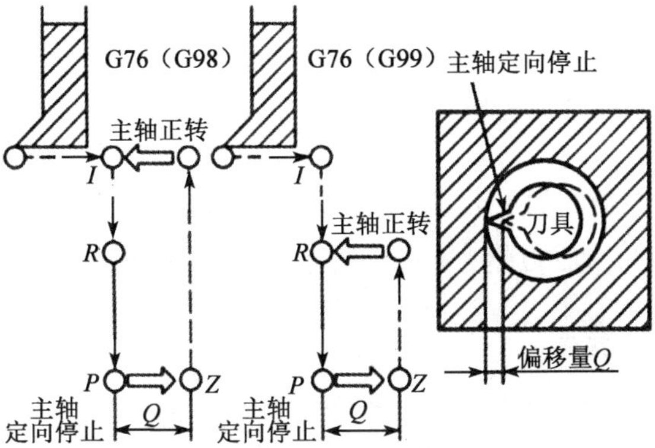

图 5.36 精镗孔循环指令 G76

注意：如果 Z 的移动量为零，该指令不执行。

例：使用 G76 指令编制如图 5.34 所示精镗加工程序。设刀具起点距工件上表面 42 mm，距孔底 50 mm，在距工件上表面 2 mm 处（R 点）由快进转换为工进。

参考程序如下：

```
O0076
G92 X0 Y0 Z50;
G00 G91 G99 M03 S600;
G76 X100 R-40 P2 I-6 Z-10 F200;
G00 X0 Y0 Z40;
M05;
M30;
```

SIEMENS 802D 与上述相应的指令及其格式详见表 F.7。

图 5.37 杠杆百分表的外形结构

5.3.2.4 采用杠杆百分表（或千分表）对刀

杠杆百分表的外形结构如图 5.37 所示。其对刀方法如下。

（1）在 HND 模式下，用磁性表座将杠杆百分表吸在机床主轴端面上，手动转动机床主轴。

(2)手动操作，使旋转的表头依 X，Y，Z 的顺序逐渐靠近侧壁(或圆柱面)。

(3)移动 Z 轴，使表头压住被测表面，指针转动约0.1 mm。

(4)逐步降低手摇脉冲发生器的 X，Y 轴移动量，使表头旋转一周时，其指针的跳动量在允许的对刀误差内(如 0.02 mm)，此时可认为主轴的旋转中心与被测孔中心重合。

(5)记下此时机床坐标系中的 X，Y 坐标值，此 X，Y 坐标值即 G54 指令建立工件坐标系时的偏置值。这种操作方法比较麻烦，粗加工后的孔不宜采用。

5.3.3 任务实施

5.3.3.1 典型案例

完成图 5.38 所示泵盖的加工工艺设计、加工程序编制、仿真调试，使用数控铣床(加工中心)完成加工。材料为 HT200 钢，毛坯已加工至 100 mm×80 mm×20 mm，单件生产。

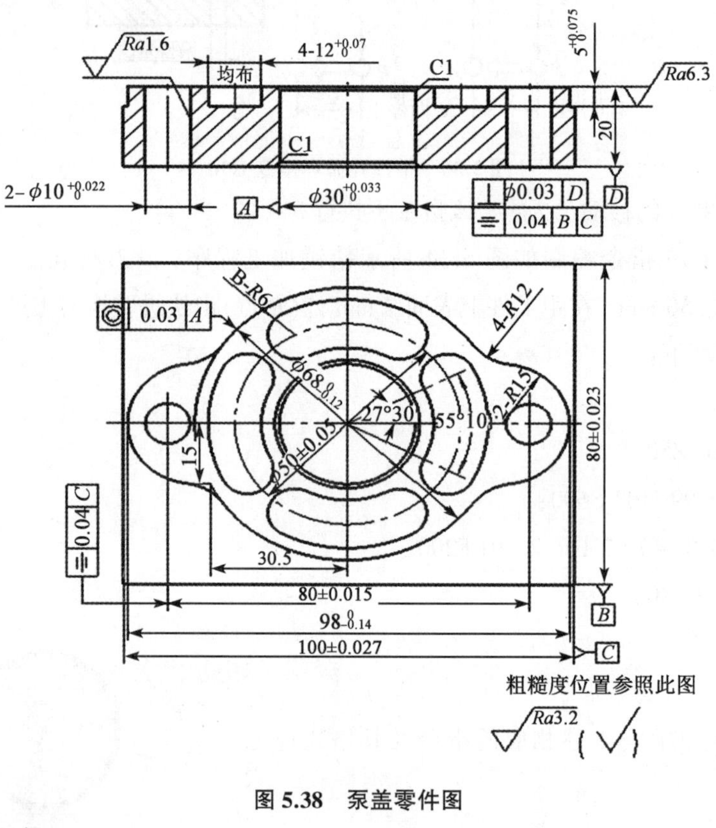

图 5.38　泵盖零件图

1)工艺设计

(1)铣外轮廓。

①粗铣外轮廓，留0.50 mm单边余量；

②安装 ϕ20 mm 精铣并对刀，设定刀具参数，半精铣外轮廓，留 0.10 mm 单边余量；

③实测工件尺寸，调整刀具参数，精铣外轮廓至要求尺寸；

④测量孔尺寸，调整镗刀，精镗孔至要求尺寸；

⑤安装 90°锪刀，倒角 1×45°至要求尺寸。

(2)加工 2-ϕ10 孔和工艺孔。

①安装 A2.5 中心钻并对刀，设定刀具参数，选择程序钻中心孔；

②安装 ϕ9.7 mm 钻头并对刀，设定刀具参数钻 2-ϕ10 孔和工艺孔；

③安装 ϕ10H8 铰刀并对刀，设定刀具参数，铰 2-ϕ10 孔至要求尺寸。

(3)加工 ϕ30 孔和倒角。

①安装 ϕ28 mm 钻头并对刀，设定刀具参数，选择程序钻通孔；

②安装镗刀并对刀，设定刀具参数，粗镗孔，留0.50 mm单边余量；

③调整镗刀，半精镗孔，留 0.10 mm 单边余量。

(4)铣腰形槽。

①安装 ϕ10 mm 精立铣刀并对刀，设定刀具参数，选择程序，粗铣腰形槽，留 0.50 mm 单边余量；

②安装 ϕ10 mm 精立铣刀并对刀，设定刀具参数，半精铣腰形槽，留 0.10 mm 单边余量；

③测量腰形槽尺寸，调整刀具参数，精铣腰形槽至要求尺寸。

2)走刀路线

泵盖走刀路线如图 5.39 所示。

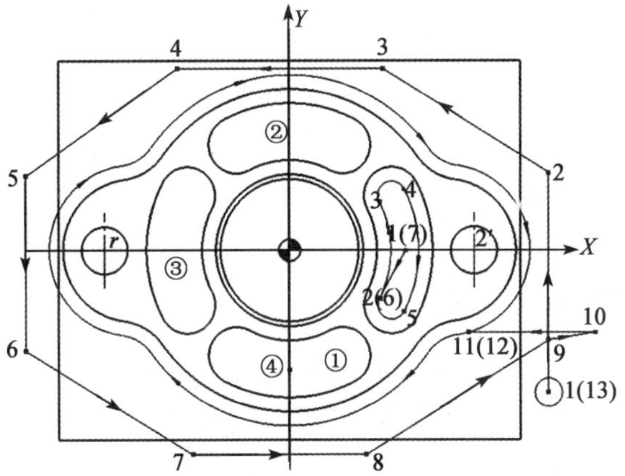

图 5.39　泵盖走刀路线

3)装夹方案

(1)用平口虎钳装夹工作，伸出钳口 8 mm 左右，用百分表找正。

(2)安装寻边器，确定工件零件为坯料上表面的中心，设定零点偏置。

(3)安装 ϕ20 mm 粗立铣刀并对刀，设定刀具参数，选择自动加工方式。

4)数控加工工序

泵盖数控加工工序卡见表 5.13。

表 5.13　泵盖数控加工工序卡

单位名称	数控加工工序卡片	产品名称或代号	零件名称	零件图号
			泵盖	B0502
工序号	程序编号	夹具名称	使用设备	车间
		平口虎钳	FANUC 0*i* 数控铣床	

工步号	工步内容	刀具号	刀具规格	主轴转速 /(r·min^{-1})	进给速度 /(mm·min^{-1})	背吃刀量 /mm	备注
1	粗铣外轮廓	1	ϕ20(合金立铣刀)	800	100	2	留 0.20 mm 余量
2	精铣外轮廓	1	ϕ20(合金立铣刀)	1000	80	0.2	加工到尺寸
3	定心孔	2	ϕ4	1500	50	2	3 个孔
4	钻 ϕ30 底孔至 ϕ28	3	ϕ28	200	25	14	
5	粗镗 ϕ30 孔至 29.8	4	ϕ29.8	800	80	1.8	
6	精镗 ϕ30 孔	4	ϕ30	1000	80	0.2	
7	钻 ϕ10 底孔至 ϕ9.7	5	ϕ9.7	600	60	4.85	
8	铰 ϕ10 孔	6	ϕ10H8	150	40	0.15	
9	粗铣腰形槽	7	ϕ10(合金立铣刀)	2000	300	1	留 0.20 mm 余量
10	精铣腰形槽	7	ϕ10(合金立铣刀)	2500	200	0.2	加工到尺寸
编制		审核		批准	年　月　日	共　页	第　页

5)参考程序

泵盖加工参考程序见表 5.14。

表 5.14　泵盖加工参考程序

铣外轮廓程序内容	
O0001	N50 X-50 Y18;
N5 G54 G90 G17 G21 G94 G49 G40;	N55 Y-15;
N10 G00 Z30 S800 M03;	N60 X-15 Y-35;
N15 G00 X60 Y-50;	N65 X15;
N20 Z1;	N70 X50 Y-15;
N25 G01 Z-5 F200;	N75 G00 Z1;
N30 G01 G42 X50 Y-15 D1 F300;	N80 G40 X70;
N35 G01 Y15 F60;	N85 G01 Z-5 F200;
N40 X15 Y35;	N90 G01 G42 X35.417 Y-14.967 D1 F100;
N45 X-15;	N95 G03 X35.417 Y14.967 R15;

表 5.14（续）

N100 G02 X27.631 Y19.812 R12;	N130 G02 X35.417 Y-14.967 R12;
N105 G03 X-27.631 Y19.812 R34;	N135 G00 Z1;
N110 G02 X-35.417 Y14.967 R12;	N140 G00 G40 X60;
N115 G03 X-35.417 Y-14.967 R15;	N145 G00 Z100 M05;
N120 G02 X-27.631 Y-19.812 R12;	N150 M30;
N125 G03 X27.631 Y-19.812 R34;	
加工 2-ϕ10 孔和工艺孔主程序	
O0002	N75 X0 Y0;
N5 G54 G90 G17 G21 G94 G49 G40;	N80 X-40 Y0;
N10 G00 Z100 S1200 M03;	N85 G82 X25 Y0 Z-4.9 R5 P2000 F30;
N15 G82 X40 Y0 Z-4 R5 P2000 F60;	N90 X0 Y25;
N20 X25 Y0;	N95 X0 Y-25;
N25 X0 Y0;	N100 X-25 Y0;
N30 X0 Y25;	N105 G00 Z100 M05;
N35 X0 Y-25;	N110 Y-80;
N40 X-25 Y0;	N115 M00;
N45 X-40 Y0;	N120 G00 Z5 S200 M03;
N50 G00 Z100 M05;	N125 G85 X40 Y0 Z-24 R5 Q2 P1000 F40;
N55 Y-80;	N130 X-40 Y0;
N60 M00;	N135 G00 Z50 M05;
N65 G00 Z5 S300 M03 Q2 P1000;	N140 Y-80;
N70 G83 X40 Y0 Z-24 R5 Q2 P1000 F30;	N145 M30;
加工 ϕ30 孔和倒角的主程序	
O0003	N50 M00;
N5 G54 G90 G17 G21 G94 G49 G40;	N55 G00 Z30 S200 M03;
N10 G00 Z100 S1200 M03;	N60 Z5;
N15 G00 X0 Y0 S200 M03;	N65 G01 Z1 F200;
N20 G83 X0 Y0 Z-29 R5 Q2 P1000 F30;	N70 Z-1 F18;
N25 G00 Z50 M05;	N75 G4 X1.0;
N30 M00;	N80 G00 Z100 M05;
N35 G00 Z30 S200 M03;	N85 Y-80;
N40 G85 X0 Y0 Z-22 R5 F30;	N90 M30;
N45 G00 Z100 M05;	
铣腰形槽主程序	
O0004	N40 G68 X0 Y0 R180;
N5 G54 G90 G17 G21 G94 G49 G40;	N45 M98 P0005;
N10 G00 Z30 S800 M03;	N50 G69;
N15 G0 X0 Y0 Z5;	N55 G68 X0 Y0 R270;
N20 M98 P0005;	N60 M98 P0005;
N25 G68 X0 Y0 R90;	N65 G69;
N30 M98 P0005;	N70 G00 Z100 M05;
N35 G69;	N75 M30;

表 5.14（续）

铣腰形槽子程序	
O0005	N20 G02 X27.497 Y14.314 R6；
N2 G00 X25 Y0；	N25 G02 X27.497 Y-14.314 R31；
N5 G01 Z-5 F30；	N30 G02 X16.853 Y-8.773 R6；
N10 G01 G41 X16.853 Y-8.773 D1 F60；	N40 G00 G40 X25 Y0；
N15 G03 X16.853 Y8.773 R19；	N45 M99；

5.3.3.2 任务实施

1）实施方案

（1）根据泵盖零件图尺寸公差和表面粗糙度要求，初步确定数控加工工序。

（2）确定泵盖零件走刀路线。

（3）选用刀具，确定刀具切削参数，填写刀具卡，详见表 F.1。

（4）确定装夹方案、定位基准。

（5）拟定并填写数控加工工序卡，绘制走刀路线图，编制加工程序，详见表 F.2 至表 F.4。

（6）泵盖零件的仿真加工步骤同“任务 1.4”的图 1.61 所示步骤。

（7）泵盖零件的工件加工步骤同“任务 1.4”的图 1.62 所示步骤。

操作安全提示：①孔加工前，一定进行空运行检验长度补偿；②程序运行前一定将进给倍率调至零位，运行中再逐渐调大；③循环启动前按“自动”键的同时也要按“单段”键，观察下一条程序段的 Z 方向走向；④程序运行中特别注意 Z 坐标的运动趋势，发现问题马上暂停循环或急停。

2）实施步骤

（1）根据图样要求确定加工工艺。

①加工方式。此零件的主要加工部位是内外轮廓与孔系，应采用立铣方式加工。

②加工设备。FANUC 0*i* 数控系统的立式加工中心。

③毛坯材料。材料为 45 钢，规格为 110 mm×60 mm×20 mm。

④加工刀具。根据零件的外形和加工要求，选择刀具为 T1 号为 ϕ16 合金刀、T2 号为 ϕ6 合金刀、T3 号为 ϕ7 钻头、T4 号为 ϕ10 钻头、T5 号为 ϕ4 中心钻、T6 号为 ϕ6 钻头。

⑤夹具选择。用虎钳装夹。

（2）加工工序卡片。复杂孔系零件数控参考加工工序卡片见表 5.15。

表5.15　复杂孔系零件数控加工工序卡片

工步号	工步内容	刀具号	刀具规格	主轴转速 /(r·min⁻¹)	进给速度 /(mm·min⁻¹)	背吃刀量 /mm	备注
1	粗加工外轮廓	T1	ϕ16(合金立铣刀)	1000	200	1	留0.20 mm余量
2	粗加工凸台	T2	ϕ12(合金立铣刀)	2000	300	1	轮廓方向留0.20 mm精加工余量
3	精加工凸台	T2	ϕ6(合金立铣刀)	3000	400	0.2	加工到要求尺寸
4	定心孔	T3	ϕ4(中心钻)	1500	50	2	
5	钻2×ϕ6的销孔	T6	ϕ6(钻头)	500	50	到底	加工到要求尺寸
6	钻头钻孔	T3	ϕ7(钻头)	500	50	到底	加工7×ϕ7孔
7	扩孔	T2	ϕ6(合金立铣刀)	100	20	3	加工12的孔
8	钻头钻孔	T4	ϕ10(钻头)	800	50	到底	加工10的孔
9	扩孔	T2	ϕ6(合金立铣刀)	3000	500	4	加工16的孔
10	精加工带有*R*12.5圆弧的外轮廓	T1	ϕ16(合金立铣刀)	500	50	0.2	加工到要求尺寸
11	精加工凸台	T1	ϕ16(合金立铣刀)	500	50	0.2	留T2粗加工余量0.60 mm
12	精加工凸台	T2	ϕ6	3200	400	0.2	加工到要求尺寸
13	加工M12×1.5螺纹	丝锥	M12×1.5	100	150	到底	加工到要求尺寸

(3)参考程序。复杂孔系零件加工参考程序见表5.16。

表5.16　复杂孔系零件加工参考程序

O1412	主程序名
G54 G90 G49 G40;	
T1;	
M03 S400;	主轴正转

表 5.16（续）

G00 X-70.0 Y-50.0;	
Z1.2;	
M98 P081413;	调子程序 8 次
G00 Z10.0;	
X70.0 Y-40.0;	
Z1.2;	
M98 P031414;	调子程序 3 次
Z100.0;	
M05;	
G91 G30Z0.;	
T2;	
M6;	
G90 Z100.0;	
G43 G00 Z100.0 H2;	加长度补偿
M03;	
S3000;	
G00 X70.0 Y-40.0;	
Z5.0;	
G01 Z0.2 F500;	
M98 P101418;	调子程序 10 次
G00 Z100.0;	
G49;	
M05;	
G91 G30 Z0.;	返回换刀点
T6;	
M6;	换刀
G90 Z100.0;	
G43 G00 Z100.0 H3;	
M03;	
S1200;	
G00 X-37.321 Y-60.0;	
G98 G83 X-37.321 Y-10.0 Z-15.0 R3.0 Q5.0 F50;	

表 5.16（续）

X37.321 Y10.0;	
G49;	
M05;	
G91 G30 Z0.;	
T3;	
M6;	
G90 Z100.0;	
G43 G00 Z100.0 H3;	
M03;	
S1200;	
G00 X-40.0 Y0.;	
Z10.0;	
G98 G83X-40.0 Y0.Z-15.0 R3.0 Q-5.0 F50;	
G68 X-20.0 Y0. R60.0;	
G98 G83 X-40.0 Y0. Z-15.0 R3.0 Q-5.0 F50;	
G69;	
G00 X-40.0 Y0.;	
G68 X-20.0 Y0. R-60.0;	
G98 G83 X-40.0 Y0. Z-15.0 R3.0 Q-5.0 F50;	
G69;	
G00 X40.0 Y0.;	
G98 G83 X40.0 Y0. Z-15.0 R3.0 Q-5.0 F50;	
G68 X20.0 Y0. R75.0;	
G98 G83 X40.0 Y0. Z-15. R3.0 Q-5.0 F50;	
G69;	
G00 X40.0 Y0.;	
G68 X20.0 Y0. R-75.0;	
G98 G83 X40.0 Y0. Z-15.0 R3.0 Q-5.0 F50;	
G69;	
G00 X20.0 Y0.;	
G98 G83 X25. Y0. Z-15.0 R3.0 Q-5.0 F50;	
G00 Z100.0;	

表 5.16（续）

G49；	
M05；	
G91 G30 Z0.；	
T2；	
M6；	
G90 G00 Z100.0；	
G43 G00 Z100.0 H2；	加长度补偿
M03；	
S3000；	
G00 X-40.0 Y0.；	
Z5.0；	
M98 P061415；	
G90 G00 Z5.0；	
X-30 Y17.321；	
M98 P061415；	
G90 G00 Z5.0；	
X-30 Y-17.321；	
M98 P061415；	
G90 G00 Z5.0；	
X40.0 Y0.；	
M98 P061415；	
G90 G00 Z5.0；	
X30.0 Y17.321；	
M98 P061415；	
G90 G00 Z5.0；	
X30.0 Y-17.321；	
M98 P061415；	
G90 G00 Z5.0；	
X25.0 Y0.；	
Z0.2；	
M98 P081416；	
G90 G00 Z100.0；	

表 5.16（续）

G49;	
M05;	
G91 G30 Z0.;	
T4	
M6;	
G90 Z100.0;	
G43 G00 Z100.0 H4;	加长度补偿
M03;	
S800;	
G00 X0. Y15.0;	
Z10.0;	
G98 G83 X0. Y15.0 Z-15.0 R3. Q-5.0 F50;	
G00 X0. Y-15.0;	
G98 G83 X0. Y-15.0 Z-15.0 R3.0 Q-5.0 F50;	
G00 X-20.0 Y0.;	
G98 G83 X-20.0 Y0. Z-15.0 R3.0 Q-5.0 F50;	
G00 Z100.0;	
G49;	
M05;	
G91 G30 Z0.;	
T2;	
M6;	
G90 G00 Z100.0;	
G43 G00 Z100.0 H2;	加长度补偿
M03;	
S3000;	
G00 X-20.0 Y0.;	
Z2.0	
G01 Z0.;	
M98 P301417;	
G90 G00 Z100.0;	
X100.0 Y100.0;	

表 5.16（续）

M05；	
M30；	
O1413	（ϕ16 加工外轮廓子程序）
G91 G01 Z-2.0 F100；	
G90 G42 G01 X-60. Y-27.5 F100 D01；	
G01 X20.0；	
G03 X20.0 Y27.5 R27.5；	
G01 X-20.；	
G03 X-20. Y-27.5 R27.5；	
G01 X60.	
G40 G01 X70. Y-50.；	
G00 X-70.；	
M99；	子程序结束，返回主程序
O1414	（ϕ6 加工外轮廓子程序）
G91 G01 Z-2.0 F100	
G90 G41 G00 X35.0 Y-30.0 D01；	
G01 Y0.；	
G03 X25. Y10.0 R10.0；	
G01 X21.424；	
G02 X11.686 Y17.727 R10.0；	
G03 X-10.824 Y20.182 R10.0；	
G02 X-19.843 Y14.499 R10.0；	
G03 X-19.843 Y-14.499 R-12.5；	
G02 X-10824 Y-20.182 R10.0；	
G03 X11.6869.98 Y-17.727 R10.0；	
G02 X21.424 Y-10.0 R10.0；	
G01 X25.0；	
G03 X35.0 Y0. R10.0；	
G01 Y30.；	
G40 G00 X70. Y40.；	
G00 Y-40.；	
M99；	子程序结束，返回主程序

表 5.16（续）

O1415	（扩孔子程序）
G01 Z-5.0 F100;	
G91 G01 Z-0.5;	
G01 X1.;	
G02 X0. Y0. I-1.;	
G01 X-1.;	
M99;	
O1416	
G91 G01 X5.0 Z-0.5 F100;	
X-10.0;	
G02 X0. Y0. I5.0;	
G01 X5.;	
M99;	
O1417	
G91 G01 Z-0.5 F100;	
G01 X5.0;	
G02 X0. Y0. I-5.0;	
G01 X-5.0;	
M99;	
O1418	
G91 G01 Z-0.5 F100;	
G90 G41 G00 X33.0 Y-30.0 D01;	
G01 Y0.;	
G03 X25.Y8.R8.;	
G01 X15.969;	
G02 X9.98 Y14.375 R6.;	
G03 X-9.823 Y16.873 R10.;	
G02 X-17.106 Y12.160 R6.;	
G03 X-17.106 Y-12.160 R-12.5;	
G02 X-9.823 Y-16.873 R6.;	
G03 X9.98 Y-14.375 R10;	
G02 X15.969 Y-8. R6;	

表 5.16（续）

G01X25.0;	
G03 X33.0 Y0. R8.0;	
G01 Y30.;	
G40 G00 X70. Y40.;	
G00 Y-40.;	
M99;	子程序结束,返回主程序

5.3.3.3 考核评价

1) 专业能力训练过程考核与评价

对学生进行工件加工全过程专业能力考核，包括工艺准备、任务实施、工件质量、误差分析各环节。加工结束后，师生共同填写专业能力训练过程考核评分表(见表5.17)。

表 5.17 专业能力训练过程考核评分表(任务 5.3)

<table>
<tr><td colspan="2">任务名称</td><td colspan="4">泵盖编程与加工</td><td colspan="2">成绩</td><td></td></tr>
<tr><td colspan="2">操作者(或小组)</td><td colspan="2"></td><td>设备名称</td><td>FANUC 0i 数控铣床</td><td colspan="2">完成工时</td><td></td></tr>
<tr><td>序号</td><td colspan="3">考核内容</td><td>配分</td><td>评分标准(扣完为止)</td><td>自评</td><td>组评</td><td>师评</td></tr>
<tr><td>1</td><td>工艺准备</td><td colspan="2">详见表 1.21 此项</td><td>20</td><td>详见表 1.21 此项扣分标准</td><td></td><td></td><td></td></tr>
<tr><td>2</td><td>任务实施</td><td colspan="2">详见表 1.21 此项</td><td>40</td><td>详见表 1.21 此项扣分标准</td><td></td><td></td><td></td></tr>
<tr><td rowspan="9">3</td><td rowspan="9">工件质量(30 分)</td><td>孔</td><td>ϕ32H7</td><td>4</td><td>超差 0.01 不扣分，0.01～0.09 扣 2 分，0.1 以上无分</td><td></td><td></td><td></td></tr>
<tr><td rowspan="2">沉头孔</td><td>ϕ18-ϕ12</td><td>4</td><td>每超差 0.05 扣 2 分，超差 0.2 以上扣 8 分</td><td></td><td></td><td></td></tr>
<tr><td>6-ϕ10-ϕ7</td><td>4</td><td>超差 0.1 内不扣分，以上无分</td><td></td><td></td><td></td></tr>
<tr><td>销孔</td><td>2×ϕ6H8</td><td>4</td><td>超差 0.1 内不扣分，以上无分</td><td></td><td></td><td></td></tr>
<tr><td>中心度孔</td><td>2×M16-H7</td><td>4</td><td>超差 0.1 内不扣分，以上无分</td><td></td><td></td><td></td></tr>
<tr><td>孔中心距</td><td>70</td><td>4</td><td>超差 0.1 内不扣分，以上无分</td><td></td><td></td><td></td></tr>
<tr><td>垂直度</td><td>⊥ 0.02 A</td><td>2</td><td>每降 1 级扣 1 分</td><td></td><td></td><td></td></tr>
<tr><td>平行度</td><td>// 0.02 B</td><td>2</td><td>每降 1 级扣 1 分</td><td></td><td></td><td></td></tr>
<tr><td colspan="2">Ra3.2</td><td>2</td><td>每降 1 级扣 1 分</td><td></td><td></td><td></td></tr>
<tr><td>4</td><td>误差分析</td><td colspan="2">详见表 1.21 此项</td><td>10</td><td>详见表 1.21 此项扣分标准</td><td></td><td></td><td></td></tr>
<tr><td colspan="4">合计</td><td>100</td><td>自评 10%、组评 20%、师评 70%</td><td></td><td></td><td></td></tr>
</table>

误差分析及反思(学生个人填)：

表 5.17（续）

考核得分及评价(教师填)：							
第　　组	学生签字		组长签字		教师签字		年　月　日

2)综合能力考核与评价

对每名学生的专业能力、社会能力、方法能力进行综合考核、客观评价。师生共同填写综合能力考核及评价表(见表 F.5)。

5.3.4 训练与考核

5.3.4.1 训练任务

复杂孔系零件编程与加工训练任务见表 5.18。

表 5.18 复杂孔系零件编程与加工训练任务

<table>
<tr><td>任务描述</td><td>完成图 5.40 所示连接板零件数控加工工艺分析及方案拟定，并编制程序
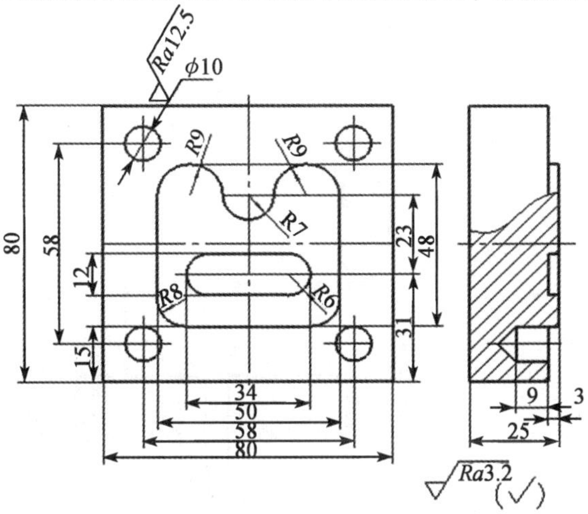

图 5.40 连接板零件图</td></tr>
<tr><td>工艺条件</td><td>工艺条件参照“5.3.1 工作任务”中提供的工艺条件配置</td></tr>
<tr><td>加工要求</td><td>严格遵守安全操作规程，零件加工质量达到图样要求</td></tr>
</table>

5.3.4.2 考核评价

进行加工工艺分析和方案设计，完成相应的工艺文件后，对工作过程进行总结评议，填写专业能力训练过程考核评分表，参照表 5.17。

复习题

1)选择题

(1)在数控铣床编程中，以下(　　)是左刀补。

A.G42　　B.G43　　C.G41　　D.G40

(2)在数控铣床编程中，以下(　　)不是刀具长度补偿指令。

A.G44　　B.G43　　C.G49　　D.G40

(3)数控铣削加工编程指令中表示创建镜像指令的是(　　)。

A.G68　　B.G69　　C.G24　　D.G25

(4)数控铣床钻孔指令中，(　　)指令表示点钻。

A.G82　　B.G84　　C.G81　　D.G83

(5)用 G73 指令编程，如图 5.41 所示，*R* 点为距离工件表面 2 mm 处，每次进给深度 10 mm，每次退刀距离 5 mm，加工完毕返回 *R* 点，其指令程序为(　　)。

A.G98 G73 X100 R5 P2 Q-10 K5 Z-38 F200

B.G99 G73 X100 R2 P2 Q-10 K5 Z-38 F300

C.G98 G73 X100 R5 P2 Q10 K5 Z-38 F200

D.G99 G73 X100 R2 P2 Q10 K5 Z-38 F300

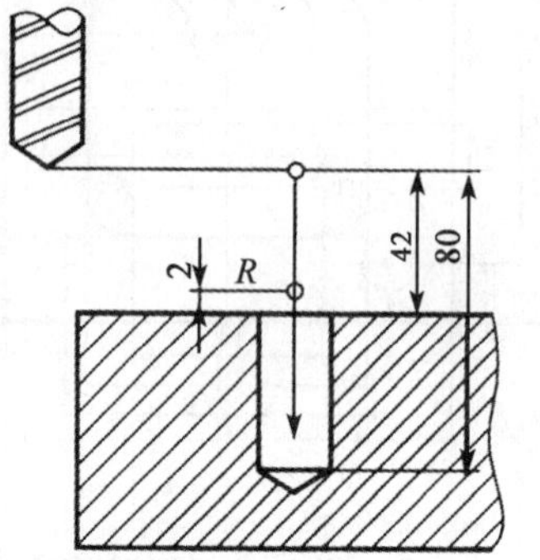

图 5.41

(6)以下不属于数控铣床钻孔步骤的是(　　)。

A.*X*，*Z* 轴定位　　B.定位到 *R* 点

C.孔加工　　D.在孔底的动作　　E.退回到 *R* 点

2)判断题

(1)钻中心孔时不宜选择较高的主轴转速。(　　)

(2)刀具补偿功能包括刀补的建立、刀补的执行和刀补的取消 3 个阶段。(　　)

(3)在数控铣床中，钻孔循环指令 G99 的含义是返回 *R* 点平面。(　　)

(4)数控铣床的固定循环指令主要指孔的循环，包括钻孔、镗孔和攻丝等。(　　)

(5) 指令语句“G82 X50 Z-20 R-10 L6 F200;”表示将钻 10 个孔。(　　)

3) 编程题

(1) 完成图 5.42 所示的孔系零件的数控加工工艺方案拟定、加工程序编制，并仿真或使用数控铣床(加工中心)进行加工。

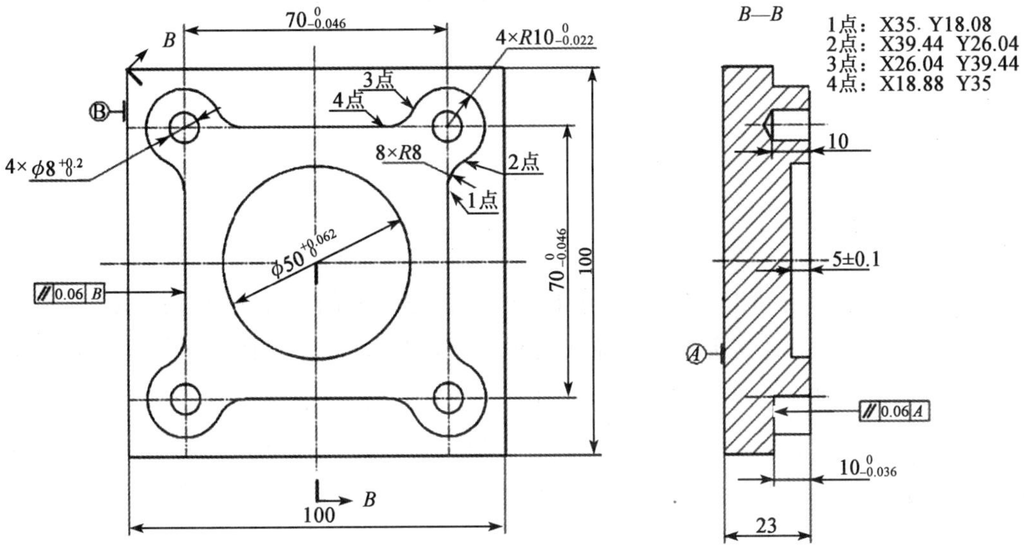

图 5.42　孔系零件图

(2) 完成图 5.43 所示的孔系零件的数控加工工艺方案拟定、加工程序编制，并仿真或使用数控铣床(加工中心)进行加工。

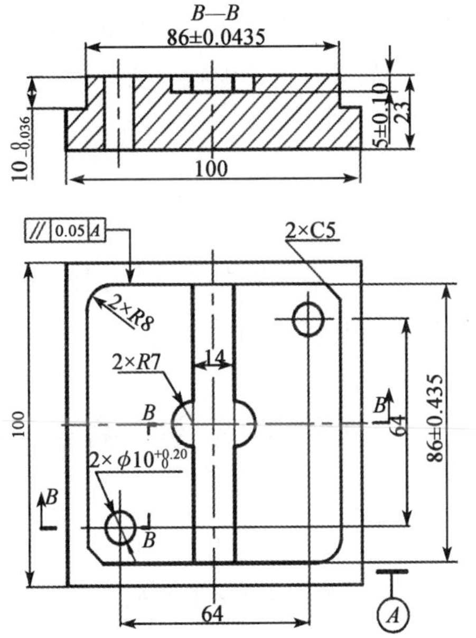

图 5.43　孔系零件

项目 6　综合零件编程与加工

【项目导学】

综合零件编程与加工是数控铣削加工中有一定难度的工作任务，体现了数控铣削加工的综合优势。本项目包括“椭圆内腔零件编程与加工”和“分流阀芯零件编程与加工”两个任务，通过对这两个任务的学习和实施，帮助学生掌握用宏程序应对含有轮廓、槽、孔系及非圆曲线（椭圆）等难度相对较高的任务零件的工艺设计和编程的方法，帮助学生独立在仿真软件和数控铣床（加工中心）上完成产品的加工，并进行质量检测。

【知识目标】

（1）了解宏程序的应用范围。

（2）掌握宏程序中宏变量及宏程序循环指令的基本知识。

（3）掌握椭圆等非圆曲线的轮廓零件的编程方法。

【技能目标】

（1）能编制非圆曲线（椭圆等）数控加工宏程序。

（2）能独立运用编程知识编制含有非圆曲线的中等复杂零件编程与加工。

（3）能在零件加工中有效地进行质量控制。

任务 6.1　椭圆内腔零件编程与加工

6.1.1　工作任务

椭圆内腔零件编程与加工工作任务如表 6.1 所列。

表 6.1　椭圆内腔零件编程与加工工作任务

<table>
<tr><td>任务描述</td><td>完成图 6.1 所示槽轮板加工工艺设计、加工程序编制、仿真调试，使用数控铣床(加工中心)完成加工
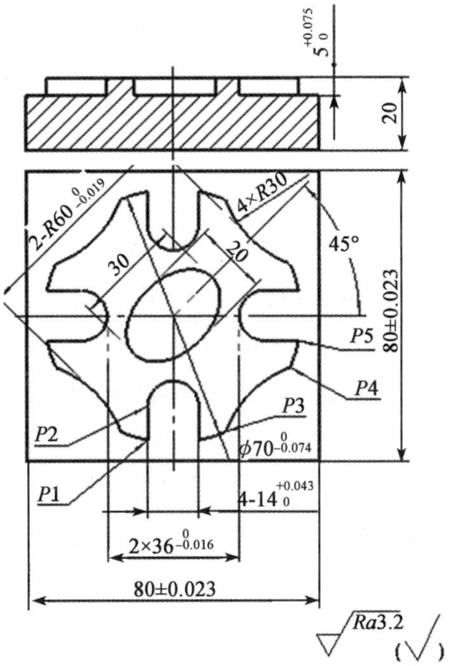

图 6.1　槽轮板零件图</td></tr>
<tr><td>知识点
与技能点</td><td>知识点：◇ 外轮廓和椭圆槽铣削加工路线的确定
◇ 宏程序功能、格式和用法
◇ 循环控制功能、格式和用法
技能点：◇ 绘制外轮廓和椭圆槽加工路线图
◇ 用宏程序编程
◇ 调试程序</td></tr>
<tr><td>工艺条件</td><td>◎数控铣床(加工中心)：配置 FANUC 0i 系统
◎毛坯：尺寸为 80 mm×80 mm×25 mm(80 mm×80 mm 四侧面已加工到尺寸)，材料为 45 钢，单件生产
◎刀具、量具及其他：
<table><tr><td>名称</td><td>规格</td><td>数量</td></tr><tr><td>ϕ10 立铣刀</td><td>硬质合金</td><td>1</td></tr><tr><td>ϕ20 立铣刀</td><td>硬质合金</td><td>1</td></tr><tr><td>游标卡尺</td><td>0~150,0.02</td><td>1</td></tr><tr><td>百分表</td><td>0~10,0.01</td><td>1</td></tr><tr><td>磁性表座</td><td></td><td>1</td></tr><tr><td>垫块</td><td>各种尺寸规格</td><td>若干</td></tr></table></td></tr>
</table>

表 6.1(续)

任务分析	槽轮板轮廓元素中含有椭圆(非圆)曲线，无法采用直线插补和圆弧插补指令来进行编程与加工，因此要考虑采用宏程序编程。首先应了解宏变量及赋值方法、循环指令等基本编程知识，再根据椭圆尺寸编制椭圆加工程序。此外，在宏程序中还要对粗加工、精加工及坐标轴的旋转指令的应用进行综合考虑

6.1.2 相关知识

6.1.2.1 宏程序概述

宏程序由于程序使用变量、算术和逻辑运算及条件转移，使得编制相同加工操作的程序更方便容易。可将相同加工操作编为通用程序，如型腔加工宏程序和固定加工循环宏程序。使用时，加工程序可用一条简单指令调用宏程序，和调用子程序完全一样。

用户宏程序是以变量组和循环等命令编制的一种可以灵活运用的程序，只要改变变量的值，即可完成不同的加工或操作。用户宏程序可以简化程序的编制，提高工作效率。加工程序中，可以像调用子程序一样用一个简单指令调用宏程序。

在程序中使用变量，通过对变量进行赋值及处理的方法达到程序功能，这种有变量的程序叫作宏程序。

1)程序格式

宏程序格式与子程序格式一致，用 M99 返回主程序。其格式如下：

主程序		宏程序
主程序		O6000;
…………		…………
G65 P6000（引数和引数值）;	→	[变量]
		[运算指令]
…………	←	[控制指令]
		…………
M30;		M99;

2)选择程序号

程序在存储器中的位置决定了该程序的一些权限，根据程序的重要程度和使用频率，用户可选择合适的程序号，具体见表 6.2。

表 6.2 程序的存储区间

程序号	功能
O1～O7999	程序能自由存储、删除和编辑
O8000～O8999	不经设定该程序就不能进行存储、删除和编辑
O9000～O9019	用于特殊调用的宏程序
O9020～O9899	如果不设定参数就不能进行存储、删除和编辑
O9900～O9999	用于机器人操作

3) 宏程序的调用方法

非模态调用指一次性调用宏主体，即宏程序只在一个程序段有效。G65 被指定时，地址 P 所指定的用户宏被调用，数据(自变量)能传递到用户宏程序中。其格式如下：

“G65 P××××(宏程序号)L(重复次数)<指定引数值>；”

一个引数是一个字母，对应于宏程序中变量的地址，引数后边的数值赋给宏程序中对应的变量，如：#1=1.0，#2=2.0。

```
O0001                          O9001
…………                           #3=#1+#2;
G65 P9001 L2 A1.0 B2.0;        IF[#3 GT 360]GOTO 9;
…………                           G00 G91 X#3
M30;                           N9 M99;
```

注意：在自变量之前一定要指定 G65，引数指定值为有小数点的正、负数。L 为执行次数，可达 9999 次。

6.1.2.2　变量及变量的引用

1) 变量的表示

变量可以用“#”号和跟随其后的变量序号来表示，即#i(i=1，2，3，…)FANUC 系统的宏变量用变量符号“#”和后面的变量号指定，如#1，#2，#3 等；也可以用表达式来表示变量，如#[#1+#2-12]等。

定量 π 在宏程序中用 PI 表示，例如#3=2 * PI。

在地址号后可使用变量，例如“Z#26”，若#26=10.0，则表示 Z10.0。

2) 变量的赋值

赋值是将一个数据赋予一个变量。例如，#1=0，表示#1 的值是 0。其中#1 代表变量，#是变量符号，0 就是给变量#1 赋予的值。

(1) 直接赋值。变量可在操作面板 MACRO 内容处直接输入，也可用 MDI 方式赋值，还可在程序内用以下方式赋值：

#__=数值(或表达式)

注意：等号左边不能用表达式。

(2) 引数赋值。宏程序体以子程序方式出现，所用的变量可在宏调用时赋值。例如：

G65 P9120 X100. Y20. F20；

其中，X，Y，F 对应宏程序中的变量号，变量的具体数值由引数后的数值决定。引数与宏程序体变量的对应关系有两种(见表 6.3 和表 6.4)，这两种方法可以混用。其中 G，L，N，O，P 不能作为引数为变量赋值。

表 6.3 变量赋值方法 I

地址	宏程序中变量	地址	宏程序中变量
A	#1	K_5	#18
B	#2	I_6	#19
C	#3	J_6	#20
I_1	#4	K_6	#21
J_1	#5	I_7	#22
K_1	#6	J_7	#23

表 6.4 变量赋值方法 II

地址	宏程序中变量	地址	宏程序中变量
A	#1	I	#4
B	#2	J	#5
C	#3	K	#6
D	#7	M	#13
E	#8	Q	#17
F	#9	R	#18

注意：①赋值号“=”两边内容不能随意互换，左边只能是变量，右边可以是表达式、数值或变量。

②一个赋值语句只能给一个变量赋值。

③可以多次给一个变量赋值，新变量值将取代原变量值(即最后赋的值生效)。

④赋值语句具有运算功能，它的一般形式为：变量=表达式。在赋值运算里，表达式可以是变量自身与其他数据的运算结果，例如#1=#1+1，表示#1 的值为#1+1，这一点与数学运算是有所不同的。

⑤ 赋值表达式的运算顺序与数学运算顺序相同。

⑥ 辅助功能(M 代码)的变量有最大值限制，例如 M30 赋值为 300 显然是不合理的。

3)变量的引用

变量可以采用以下方法引用。

(1)在地址的后面可指定变量号或表达式，表达式则必须用“[ ]”括起来。例如：

F#103，设#103=150，则为 F150。其中 F 为地址，即进给指令；后面#110 为变量号；

Z-#110，设#110=200，则为 Z-200。其中 Z 为地址，即 Z 坐标；后面#103 为变量号；

G01X[#1+#2]F#3，表达式必须用“[ ]”括起来；

X[#24+[#18 * COS[#1]]]。式中 X 为地址，即 X 坐标；后面的为表达式。

被引用变量的值根据地址的最小设定单位自动舍入。

(2)变量号可以用变量代替。例如：#[#30]，设#30=3，则为#3。

(3)改变引用变量的值的符号时，要把负号“-”放在“#”的前面。例如：G00 X-#1。

(4)当变量值未被定义时，这样的变量成为“空”变量，变量及地址都被忽略。

变量#0 总是空变量，它不能被赋任何值。例如：

当#1=，G90X100Z#1 即 G90 X100，这里#1 就未被赋予任何数值，是空变量；

当#1=0，G90X100Z#1 即 G90 X100 Z0。这里#1 被赋予的数值是 0，不是空变量；

当#11=0，#22= ，G00X#11Y#22 的执行结果是 G00 X0。

从上边的例子可以看出，“变量的值是 0”与“变量的值是空”是完全不同的概念，可以这样理解：“变量的值是 0”相当于变量的数值等于 0；“变量的值是空”就意味着该变量所对应的地址根本不存在、不生效。

(5)程序号 O、顺序号 N 和任选程序段跳转号“/”不能使用变量。

例如，“O#1；/#2 G01X50；N#2 Z100；”是不允许使用的。

4)变量的种类

变量有空变量、局部变量、公用(全局)变量和系统变量四种。

(1)空变量#0 。该变量总是空，没有值能赋给该变量。

(2)局部变量#1~#33。局部变量是一个在宏程序中局部使用的变量。例如，当宏程序 A 调用宏程序 B 而且都有#1 变量时，因为它们服务于不同局部，所以 A 中的#1 与 B 中的#1 不是同一变量，互不影响。

(3)公用(全局)变量#100~#149，#500~#509。公用(全局)变量贯穿整个程序过程，包括多重调用。上例中若 A 与 B 同时调用全局变量#100，则 A 中的#100 与 B 中的#100 是同一变量。

(4)系统变量#1000~ 。系统变量用于读和写 CNC 运行时的各种数据。例如，刀具的当前位置和补偿值。能够对机床内部变量进行读取和赋值，从而完成复杂任务。

5)运算指令

宏程序具有赋值、算数运算、逻辑运算、函数运算等功能。变量的各种运算方式见表 6.5。

表 6.5　算术和逻辑运算

运算	格式	说明
赋值	#i=#j	
加	#i=#i+#k	
减	#i=#j-#k	
乘	#i=#j * #k	

表 6.5(续)

运算	格式	说明
除	#i=#j]k	
正弦	#i=SIN[#J]	角度单位为°,如 90°30′应表示为 90.5°
余弦	#I=COS[#J]	
正切	#I=TAN[#J]	
平方根	#i=ABS[#j]	
绝对值	#i=ROUND[#j]	

6.1.2.3 循环控制指令(GOTO 语句/ WHILE 语句)

循环控制指令可起到控制程序流向的作用。

1)分支语句(GOTO 语句)

语句格式:“IF [<条件表达式>] GOTO n;”

其中,若条件表达式成立,则程序转向程序号为 n 的程序段;若条件不满足,就继续执行下一句程序。

(1)无条件的转移指令。

格式为:“GOTO n;”

其中,n 为顺序号(1~9999)。也可用表达式指定顺序号,例如:

GOTO 1;　　　转移至 N1 段程序执行

COTO #10;　　转移至#10 表达式

(2)条件转移指令。

格式 1:“IF[(条件式)] GOTO n;”

若条件式成立,则程序转向程序号为 n 的程序段;若条件不能满足,就继续执行下一段程序。

格式 2:“IF[(条件式)] THEN……;”

若条件式成立,则执行预先指定的宏程序语句,而且只执行一个宏程序语句。例如:

IF[#1 EQ #3]THEN #3=10,表示如果#1 和#2 的值相同,则 10 赋值给#3。

指令说明如下。

①条件表达式:条件表达式必须包括运算符。运算符插在两个变量中间或变量和常量中间,并且用“[ ]”封闭。表达式可以替代变量。

②运算符:运算符由两个字母组成,用于两个值的比较,以决定它们是相等还是大于或小于另一个值,见表 6.6。注意,不能使用“≠”等符号。

表 6.6　条件式种类

条件式	比较运算符	含义	条件式	比较运算符	含义
#J EQ #K	EQ	=	#J LT #K	LT	<
#J NE #K	NE	≠	#J GE #K	GE	≥
#J GT #K	GT	>	#J LE #K	LE	≤

2) 循环语句(WHILE 语句)

循环指令格式：
WHILE[<条件式>] DO m(m=1,2,3)
…………
END m;

在 WHILE 后指定一个条件表达式，若条件式成立时，程序执行从“DO m”到“END m”之间的程序段；如果条件不成立，则执行“END m”之后的程序段。DO 和 END 后的数字是用于表明循环执行范围的标号，可以用数字 1，2 和 3；如果是其他数字，系统会产生报警。

在 DO～END 循环中的标号 m(m=1，2，3)可根据需要多次使用。但是需要注意的是，无论怎样多次使用，标号 m 永远限制在 1，2，3；此外，当程序有交叉重复循环(即 DO 范围的重叠)时，系统会报警。详细说明如下。

(1)标号 m 可以根据需要多次使用，如：

WHILE［条件表达式］DO 1;
…………(程序)
END 1;
…………

WHILE［条件表达式］DO 1;
…………(程序)
END 1;
…………

(2)DO 的范围不能交叉。

下面的格式是错误的：

WHILE［条件表达式］DO 1;
…………(程序)
WHILE［条件表达式］DO 2;
…………(程序)
END 1;
…………(程序)
END 2;

(3)DO m~END m 循环可以按照需要最多嵌套三级，如：

```
WHILE [条件式] DO 1;
…………(程序)
  WHILE [条件式] DO 2;
  …………(程序)
    WHILE [条件式] DO 3;
    …………(程序)
    END 3;
  …………(程序)
  END 2;
…………(程序)
END 1;
```

(4)(条件)转移可以跳出循环的外边，如：

```
WHILE [条件表达式] DO 1;
…………(程序)
IF [条件表达式] GOTO n;
…………(程序)
END 1;
…………(程序)
END n …………(程序)
```

(5)(条件)转移不能进入循环区内，注意与上述(4)比较。

下面的格式是错误的：

```
IF [条件表达式] GOTO n;
…………(程序)
WHILE [条件表达式] DO 1;(错误!)
END n……(程序)
END 1;
```

程序格式说明如下。

①"DO m"和"END m"必须成对使用，而且，"DO m"一定要在"END m"指令之前。

②当指定 DO 没有指定 WHILE 语句时，将产生从 DO 到 END 之间的无限循环(死循环)。

③条件转移(IF 语句)和循环(WHILE 语句)之间的关系：从逻辑上说，两者不过是从正反两个方面描述同一件事情；从功能上说，两者可以互相代替；从用法和限制上说，

条件转移(IF 语句)受到系统的限制相对更少，使用更灵活。

6.1.3 任务实施

6.1.3.1 典型案例

完成图 6.2 所示椭圆板零件的加工工艺设计、加工程序编制、仿真及数控铣床(加工中心)完成加工。材料为 AL 钢，毛坯已加工至 100 mm×100 mm×25 mm，单件生产。

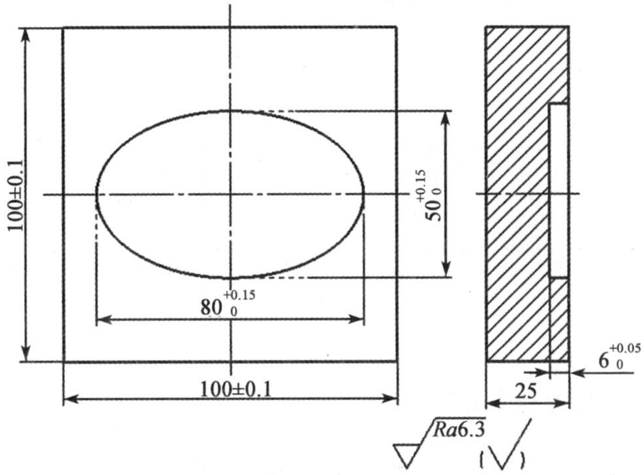

图 6.2 椭圆板零件图

1)工艺分析

任务零件内腔为非圆曲线(椭圆轮廓)，不能用常规的直线和圆弧插补完成零件的铣削加工。内腔尺寸精度要求较高，粗糙度要求一般，半精加工就能保证加工要求，因此可考虑加工工序为型腔中心开始的椭圆轮廓进行粗加工，一圈圈外扩，直至预留的 0.20 mm 单边余量完成后，再精加工。

2)刀具选择

选用 ϕ10 合金双刃平底立铣刀进行粗加工、精加工。

3)走刀路线

椭圆板走刀路线如图 6.3 所示。

4)装夹方案

以底面定位，用虎钳装夹。

5)数控加工工序

椭圆板零件数控加工工序卡见表 6.7。

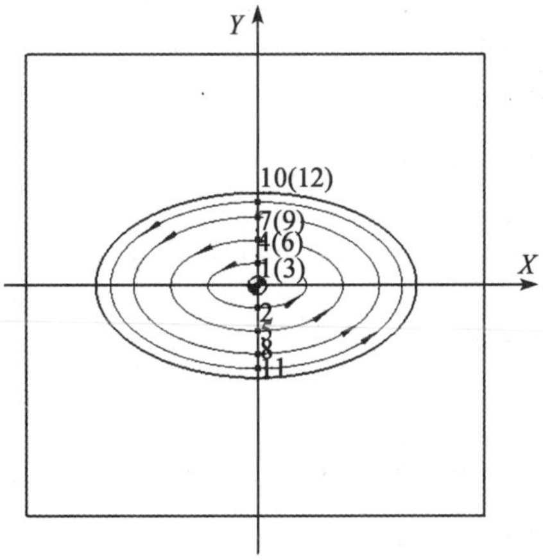

图 6.3 椭圆板走刀路线

表 6.7　椭圆板零件数控加工工序卡

单位名称	数控加工工序卡片		产品名称或代号		零件名称		零件图号
					椭圆型腔		B0601
工序号	程序编号		夹具名称		使用设备		车间
			平口虎钳		FANUC 0*i* 数控铣床		
工步号	工步内容	刀具号	刀具规格	主轴转速 /(r·min^{-1})	进给速度 /(mm·min^{-1})	背吃刀量 /mm	备注
1	粗铣内轮廓	1	ϕ10 合金立铣刀	2000	300	2	留 0.20 mm 余量
2	精铣内轮廓	1	ϕ10 合金立铣刀	2500	200	0.2	加工到尺寸
编制		审核		批准	年　月　日	共　页	第　页

6)参考程序

椭圆板零件加工参考程序见表 6.8。

表 6.8　椭圆板零件加工参考程序

程序内容	程序内容
O0601;	N115 #24=#11 * sqrt[#5];
N5 G54 G90;	N120 G01 X #24 Y#25 F60;
N10 G0 X0 Y0 S2000 M3	N125 #25=#25+0.5;
N15 #6= -1;	N130 END2;
N20 #1= -1.01;	N135 G01 X0 Y0 F500;
N25 #2= -6.03;	N140 #11=#11+8;
N30 #3=#1;	N145 #12=#12+5;
N35 #4=#1+#2;	N150 END3;
N40 #11=10.8;	N155 #3=#3+#1;
N45 #12=4.8;	N160 IF[#3GE#2] G0T0 10;
N50 N30 G0 Z2;	N165 IF[#3 EQ #4] G0T020;
N55 N10 G01 Z#3 F30;	N170 #3=#2;
N60 WHILE[#11LE35.04] DO3;	N175 G0T0 10;
N65 #25=#12;	N180 N20 G0 Z10;
N70 WHILE[#25GE-#12] DO1;	N185 #11=35.04;
N75 #5=[1+#25/#12] * [1-#25/#12];	N190 #12=20.04;

表 6.8(续)

程序内容	程序内容
N80 #24=#11 * sqrt[#5];	N195 #3=#2;
N85 G01X-#24 Y#25 F200;	N200 #6=#6+1;
N90 #25=#25-0.5;	N205 IF[#6LE2] G0T10;
N95 END1;	N210 G0 Z100;
N100 #25=-#12;	N215 M5;
N105 WHILE[#25LE#12]D02;	N220 M30;
N110 #5=[1+#25/#12][1-#25/#12];	

6.1.3.2 任务实施

1)实施方案

(1)根据槽轮板零件图尺寸公差和表面粗糙度要求,初步确定数控加工工序。

(2)确定槽轮板零件走刀路线。

(3)选用刀具,确定刀具切削参数,填写刀具卡,详见表 F.1。

(4)确定装夹方案、定位基准。

(5)拟定并填写数控加工工序卡,绘制走刀路线图,编制加工程序,详见表 F.2 至表 F.4。

(6)槽轮板零件的仿真加工步骤同"任务 1.4"的图 1.61 所示步骤。

(7)槽轮板零件的工件加工步骤同"任务 1.4"的图 1.62 所示步骤。

操作安全提示:①程序运行前一定将进给倍率调至零位;②循环启动前按"自动"键的同时也要按"单段"键,一条一条执行程序段;③程序运行中应特别注意 Z 坐标的运动趋势,发现问题马上按"循环暂停"或"急停"按钮。

2)实施步骤

(1)根据图样要求确定加工工艺。

①加工方式。此零件的加工部位主要是上表面及外轮廓、椭圆,采用立铣方式。

②加工设备。FANUC 0i 数控系统的数控铣床(加工中心)。

③毛坯材料。材料为 45 钢,规格为 85 mm×85 mm×25 mm。

④刀具选择。根据零件的外形和加工的要求,选择刀具为 T1 号刀为 ϕ10 合金刀。

⑤夹具选择。选用平口虎钳装夹零件。

(2)加工工序卡片。槽轮板零件数控加工工序卡片见表 6.9。

表 6.9　槽轮板零件数控加工工序卡

工步号	工步内容	刀具号	刀具规格	主轴转速 /(r·min^{-1})	进给速度 /(mm·min^{-1})	背吃刀量 /mm	备注
1	粗铣外轮廓	1	ϕ10	2000	500	0.5	加工到要求公差留 0.10 精加工余量
2	粗加工 30×20 椭圆	1	ϕ10	2000	500	0.5	加工到要求公差留 0.10 精加工余量
3	精加工外轮廓	1	ϕ10	3000	500	0.1	加工到要求尺寸
4	精加工 30×20 椭圆	1	ϕ10	3000	500	0.1	加工到要求尺寸

(3)参考程序。槽轮板零件加工参考程序见表 6.10。

表 6.10　槽轮板零件加工参考程序

程序	说明
O0001;	主程序名
G54 G40 G90;	
T0101;	
M03 S800;	
G00 X-20.0 Y-50.0;	
Z10.0;	
G01 Z1.5 F100.;	
M98 P040002;	调 0002 子程序 4 次
G90 G01 Z1.5;	抬刀
G68 X0 Y0 R90;	旋转 90°加工
M98 P040002;	调 0002 子程序 4 次
G69;	旋转取消
G90 G01 Z1.5;	
G68 X0 Y0 R180;	旋转 180°加工
M98 P040002;	
G69;	
G90 G01 Z1.5;	
G68 X0 Y0 R-90.0;	旋转-90°加工

表 6.10（续）

程序	说明
M98 P040002；	
G69；	
G90 G01 Z5.0；	
G00 Z100.0；	
M05；	
M30；	
O0002；	主程序结束
G90 G00 X-20.0；	外轮廓子程序名
Y-50.0；	
G91 G01 Z-1.5 F100.0；	
G90 G42 G01 X-7.0 Y-34.293 D01；	
G01 Y-25.0；	
G02 X7.0 Y-25.0 R7.0；	
G01 Y-34.293；	
G03 X14.32 Y-31.936 R35.0；	
G02 X31.936 Y-14.32 R30.0；	
G03 X34.293 Y-7.0 R35.0；	
G40 G01 X42.0 Y-19.0；	
X17.0 Y-40.0；	
X36.0；	
X40.0 Y-25.0；	
Y-39.0；	
X20.0；	
M99；	
O1441；	子程序结束
G54 G90；	椭圆程序名
G0 X0. Y0.；	
S600 M03；	
G68 X0. Y0. R45.；	
Z2.0；	

表 6.10（续）

程序	说明
#1=-2.;	
#2=-5.;	
#3=#1;	
#6=1;	
#11=7.8;	
#12=4.6;	
#4=#1+#2;	
N10 G01 Z#3 F30.;	
WHILE[#11LE10.] DO3;	
#25=#12;	
WHILE[#25GE-#12] DO1;	
#5=[1+[#25/#12]*[1-[#25/#12]];	
#24=#11SQRT[#5];	
G01 X-#24 Y#25 F100.;	
#25=#25-0.197;	
END1;	
#25=#12;	
WHILE[#25GE-#12] DO2;	
#5=[1+[#25/#12]*[1-[#25/#12]];	
#24=#11SQRT[#5];	
G01 X#24 Y-#25 F100.;	
#25=#25-0.197;	
END2;	
G01 X0. Y0.;	
#11=#11+2.;	
#12=#12+0.2;	
END3;	
#3=#3+#1;	
#11=7.8;	
#12=4.6;	
IF[#3GE#2] GOTO10;	

表 6.10（续）

程序	说明
IF[#3EQ#4] GOTO20;	
N20 #11=10.;	
#12=5.0;	
#3=#2;	
#6=#6+1;	
IF[#6LE2] GOTO10;	
G0 Z100.;	
G69;	
M05;	
M30;	

6.1.3.3　考核评价

1）专业能力训练过程考核与评价

对学生进行工件加工全过程专业能力考核，包括工艺准备、任务实施、工件质量、误差分析各环节。加工结束后，师生共同填写专业能力训练过程考核评分表（见表6.11）。

2）综合能力考核与评价

对每名学生的专业能力、社会能力、方法能力进行综合考核、客观评价。师生共同填写综合能力考核及评价表（见表 F.5）。

表 6.11　专业能力训练过程考核评分表（任务 6.1）

<table>
<tr><td colspan="3">子情境名称</td><td colspan="4">复杂件编程与加工</td><td colspan="2">成绩</td><td></td></tr>
<tr><td colspan="3">操作者（或小组）</td><td colspan="2"></td><td>设备名称</td><td>FANUC 0i 数控铣床</td><td colspan="2">完成工时</td><td></td></tr>
<tr><td>序号</td><td colspan="3">考核内容</td><td>配分</td><td colspan="2">评分标准（扣完为止）</td><td>自评</td><td>组评</td><td>师评</td></tr>
<tr><td>1</td><td>工艺准备</td><td colspan="2">详见表 1.21 此项</td><td>20</td><td colspan="2">详见表 1.21 此项扣分标准</td><td></td><td></td><td></td></tr>
<tr><td>2</td><td>任务实施</td><td colspan="2">详见表 1.21 此项</td><td>40</td><td colspan="2">详见表 1.21 此项扣分标准</td><td></td><td></td><td></td></tr>
<tr><td rowspan="5">3</td><td rowspan="5">工件质量（30 分）</td><td rowspan="2">外轮廓</td><td>80±0.023</td><td>4</td><td colspan="2">超差 0.01 不扣分，0.01～0.09 扣 2 分，0.1 以上无分</td><td></td><td></td><td></td></tr>
<tr><td>$\phi 70_{-0.074}^{0}$</td><td>4</td><td colspan="2">每超差 0.05 扣 2 分，超差 0.2 以上不扣分</td><td></td><td></td><td></td></tr>
<tr><td rowspan="3">槽</td><td>$5_{0}^{+0.075}$</td><td>3</td><td colspan="2">超差 0.1 内不扣分以上无分</td><td></td><td></td><td></td></tr>
<tr><td>$2\times36_{-0.16}^{0}$</td><td>4</td><td colspan="2">超差 0.1 内不扣分以上无分</td><td></td><td></td><td></td></tr>
<tr><td>$4-14_{0}^{-0.043}$</td><td>4</td><td colspan="2">超差 0.1 内不扣分以上无分</td><td></td><td></td><td></td></tr>
</table>

表 6.11(续)

序号	考核内容			配分	评分标准(扣完为止)	自评	组评	师评
3	工件质量(30 分)	椭圆	30	3	超差 0.1 内不扣分以上无分			
			20	4	超差 0.1 内不扣分以上无分			
		*Ra*3.2		4	每降一级扣一分			
4	误差分析	详见表 1.21 此项		10	详见表 1.21 此项扣分标准			
合计				100	自评 10%、组评 20%、师评 70%			

误差分析及反思(学生个人填):

考核得分及评价(教师填):

第　　组	学生签字		组长签字		教师签字		年　月　日

6.1.4　训练与考核

6.1.4.1　训练任务

椭圆内腔零件编程与加工训练任务见表 6.12。

表 6.12　椭圆内腔零件编程与加工训练任务

<table>
<tr><td>任务描述</td><td>完成图 6.4 所示椭圆板零件数控加工工艺分析及方案拟定，并编制程序
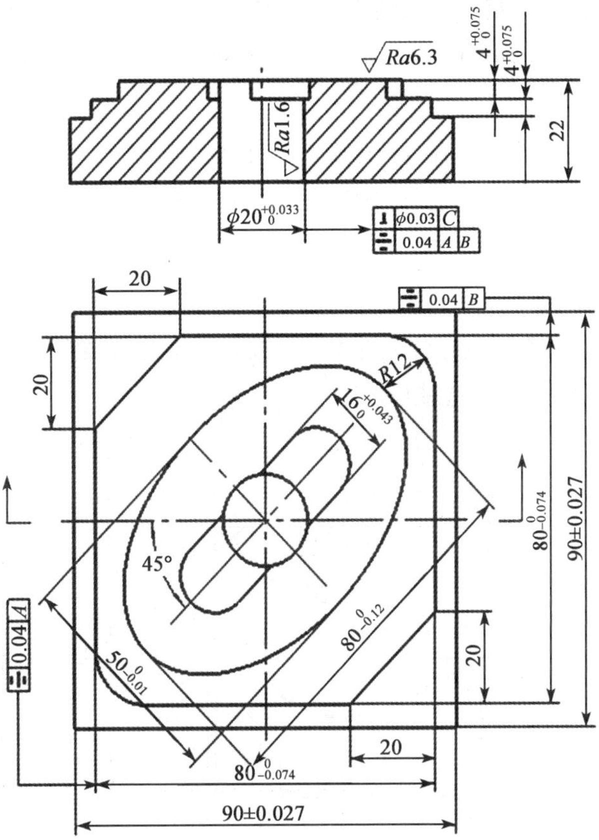

图 6.4　椭圆板零件图</td></tr>
<tr><td>工艺条件</td><td>工艺条件参照“6.1.1　工作任务”中提供的工艺条件配置</td></tr>
<tr><td>加工要求</td><td>严格遵守安全操作规程，零件加工质量达到图样要求</td></tr>
</table>

6.1.4.2　考核评价

进行加工工艺分析和方案设计，并完成相应的工艺文件后，对工作过程进行总结评议，参照表 6.11 填写专业能力训练过程考核评分表。

复习题

1) 填空题

(1) 在加工过程中，______基准的主要作用是保证加工表面之间的相互位置精度。

(2) 宏程序编程中常用的两个循环控制语句是______和______。

2)判断题

(1)数控铣床的 G54~G59 指令常用来设置编程起点。(　　)

(2)机械原点与机床零点的概念是一致的。(　　)

(3)数控铣床(加工中心)进行挖槽编程的时候，在进刀时尽量采用螺旋式或斜插式下刀。(　　)

(4)程序编制的方法有自动编程与手工编程两种。(　　)

(5)CNC 铣床由于可以依程序自动加工，因而工件夹持的方式不会影响工件准确度。(　　)

3)编程题

(1)完成图 6.5 所示综合零件 1 的数控加工工艺方案拟定、加工程序编制，并仿真或使用数控铣床(加工中心)进行加工。

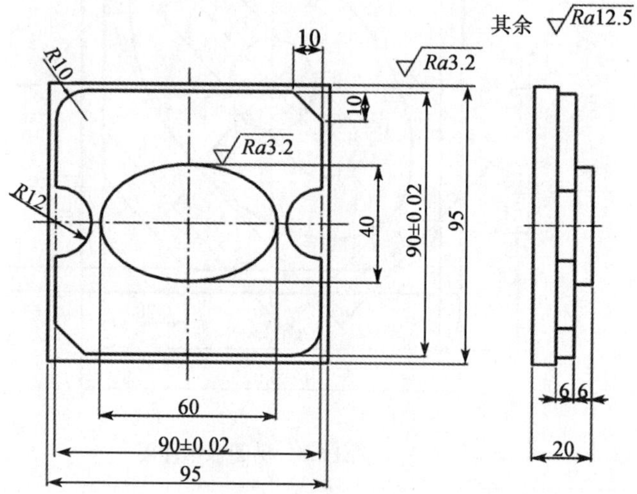

图 6.5　综合零件 1

(2)完成图 6.6 所示综合零件 2 的数控加工工艺方案拟定、加工程序编制，并仿真或使用数控铣床(加工中心)进行加工。

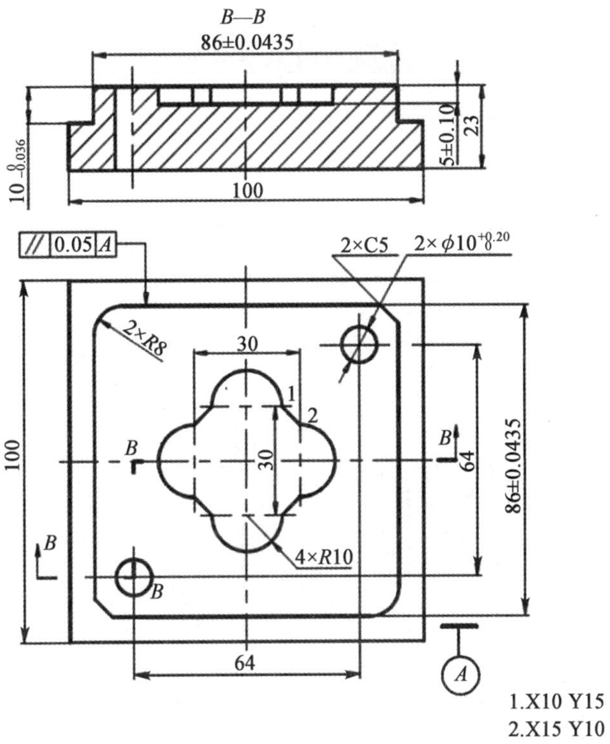

图 6.6　综合零件 2

(3)完成图 6.7 所示综合零件 3 的数控加工工艺方案拟定、加工程序编制，并仿真或使用数控铣床(加工中心)进行加工。

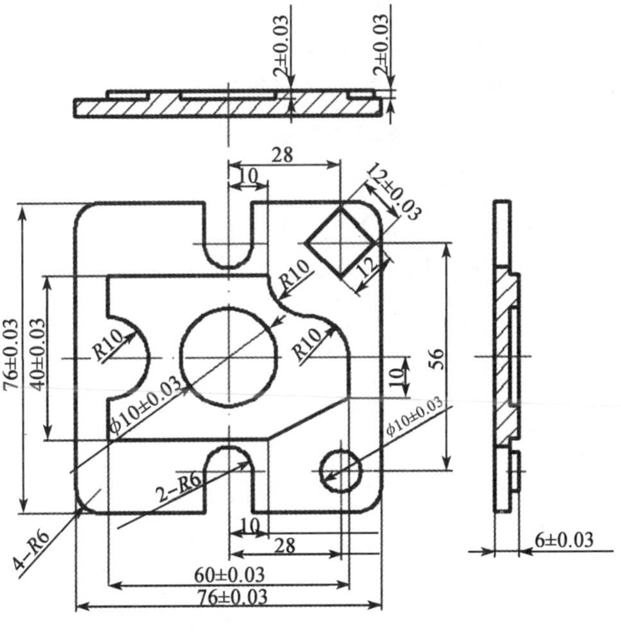

图 6.7　综合零件 3

任务 6.2　分流阀芯零件编程与加工

6.2.1　工作任务

分流阀芯零件编程与加工工作任务如表 6.13 所列。

表 6.13　分流阀芯零件加工工作任务

<table>
<tr><td>任务描述</td><td>完成图 6.8 所示分流阀芯加工工艺设计、加工程序编制、仿真及调试，使用数控铣床(加工中心)完成加工
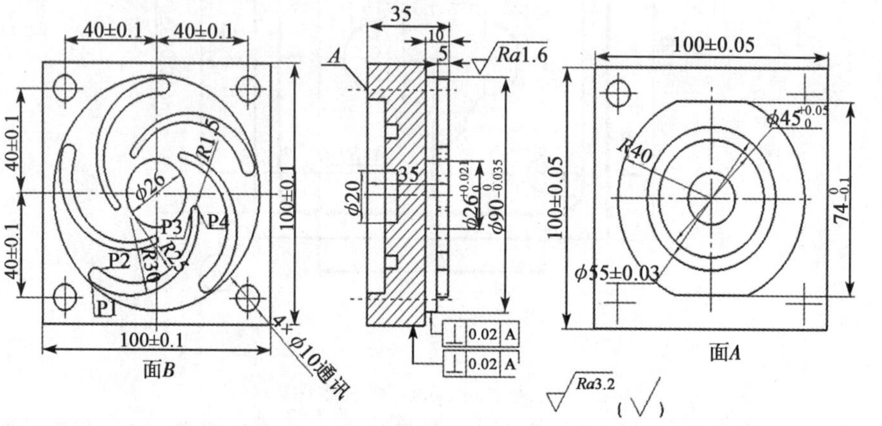

图 6.8　分流阀芯零件</td></tr>
<tr><td>知识点
与技能点</td><td>知识点：◇ 轮廓铣削和钻孔加工路线的确定
◇ SIEMENS 802D 固定循环指令的指令功能、格式和用法
技能点：◇ 绘制分流阀芯走刀加工路线图
◇ 用 SIEMENS 802D 系统编程
◇ 调试程序</td></tr>
<tr><td>工艺条件</td><td>◎数控铣床(加工中心)：配置 FANUC 0i 系统
◎毛坯：已加工至 100 mm×100 mm×40 mm，未注公差的线性尺寸按照“GB/T 1804-m”的要求。材料为 45 钢，单件生产
◎刀具、量具及其他：
<table>
<tr><th>名称</th><th>规格</th><th>数量</th></tr>
<tr><td>ϕ5 立铣刀</td><td>硬质合金</td><td>1</td></tr>
<tr><td>ϕ8 立铣刀</td><td>硬质合金</td><td>1</td></tr>
<tr><td>ϕ16 立铣刀</td><td>硬质合金</td><td>1</td></tr>
<tr><td>ϕ20 立铣刀</td><td>硬质合金</td><td>1</td></tr>
<tr><td>ϕ10 立铣刀</td><td>硬质合金</td><td>1</td></tr>
<tr><td>游标卡尺</td><td>0~150,0.02</td><td>1</td></tr>
<tr><td>百分表</td><td>0~10,0.01</td><td>1</td></tr>
</table></td></tr>
</table>

表 6.13(续)

	磁性表座		1
	垫块	各种尺寸规格	若干
任务分析	通过任务分析可知，分流阀芯是需调头加工的，具有较高的轮廓形状和型腔结构件，工件设计中首先注意选择基准，并仔细思考先加工哪个面更有利于提高尺寸精度和轮廓工作效率，在此基础上，正确选用刀具。编程中注意：尽可能使用子程序编程，特别是内侧避免过切叶片，选用适宜刀具尤为重要		

6.2.2　相关知识

下面详细介绍 SIEMENS 802D 固定循环指令(CYCLE81/CYCLE82/CYCLE83/CYCLE84/CYCLE85/CYCLE86)及其用法。

1)钻孔固定循环(CYCLE81)

指令格式：“CYCLE81(RTP，RFP，SDIS，DP，DPR)；”

其中，钻孔固定循环参数的数据类型及含义见表 F.8，指令动作过程如图 6.9 所示。

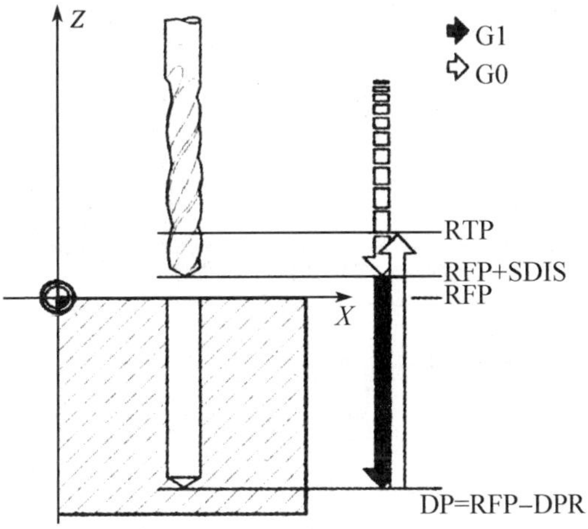

图 6.9　CYCLE81 动作图示

2)沉孔钻削固定循环(CYCLE82)

指令格式：“CYCLE82(RTP，RFP，SDIS，DP，DPR，DTB)；”

其中，沉孔钻削固定循环参数的数据类型及含义见表 F.8，指令动作如图 6.10 所示。

刀具以编程的主轴转速和进给速度钻孔，直至到达给定的最终钻削深度。在到达最终钻削深度时，可以编辑一个停留时间。退刀以快速移动速度进行。

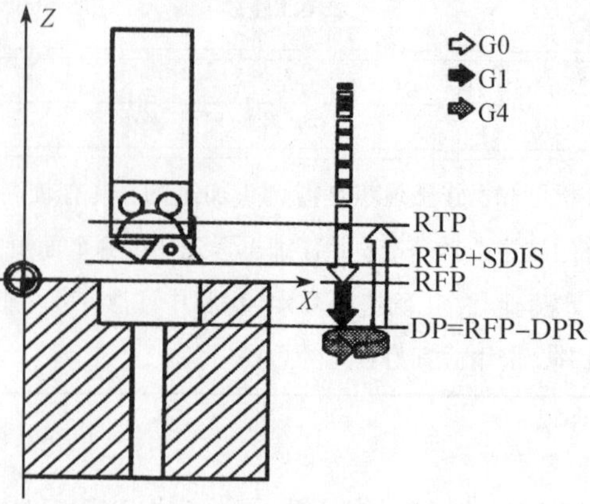

图 6.10 CYCLE82 动作图示

编程举例:钻图 6.11 所示 $\phi16$ 沉孔，并编写程序。

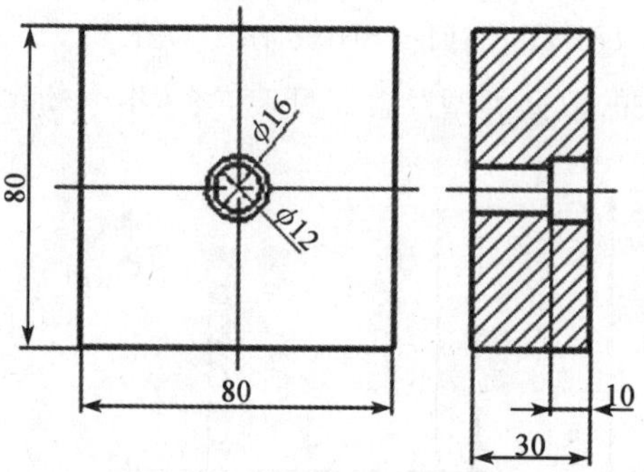

图 6.11 CYCLE82 编程例图

参考程序如下:

G54 G17 G90 T1D1;

G00 X0 Y0 Z100;

M03 S1000 F60;

Z50;

CYCLE82(20, 0, 5, -10, -10, 0.1);

G00 Z100;

M05;

M02;

3)深孔钻孔固定循环(CYCLE83)

指令格式:“CYCLE83(RTP, RFP, SDIS, DP, DPR, FDEP, FDPR, DAM, DTB, DTS, FRF, VARI);”

其中，深孔钻孔固定循环参数的数据类型及含义见表 F.8，指令动作过程如图 6.12 所示。

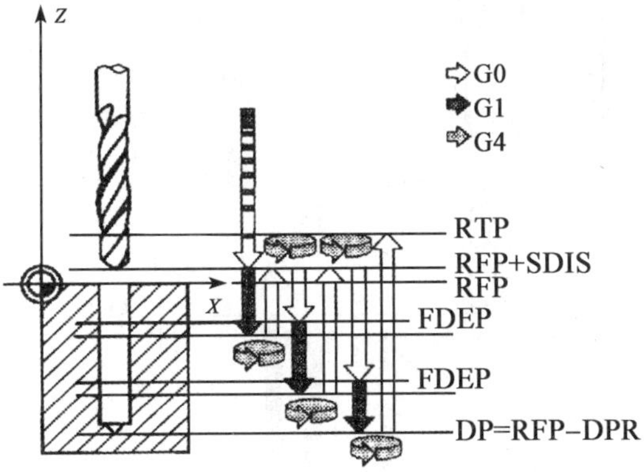

图 6.12　CYCLE83 动作图示

深孔钻削循环通过多次分步钻削达到最后的钻深，事先规定钻深的最大值。钻削既可以在每步达到钻深后提出钻头到其参考平面外进行排屑，也可以每次上提 1 mm 以便断屑。

编程举例：钻如图 6.12 所示 $\phi12$ 通钻，并编写程序。

参考程序如下：

```
G54 G17 G90;                                                 工件坐标系设定
T1D1;                                                        刀具选择
G00 X0 Y0 Z100;
M03 S1000;
Z50 F80;
CYCLE83(50, 0, 2, -35, -35, -5, -5, 1, 0.1, 0, 1, 1);     调用深孔钻削循环
G00 Z100.;
M05 M02;
```

4)刚性攻螺纹固定循环(CYCLE84)

指令格式：“CYCLE84(RTP, RFP, SDIS, DP, DPR, DTB, SDAC, MPIT, PIT, POSS, SST, SSTI);”

其中，参数的数据类型及含义见表 F.8。指令动作过程如图 6.13 所示。

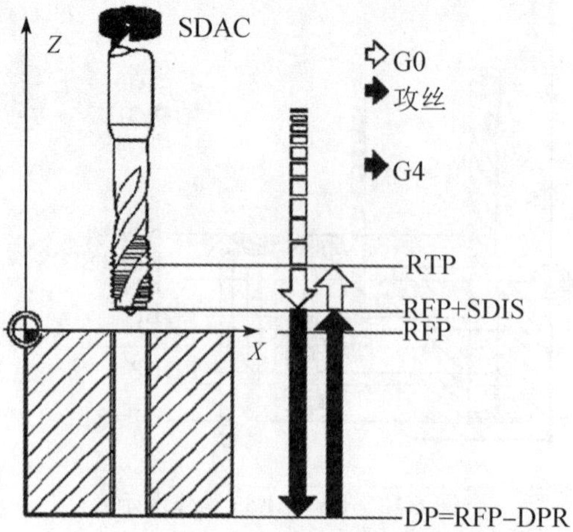

图 6.13　CYCLE84 动作图示

刀具按照编程的主轴转速和方向进行攻丝，直至给定的螺纹深度。攻丝轴的进给率可以从主轴转速计算出来。循环中可以自动转换旋转方向，退刀时可以另一个主轴转速进行。

5）粗镗孔（铰孔）固定循环（CYCLE85）

指令格式："CYCLE85（RTP，RFP，SDIS，DP，DPR，DTB，FFR，REF）；"
其中，粗镗孔固定循环参数的数据类型及含义见表 F.8。指令动作过程如图 6.14 所示。

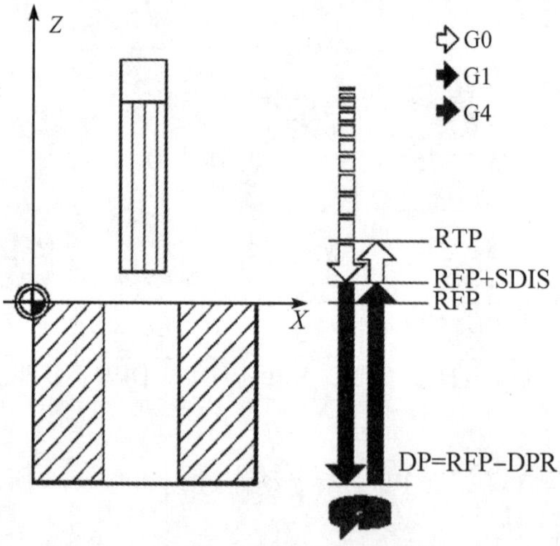

图 6.14　CYCLE85 动作图示

刀具以给定的主轴转速和进给速度加工，直至最终加工深度。当到达最终深度时，可以编辑一个停留时间。进刀及退刀运行分别按照相应参数下编程的进给速度进行。

6）精镗孔固定循环（CYCLE86）

指令格式："CYCLE86（RTP，RFP，SDIS，DP，DPR，DTB，SDIR，RPA，RPO，RPAP，POSS）；"

其中，精镗孔固定循环参数的数据类型及含义见表 F.8。指令动作过程如图 6.15 所示。

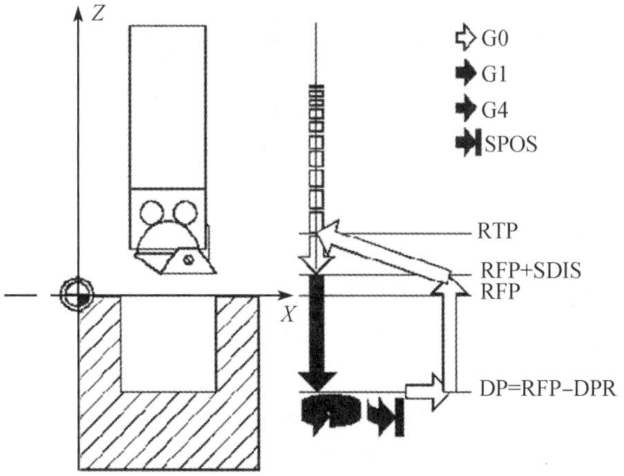

图 6.15　CYCLE84 动作图示

6.2.3　任务实施

6.2.3.1　任务实施

1) 装夹方案

两次装夹，大面 *A*(100 mm×100 mm) 朝上，用平口虎钳装夹分别铣削圆柱内腔部分；然后翻面装夹大面 *B*(100 mm×100 mm)，铣叶片面并钻孔。

2) 数控加工工序

分流阀芯零件数控加工工序卡，详见表 6.14。

表 6.14　分流阀芯零件数控加工工序卡

单位名称	数控加工工序卡片		产品名称或代号		零件名称		零件图号
					分流阀芯		A0602
工序号	程序编号		夹具名称		使用设备		车间
			三爪夹盘、平口虎钳		FANUC 0*i* 数控铣床		
工步号	工步内容	刀具号	刀具规格	主轴转速 /($r \cdot min^{-1}$)	进给速度 /($mm \cdot min^{-1}$)	背吃刀量 /mm	备注
A 面 1	粗铣 ϕ80 内腔	1	ϕ16 合金刀	800	100	0.7	留 0.50 mm 余量
A 面 2	粗铣 ϕ20 内腔	2	ϕ5 合金刀	2000	100	0.8	留 0.50 mm 余量
A 面 3	精铣 ϕ45 槽	2	ϕ5 合金刀	2000	50	0.5	加工到尺寸
A 面 4	精铣 ϕ80 内腔	2	ϕ5 合金刀	2000	80	0.2	加工到尺寸

表 6.14(续)

工步号	工步内容	刀具号	刀具规格	主轴转速 /(r·min^{-1})	进给速度 /(mm·min^{-1})	背吃刀量 /mm	备注
A 面 5	精铣 ϕ20 内腔	1	ϕ16 合金刀	1000	80	0.3	加工到尺寸
B 面 6	粗铣 ϕ90 外圆	1	ϕ20 合金刀	800	100	2	留 0.50 mm 余量
B 面 7	精铣 ϕ90 外圆	1	ϕ16 合金刀	800	100	0.5	加工到尺寸
B 面 8	钻孔 4 个 ϕ10 孔	2	ϕ10 麻花钻	500	50	10	
B 面 9	粗铣 ϕ26 中心槽	3	ϕ8 合金刀	1000	80	1.5	留 0.50 mm 余量
B 面 10	精铣 ϕ26 中心槽	3	ϕ8 合金刀	1500	60	0.5	加工到尺寸
B 面 11	粗铣叶轮	3	ϕ8 合金刀	1000	80	2	留 0.50 mm 余量
B 面 12	精铣叶轮	3	ϕ8 合金刀	1500	80	0.5	加工到尺寸
编制	审核		批准		年 月 日	共 页	第 页

3)走刀路线

分流阀芯走刀路线如图 6.16 所示。

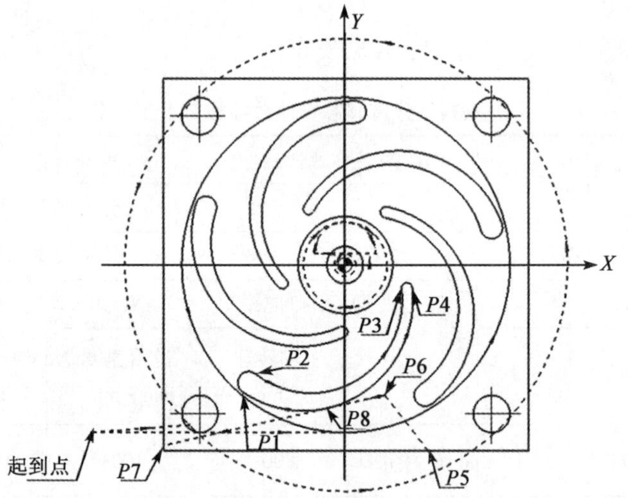

图 6.16 分流阀芯走刀路线

其中 *P*1(−28.154, −34.092), *P*2(−24.653, −29.224), *P*3(15.417, −6.432), *P*4(18.396, −6.094), *P*5(22.823, −50.000), *P*6(10.869, −34.953), *P*7(−50.000, −48.465)。

叶轮用 ϕ8 的铣刀, ϕ23 的圆为铣刀的刀心轨迹, 用来铣掉 ϕ26 圆周围余料。*P*5 ~ *P*6, *P*6 ~ *P*7 两条直线是加完左刀补轨迹, 不是刀心轨迹。

4)参考程序(SIEMENS 802DE)

分流阀芯加工参考程序见表6.15。

表6.15　分流阀芯加工参考程序

主程序	
AA001.MPF	ROT;
G54 G90 G40 G49;	ROT R=144;
M03 S800;	G00Z1.;
G00 X-70. Y-45.;	L0004 P3;
Z10.;	ROT;
G01 Z0. F100.;	ROT R=216;
L0003 P5;	G00Z1.;
M00 M03 S800;	M98P030004;
G00 Z10.;	ROT;ROT R=288;
X-40.Y40.;	G00Z1.;
L0005;	L0004 P3;
G00 Z10.;	ROT;
G00X0.Y0.F100;	G00Z10.;
G01Z0.;	X0.Y0.;
L0002 P6;	G01Z-5.;
G00Z5.;	Y11.5;
X23.Y-70.;	G03X0.Y11.5J-11.5;
G01Z1.;	G01X0.Y0.;
L0004 P3;	G00Z100.;
ROT R=72;	M05;
G00Z1.;	M30;
L0004 P3;	
子程序1(铣中心槽)	
L0002.SPF;	G3X0.Y13.J-13.;
G91G1Z-1.5;	G3X-10.Y3.CR=10.;
G90G1Y3.;	G40G01X0.Y3.;
G3X0.Y3.I0.J-3.;	G0X0.Y0.;
G41G1X10.D01;	M02;
G3X0.Y13.CR=10.;	

表 6.15(续)

子程序 2(铣外圆)	
L0003.SPF;	G1 X0.;
G91G1Z-2.;	G3 J45.;
G90G0X-70.Y-45.;	G40 G01 X50.;
G0X-43.Y-43.;	G0 Y-70.;
G3I43.J43.;	X-70.;
G0 X-70. Y-45.;	Y-45.;
G42 G01 X-50. D01;	M02;
子程序 3(铣叶片)	
L0004. SPF;	G3 X15.417 Y-6.432 CR=25.;
G0 X23. Y-70.;	G2 X18.369 Y-6.094 CR=1.5;
G91 Z-2.;	G2 X-4.154 Y-38.277 CR=30.;
G90 G41 G1 X22.823 Y-50.;	G1 X-50. Y-48.465;
X10.869 Y-34.953;	G40 G01 Y-70.;
X-4.154 Y-38.277;	G0 X23.;
G2 X-28.154 Y-34.092 CR=30.;	M02;
G2 X-24.653 Y-29.224 CR=3.;	
子程序 4(钻孔)	
L0005. SPF;	X-40.;
CYCLE83(50., 0., 2., -35. -35., -5., -5., 1., 0.1, 0, 1., 1);	X0.Y0.;
X40.;	M02;
Y40.;	

5)仿真加工步骤(同“任务 1.1”)。

6)工件加工步骤(同“任务 1.1”)。

6.2.3.2 考核评价

1)专业能力训练过程的考核与评价

对学生进行工件加工全过程专业能力考核。加工结束后，师生共同填写专业能力训练过程考核评分表(见表 6.16)。

表 6.16　专业能力训练过程考核评分表(任务 6.2)

<table>
<tr><td colspan="3">子情境名称</td><td colspan="3">分流阀芯编程与加工</td><td colspan="2">成绩</td><td></td></tr>
<tr><td colspan="3">操作者(或小组)</td><td></td><td>设备名称</td><td>FANUC 0i 数控铣</td><td colspan="2">完成工时</td><td></td></tr>
<tr><td>序号</td><td colspan="3">考核内容</td><td>配分</td><td>评分标准(扣完为止)</td><td>自评</td><td>组评</td><td>师评</td></tr>
<tr><td>1</td><td>工艺准备</td><td colspan="2">详见表 1.21 此项</td><td>20</td><td>详见表 1.21 此项扣分标准</td><td></td><td></td><td></td></tr>
<tr><td>2</td><td>任务实施</td><td colspan="2">详见表 1.21 此项</td><td>40</td><td>详见表 1.21 此项扣分标准</td><td></td><td></td><td></td></tr>
<tr><td rowspan="13">3</td><td rowspan="13">工件质量(30 分)</td><td rowspan="3">外轮廓</td><td>$\phi 90_{-0.035}^{0}$</td><td>2</td><td rowspan="2">超差 0.01 不扣分，0.01 ~ 0.09 扣 1 分，0.1 以上无分</td><td rowspan="2"></td><td rowspan="2"></td><td rowspan="2"></td></tr>
<tr><td>100 ± 0.1</td><td>2</td></tr>
<tr><td>$74_{-0.1}^{0}$</td><td>2</td><td>每超差 0.05 扣 2 分，超差 0.2</td><td></td><td></td><td></td></tr>
<tr><td rowspan="2">腔</td><td>$\phi 45_{0}^{+0.05}$</td><td>2</td><td>每超差 0.05 扣 2 分，超差 0.2</td><td></td><td></td><td></td></tr>
<tr><td>$\phi55\pm0.03$</td><td>2</td><td>每超差 0.05 扣 2 分，超差 0.2</td><td></td><td></td><td></td></tr>
<tr><td>中心距</td><td>40 ± 0.1</td><td>2</td><td>每超差 0.05 扣 2 分，超差 0.2</td><td></td><td></td><td></td></tr>
<tr><td>槽深</td><td>$8_{0}^{+0.02}$</td><td>2</td><td>超差 0.1 内不扣分，以上无分</td><td></td><td></td><td></td></tr>
<tr><td rowspan="2">孔</td><td>$\phi 26_{0}^{-0.021}$</td><td>3</td><td>超差 0.1 内不扣分，以上无分</td><td></td><td></td><td></td></tr>
<tr><td>$\phi4\times4$</td><td>3</td><td>超差 0.1 内不扣分，以上无分</td><td></td><td></td><td></td></tr>
<tr><td>垂直度</td><td>⊥ | 0.02 | A</td><td>3</td><td>超差 0.1 内不扣分，以上无分</td><td></td><td></td><td></td></tr>
<tr><td colspan="2">$Ra3.2$</td><td>3</td><td>超差 0.1 内不扣分，以上无分</td><td></td><td></td><td></td></tr>
<tr><td colspan="2">$Ra1.6$(两处)</td><td>4</td><td>每降 1 级扣 1 分</td><td></td><td></td><td></td></tr>
<tr><td colspan="2"></td><td></td><td></td><td></td><td></td><td></td></tr>
<tr><td>4</td><td>误差分析</td><td colspan="2">详见表 1.21 此项</td><td>10</td><td>详见表 1.21 此项扣分标准</td><td></td><td></td><td></td></tr>
<tr><td colspan="4">合计</td><td>100</td><td>自评 10%、组评 20%、师评 70%</td><td></td><td></td><td></td></tr>
<tr><td colspan="9">误差分析及反思(学生个人填)：</td></tr>
<tr><td colspan="9">考核得分及评价(教师填)：</td></tr>
</table>

第　　组	学生签字		组长签字		教师签字		年　月　日

2)综合能力考核与评价

师生共同填写综合能力考核及评价表(见表 F.5)。

6.2.4　训练与考核

6.2.4.1　训练任务

分流阀芯编程与加工训练任务见表 6.17。

表 6.17 分流阀芯编程与加工训练任务

<table>
<tr><td>任务描述</td><td>完成图 6.17 所示全图数控技能大赛原题样的数控加工工艺分析及方案拟定，并编制程序
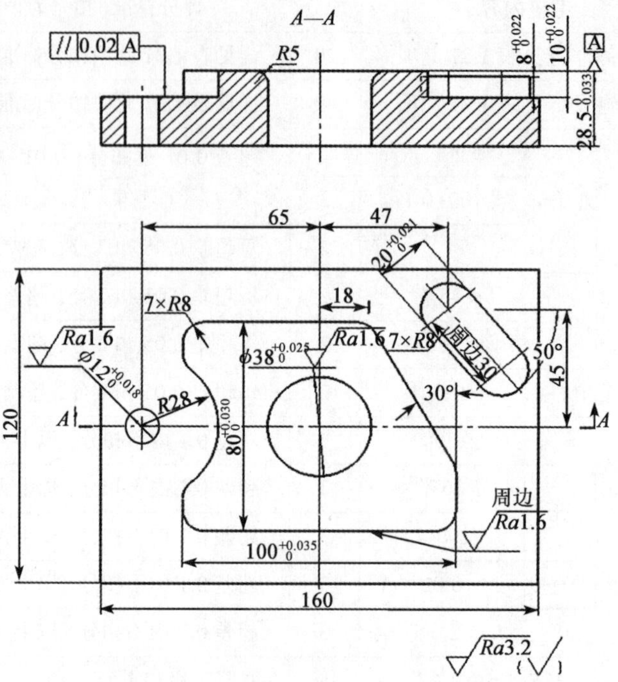

图 6.17 全图数控技能大赛样题零件</td></tr>
<tr><td>工艺条件</td><td>工艺条件参照“6.2.1 工作任务”中提供的工艺条件配置</td></tr>
<tr><td>加工要求</td><td>严格遵守安全操作规程，零件加工质量达到图样要求</td></tr>
</table>

6.2.4.2 考核评价

进行加工工艺分析和方案设计，并完成相应的工艺文件后，对工作过程进行总结评议，参照表 6.16 填写专业能力训练过程考核评分表。

复习题

1) 填空题

(1) 零件加工后的实际几何参数与______的符合程度称为加工精度。

(2) SIEMENS 802D 系统对刀前注意应将______清零。

(3) G28 是______指令，G30 是______指令，G29 是______指令。

2) 判断题

(1) 在数控铣床编程中，对于同一程序段，刀具半径补偿指令 G41 可以与 G02 和 G03 指令一起使用。(　　)

(2)在程序编制的过程中，在保证加工质量的前提下，编程人员往往要遵循程序段最短的原则。(　　)

(3)程序段"N07 G01 X50 Z30 F150 S150 T0101 M03;"中的"S150"表示主轴转速为150 mm/r。(　　)

(4)对于FANUC系统，M98是指调用子程序，M97是指子程序结束指令。(　　)

(5)编程时只需根据零件图样进行编程，而不必考虑是刀具运动还是工件运动。(　　)

3)编程题

(1)完成图6.18所示的综合零件1的数控加工工艺方案拟定、加工程序编制，并仿真或使用数控铣床(加工中心)进行加工。

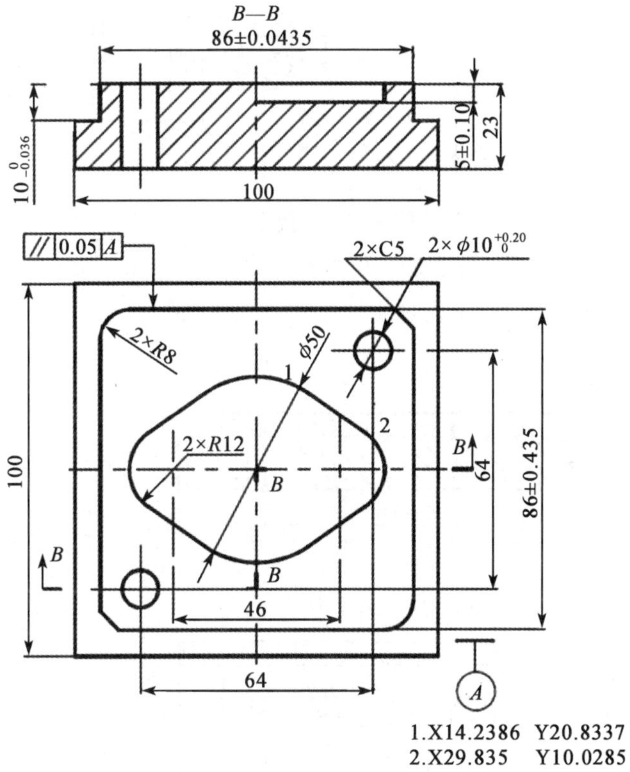

图6.18　综合零件1

(2)完成图6.19所示的综合零件2的数控加工工艺方案拟定、加工程序编制，并仿真或使用数控铣床(加工中心)进行加工。

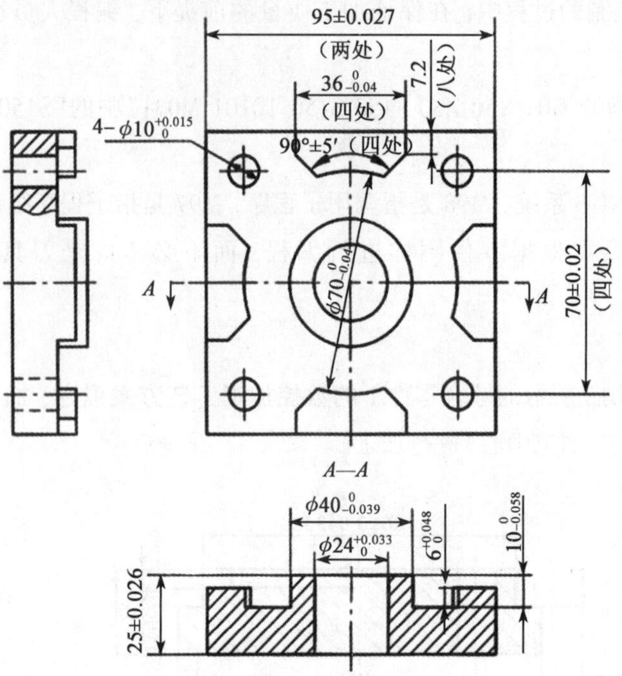

图 6.19　综合零件 2

(3)完成图 6.20 所示的综合零件 3 的数控加工工艺方案拟定、加工程序编制，并仿真或使用数控铣床(加工中心)进行加工。

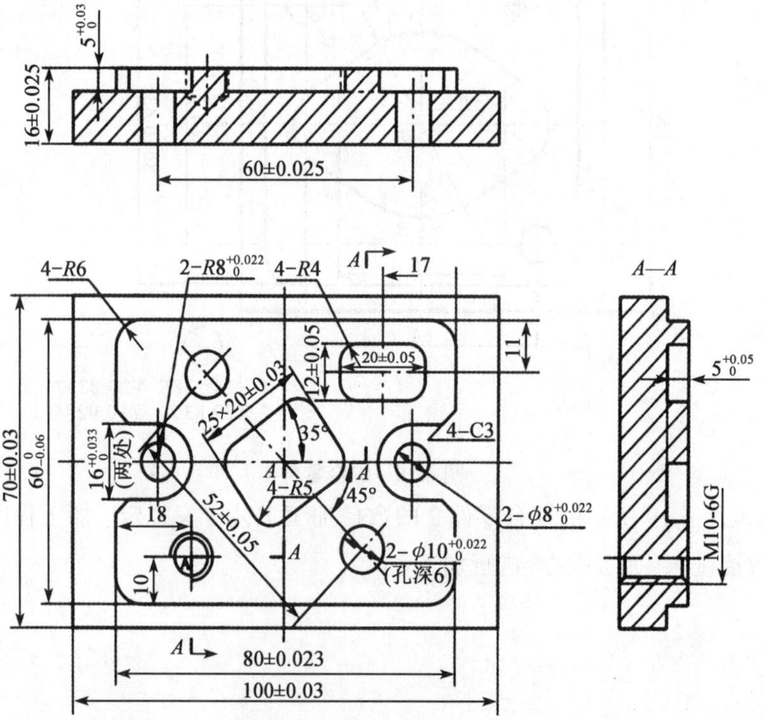

图 6.20　综合零件 3

参考文献

[1] 吴明友.数控铣床(FANUC)考工实训教程[M].北京:化学工业出版社, 2006.

[2] 赵长旭.数控加工工艺[M].西安:西安电子科技大学出版社, 2006.

[3] 秦启书.数控编程与操作[M].西安:西安电子科技大学出版社, 2006.

[4] 朱岱力.数控加工实训教程[M].西安:西安电子科技大学出版社, 2006.

[5] 吴明友.数控铣床编程与操作实训教程[M].北京:清华大学出版社, 2006.

[6] 张安全.数控加工与编程[M].北京:中国轻工业出版社, 2005.

[7] 刘虹.数控加工编程与操作[M].西安:西安电子科技大学出版社, 2007.

[8] 刘长伟.数控加工工艺[M].西安:西安电子科技大学出版社, 2007.

[9] 袁锋.全国数控大赛试题精选[M].北京:机械工业出版社, 2005.

[10] 楼章华.数控编程与加工[M].南昌:江西高校出版社, 2004.

[11] 周虹.数控编程与实训[M].2 版.北京:人民邮电出版社, 2008.

[12] 韩鸿鸾.数控铣削工艺与编程一体化教程[M].北京:高等教育出版社, 2009.

[13] 陈洪涛.数控加工工艺与编程[M].2 版.北京:高等教育出版社, 2009.

[14] 朱明松, 王翔.数控铣床编程与操作项目教程[M].2 版.北京:机械工业出版社, 2014.

[15] 高琪妹.零件数控铣削编程与加工[M].北京:化学工业出版社, 2012.

[16] 张亚力.全国数控大赛实操试题及详解(数控铣/加工中心)[M].北京:化学工业出版社, 2013.

[17] 李桂云, 李茹.数控铣床/加工中心操作工技能认证[M].大连:大连理工大学出版社, 2014.

[18] 胡宗政.典型零件设计与数控加工[M].大连:大连理工大学出版社, 2014.

[19] 韩鸿鸾.FANUC 数控铣床和加工中心工艺与编程[M].北京:化学工业出版社, 2016.

附　录

表 F.1　数控加工刀具卡

产品名称或代号	数控加工刀具卡片	零件名称	零件图号	程序编号	使用设备

序号	刀具号	刀具规格名称	数量	加工表面	备注

编制		审核		批准		共　页	第　页

表 F.2　数控加工工序卡

单位名称	数控加工工序卡片	产品名称或代号	零件名称	零件图号
工序号	程序编号	夹具名称	使用设备	车间

工步号	工步内容	刀具号	刀具规格	主轴转速 $/(r\cdot min^{-1})$	进给速度 $/(mm\cdot min^{-1})$	背吃刀量 /mm	备注

编制		审核		批准		年　月　日	共　页	第　页

表 F.3　数控加工走刀路线图

数控加工走刀路线图	零件图号		工序号		工步号	
	程序号		加工内容		机床型号	
					编程	
					校对	
					审批	
					共　　页	第　　页

符号		o⟶	⟶	⊙	⊗		
含义	编程原点	起刀点	走刀方向	下刀	抬刀		

表 F.4　数控加工程序单

单位名称		零件名称		零件图号	
工件简图及编程原点：		刀具号	刀具规格	加工面	
段号	程序内容	注释			

编 制		审核		批准		年　月　日	共　页	第　页

表 F.5　综合能力考核及评价表

情境名称				总评		
子情境名称				完成时间		
评价类别	项目	内容	配分	自评得分	组评得分	师评得分
专业能力（70%）	零件加工	考核内容及评分标准	70			
社会能力（15%）	出勤	本情境学习是否出勤	4			
	工作着装	是否穿工作服	4			
	自主学习能力	课前准备完成情况	2			
	协作能力	协作、沟通表达、对小组的贡献	3			
	敬业精神	纪律性、爱岗敬业、吃苦耐劳	2			
方法能力（15%）	计划能力	条理清晰	1			
		能找到解决问题的方法途径	2			
	决策能力	全面考虑、合理决策	2			
		有创新意识，能进行创新设计	10			
合计		自评 10%、组评 20%、师评 70%	100			

组长评价：

教师评价

班级		组号		被评学生签字	
教师签字		组长签字		日期	

表 F.6 FANUC 0*i* 系统常用编程指令(G 指令)

代码	组号	意义	格式
G00	01	快速点定位	G00 X __ Y __ Z __;
G01		直线插补	G01 X __ Y __ Z __ F __;
G02		顺时针圆弧插补(CW)	G17 G02(G03)X __ Y __ R __ (I __ J __) F __; G18 G02(G03)X __ Z __ R __ (I __ K __) F __; G19 G02(G03)Y __ Z __ R __ (J __ K __) F __;
G03		逆时针圆弧插补(CCW)	
G04	00	暂停(ms, s)	G04 P __(X __ U __);
G17	02	G17 选择 *XY* 平面	G17;
G18		选择 *XZ* 平面	G18;
G19		选择 *YZ* 平面	G19;
G20	06	英制输入	G20;
G21		米制输入	G21;
G27	00	返回参考点检测	
G28		返回参考点	G28 X __ Y __ Z __;
G29		由参考点返回	G29 X __ Y __ Z __;
G30		返回第二参考点	G91 G30 Z __;
G40	07	取消刀具半径补偿	G40;
G41		刀具半径左补偿	G41 G00/G01 X __ Y __ D01;
G42		刀具半径右补偿	G42 G00/G01 X __ Y __ D01;
G43	08	刀具长度补偿+	G43 G00/G01 Z __ H01;
G44		刀具长度补偿-	G44 G00/G01 Z __ H01;
G49		取消刀具长度补偿	G49 G00/G01 Z __;
G52	00	局部坐标系设定	G52 G00 X __ Y __ Z __;
G53		机床坐标系选择	G53;
G54	12	选择工作坐标系 1	G54;
G55		选择工作坐标系 2	G55;
G56		选择工作坐标系 3	G56;
G57		选择工作坐标系 4	G57;
G58		选择工作坐标系 5	G58;
G59		选择工作坐标系 6	G59;
G60	00	单一方向定位	G60;

表 F.6(续)

代码	组号	意义	格式
G61	13	准确定位方式	G61;
G64		切削方式	G64;
G73	09	深孔钻削固定循环	G73 X__ Y__ Z__ R__ Q__ F__;
G74		攻左螺纹固定循环	G74 X__ Y__ Z__ R__ P__ F__;
G76		精镗孔固定循环	G76 __ X__ Y__ Z__ R__ P__ Q__ F__;
G80		固定循环取消	G80;
G81		中心孔钻削固定循环	G81 __ X__ Y__ Z__ R__ F__;
G82		锪孔钻削固定循环	G82 __ X__ Y__ Z__ R__ P__ F__;
G83		深孔钻削固定循环	G83 __ X__ Y__ Z__ R__ Q__ F__;
G84		攻右螺纹固定循环	G84 __ X__ Y__ Z__ R__ F__;
G85		镗孔固定循环	G85 __ X__ Y__ Z__ R__ F__;
G86		镗孔固定循环快返	G86 __ X__ Y__ Z__ R__ F__;
G87		反镗孔固定循环	G87 __ X__ Y__ Z__ R__ F__;
G88		镗孔固定循环	G88 __ X__ Y__ Z__ R__ P__ F__;
G89		精镗阶梯孔固定循环	G89 __ X__ Y__ Z__ R__ P__ F__;
G90	03	绝对方式指定	G90;
G91		增量方式指定	G91;
G92	00	工件坐标系设定	G92 __ X__ Y__ Z__;
G94	05	每分进给	G94
G98	10	返回固定循环始点	G98;
G99		返回固定循环 *R* 点	G99;

表 F.7 SIEMENS 802D 系统数控铣床基本指令

分类	分组	代码	意义	格式
插补	1	G0	快速插补(笛卡儿坐标)	G0 X __ Y __ Z __;
		G1	直线插补(笛卡儿坐标)	G1 X __ Y __ Z __;
		G2	顺时针圆弧(笛卡儿坐标，终点+圆心)	G2 X __ Y __ Z __ I __ J __ K __;
			顺时针圆弧(笛卡儿坐标，终点+半径)	G2 X __ Y __ Z __ CR=__;
			顺时针圆弧(笛卡儿坐标，圆心+圆心角)	G2 AR=__ I __ J __ K __;
			顺时针圆弧(笛卡儿坐标，终点+圆心角)	G2 AR=__ X __ Y __ Z __;
		G3	逆时针圆弧(笛卡儿坐标，终点+圆心)	G3 X __ Y __ Z __ I __ J __ K __;
			逆时针圆弧(笛卡儿坐标，终点+半径)	G3 X __ Y __ Z __ CR=__;
			逆时针圆弧(笛卡儿坐标，圆心+圆心角)	G3 AR=__ I __ J __ K __;
			逆时针圆弧(笛卡儿坐标，终点+圆心角)	G3 AR=__ X __ Y __ Z __;
		CIP	圆弧插补(笛卡儿坐标，三点圆弧)	CIP X __ Y __ Z __ I1=__ J1=__ K1=__;
平面	6	G17 *	指定 *XY* 平面	G17;
		G18	指定 *XZ* 平面	G18;
		G19	指定 *YZ* 平面	G19;
增量设置	14	G90 *	绝对量编程	G90;
		G91	增量编程	G91;
单位	13	G70	英制单位输入	G70;
		G71 *	公制单位输入	G71;
工件坐标	9	G53	取消工件坐标设定	G53;
	8	G54	工件坐标 1	G54;
		G55	工件坐标 2	G55;
		G56	工件坐标 3	G56;
		G57	工件坐标 4	G57;
复位	2	G74	回参考点(原点)	G74 X1=__ Y1=__;
刀具补偿	7	G40 *	取消刀补	G40;
	17	G41	左侧刀补	G41;
	18	G42	右侧刀补	G42;
		NORM *	设置刀补开始和结束为正常方法	
		KONT	设置刀补开始和结束为其他方法	
		G450 *	刀补时拐角走圆角	G450 DISC=______;
		G451	刀补时到交点时再拐角	

表 F.8　SIEMENS 802D 系统数控铣床其他指令

指令	意义	格式
MCALL	调用子程序	
CYCLE81	中心钻孔 固定循环	CYCLE81(RTP, RFP, SDIS, DP, DPR) ①RTP：回退平面(绝对坐标)； ②RFP：参考平面(绝对坐标)； ③SDIS：安全距离； ④DP：最终孔深(绝对坐标)； ⑤DRP：相对于参考平面的最终钻孔深度
CYCLE82	平底扩孔 固定循环	CYCLE82 (RTP, RSP, SDIS, DP, DPR, DTB) ①DTB：在最终深度处停留的时间 ②其余参数的意义同 CYCLE81
CYCLE83	深孔钻削 固定循环	CYCLE83 (RTP, RFP, SDIS, DP, DPR, FDEP, FDPR, DAM, DTB, DPS, FRF, VART, __ AXN, __ MDEP, __ VRT, __ DTD, __ DISI, __) ①FDEP：首钻深度(绝对坐标)； ②FDPR：首钻相对于参考平面的深度； ③DAM：递减量(DAM>0，按参数值递减；DAM<0，递减速率；DAM=0，不做递减)； ④DTB：在此深度停留的时间(DTB>0，停留秒数；DTB<0，停留转数)； ⑤DTS：在起点和排屑处停留的时间(DTS>0，停留秒数；DTS<0，停留转数)； ⑥FRF：首钻进给率； ⑦VARI：加工方式(0 表示切削；1 表示排屑)； ⑧__ AXN：工具坐标轴(1 表示第一坐标轴；2 表示第二坐标轴；其他表示第三坐标轴)； ⑨__ MDEP：最小钻孔深度； ⑩__ VRT：可变的切削回退距离(VRT>0，回退距离；0 表示设置为 1 mm)； ⑪__ DTD：在最终深度处停留的时间(DTD>0，停留秒数；DTD<0，停留转数；DTD=0，停留时间同 DTB)； ⑫__ DISI：可编程的重新插入孔中的极限距离； ⑬其余参数的意义同 CYCLE81

表 F.8(续)

指令	意义	格式
CYCLE84	攻螺纹 固定循环	CYCLE84（RTP，RFP，SDIS，DP，DPR，DTB，SDAC，MPIT，PIT，POSS，SST，SST1） ①SDAC：循环结束后的旋转方向(可取值为 3，4，5)； ②MPIT：螺纹尺寸的斜度； ③PIT：斜度值； ④POSS：循环结束时主轴所在的位置； ⑤SST：攻螺纹速度； ⑥SST1：回退速度； ⑦其余参数的意义同 CYCLE81
CYCLE85	钻孔循环 1	CYCLE85（RTP，RFP，SDIS，DP，DPR，DTB，FFR，RFF） ①FER：进给速率； ②RFF：回退速率； ③其余参数的意义同 CYCLE81
CYCLE86	钻孔循环 2	CYCLE86(RTP，REP，SDIS，DP，DPR，DTB，SDIR，RPA，RPO，RPAP，POSS) ①DTB：在最终孔深处的停留时间； ②SDIR：旋转方向(可取值为 3，4)； ③RPA：在活动平面上横坐标的回退方式； ④RPO：在活动平面上纵坐标的回退方式； ⑤RPAP：在活动平面上钻孔的轴的回退方式； ⑥POSS：循环停止时主轴的位置； ⑦其余参数的意义同 CYCLE81
CYCLE87	钻孔循环 3	CYCLE87(RTP，RFP，SDIS，DP，DPR，SDIR) 参数意义同 CYCLE86
CYCLE88	钻孔循环 4	CYCLE88(RTP，RFP，SDIS，DP，DPR，DTB，SDIR) ①DTB：在最终孔深处的停留时间； ②SDIR：旋转方向(可取值为 3，4)； ③其余参数的意义同 CYCLE81

表 F.8(续)

指令	意义	格式
CYCLE89	钻孔循环 5	CYCLE89(RTP, RFP, SDIS, DP, DPR, DTB) ①DTB：在最终孔深处的停留时间； ②其余参数的意义同 CYCLE81
CYCLE93	切槽循环	CYCLE93(SPD, SPL, WIDG, DIAG, STA1, ANG1, ANG2, RCO1, RCO2, RCI1, RCI2, FAL2, IDEP, DTB, VARI)
CYCLE95	毛坯切削循环	CYCLE95(NPP, MID, FALZ, FALX, FAL, FF1, FF2, FF3, VARI, DT, DAM, _ VAR)